수상한 단어들의 지도

STRANGE TO SAY

꼬리에 꼬리를 무는 어원의 지적 여정

수상한 단어들의 지도

데버라 워런 지음
홍한결 옮김

Strange to Say

윌북

추천의 말

*

우리가 처음 언어를 접하고 배우기 시작할 때는 사람들 간의 약속을 익힌다. 하지만 그 언어와 진정한 '밀당 연애'가 시작되는 건 그 약속이 어떻게 깨지는지 알게 되면서부터다! 이 책은 우리가 일상에서 쓰는 언어들이 얼마나 요상하게 스리슬쩍 변형된 약속들의 결과물인지 보여준다. 마치 우리가 이렇게 생긴 것도 어머니와 아버지, 할머니와 할아버지, 그 앞의 수많은 조상님들의 어찌어찌한 약속의 결과인 것처럼 말이다. 저자는 언어의 광부처럼 온갖 말을 수레에 한가득 캐어 와서는, 언어의 고고학자처럼 조심스레 붓으로 먼지를 털어 현미경을 들이대더니, 언어의 유전공학자가 되어 언어의 게놈지도를 펼쳐 보인다. 물론 뻔한 건 빼고 재미있는 부분만! 대한민국 숨은 언어쟁이들이여, 넷플릭스에도 없는 이 재미난 지도를 펼칠 준비가 되었는가!

— 안현모 | 방송인, 국제회의통역사

『수상한 단어들의 지도』를 읽는 동안 전 세계를 여행하는 것 같았다. 한번도 가본 적 없는 나라의 옛날에 다다르다니, 이것이야말로 시공간을 넘나드는 경험이 아닌가. 저자는 음식, 옷에서부터 색깔, 지명을 거쳐 죽음에 이르기까지 삶의 도처에 있는 단어들의 기원을 조곤조곤 들려준다. 알고 있던 단어의 참신한 면모와 몰랐던 단어의 친근한 속사정이 페이지마다 가득하다. 럭비공처럼 어디로 튈지 모르는 글을 따라가다보면 상식까지 덤으로 얻게 된다. 그칠 줄 모르는 흥미와 재미 앞에서, 왠지 시치미를 뚝 떼고 싶어졌다. 참 이상한 노릇이다.

　- 오은 | 시인

예측할 수 없이 변화하는 언어에 대한 호기심, 그리고 고어부터 구어에 이르기까지 폭넓은 관심과 포용력이 빛나는 책이다. 워런은 변화무쌍한 영어의 모험이 마치 애니메이션처럼 펼쳐지는 책을 탄생시켰다.

　- 《월스트리트저널》

시인이자 영어와 라틴어 교사인 워런은 영어에 대한 방대한 지식을 바탕으로 독자들을 언어학자의 세계로 안내한다. 언어를 탐구하기 좋아하고, 거기서 흥미를 찾는 사람들에게 더할 나위 없는 기쁨을 선사할 것이다. 워런은 어원에서 놀라운 새미를 찾아내 보여준다. 미처 알지 못했던 단어의 기발한 면모를 찾을 수 있을 것이다.

　－《북리스트》

시인의 눈과 귀로 쓴 어원책. 다른 어원책에서는 보기 힘든 예술성이 담겨 있다. 단어의 혈통과 단어가 주는 기쁨을 모두 잡은 책이다.

　－《로스앤젤레스 리뷰 오브 북스》

단어의 진화에 대한 확실하고 재미있는 안내서.

　－《하버드 매거진》

옮긴이의 말

✳

여행지에서 발길 닿는 대로 걷는 것 좋아하세요? 골동품 가게나 오지 탐험은요? 그런 것을 좋아하시고, 서양 언어와 문화에 관심이 있으시면 이 책을 재미있게 읽으실 수 있을 것 같습니다.

이 책은 그야말로 정처 없이, 갈팡질팡 영어 어원의 미로를 탐험하는 책이니까요. 그렇게 해서 어떻게 목적지를 찾아가냐고요? 목적지는 없습니다. 무궁무진한 가능성과 의외의 발견을 즐기면 그만이지요.

단어들이 걸어온 길이 딱 그렇습니다. 단어는 사전 속에 박제된 표본이 아니라, 오랜 세월을 정처 없이 돌아다니며 산전수전을 겪은 끝에 지금의 모습에 이른, 숨 쉬는 생명체니까요. 단어가 걸어온 길을 알면 저마다의 사연이 드러나고 그 결이 더 고스란히 느껴집니다. 단어를 보는 눈이 바뀝니다.

라틴어와 영어 교사, 소프트웨어 엔지니어, 시인이라는 독특한 경력을 갖춘 저자는 옛것과 소박하고 하찮은 것, 일상 속의 우연을 사랑합니다. 남들 다 가는 관광지가 아니라 샛길로 우리를 이끕니다. 얼굴엔 장난기를 머금고요. 등굣길에 온갖 미물에 관심을 보이는 아이처럼, 이곳저곳으로 빠지면서 온갖 것에 참견합니다.

이런 책을 번역하기는 만만치 않았습니다. 제가 전에 번역한 영어 어원 책 『걸어 다니는 어원 사전』을 읽어보신 분도 있겠지만, 그 책과 비슷하면서도 많이 달랐습니다. 그 책이 느긋한 사파리 가이드 투어라면, 『수상한 단어들의 지도』는 독자를 정글에 풀어놓습니다. '수상한 지도' 한 장을 던져준 채로 돌아다니게 하죠. 이전 작업에 비해 훨씬 숨 가쁘면서 박식한 데다 함축적이어서, 우리말로도 읽을 만하게 풀어내려고 애를 썼는데 어떠실지 모르겠습니다.

이 책에 나오는 낯선 단어들을, 우리의 발견을 기다리는 신기한 생물들이라고 생각하면 어떨까요? 자세히 보면 익숙하게 알고 있는 종들과 친척뻘임을 아실 수 있을 겁니다.

수천 년 묵은 정글의 숨은 구석을 안내하며 즐거워하는 저자의 마음이 부디 지면으로 전해지길 기원하면서, 신기하고 유익한 여행이 되시길 바랍니다. 자, 한번 떠나볼까요?

"세계와 낱말"을 노래한

리나 에스파이야트 님에게

사랑과 감사의 마음으로 이 책을 바칩니다.

차례

이런 말 저런 말   Coming to Terms

좋은 말 나쁜 말   As Good as Your Word

초대의 말

*

이 책은 처음부터 끝까지 순서대로 읽지 않으셔도 됩니다. 아무 페이지나 펼쳐 쓱 읽어보세요. 먼 옛날 로마 시인 베르길리우스의 서사시 『아이네이스』를 애송하던 사람들도 그런 방법을 썼습니다. 정해진 규칙 없이 아무 곳이나 읽으면서 예언이나 조언으로 삼을 만한 구절을 찾았죠. 몇백 년 후에는 성경도 같은 용도로 쓰였습니다(인류는 수천 년에 걸쳐 희한한 미래 예측법을 많이 발명했는데요, 저라면 마거리토맨시margaritomancy라는 것을 택하겠습니다. '진주를 던져서 치는 점'입니다). 이 책이 꼭 성경이나 『아이네이스』만큼 위대한 책이라는 말은 아니지만요.

'어원＝진화'입니다. 다시 말해, 언어는 돌연변이의 연속입니다. 진화가 그렇듯이, 이 책도 정해진 목표가 없습니다. 단어가 가는 길을 누가 알겠어요? 그리고 진화가 그렇듯이, 저도 어원 이야기를 할 때 가끔 횡설수설합니다(참고로 '횡설수설하다'를 뜻하는 meander는 터키의 구불구불한 강 이름에서 왔어요). 단어는 생명체처럼 진화합니다(일종의 생명체가 맞기도 하고요). 의도도 목적도 목표도 없이, 앞 못 보는 아메바처럼 이리저리 되는 대로 나아갑니다.

여러분은 최초의 '매독syphilis' 환자인 양치기 소년 시필리우스 Syphilus 이야기에 별 관심이 없을 수도 있겠네요. 또는 웃을 때 소모되는 칼로리 양, '고명한 보안 업무 종사자 협회Worshipful Company of Security Professionals'라는 단체, 비스킷biscuit · 베이글bagel · 에클레르éclair 같은 빵 이름의 유래, 발음이 비슷한 말을 착각하거나 말장난 소재로 삼는 몬더그린mondegreen과 말라프로피즘malapropism 따위에 흥미가 없을지도 모르겠네요. 그렇지만 앞서 진주 이야기가 나왔으니 말인데요, 단어는 보석이랍니다. jewel은 어원상 '마음을 기쁘게 하는 작은 물건'으로, '말장난, 놀이'를 뜻하는 라틴어 jocus에서 왔거든요. jocus는 이탈리아어의 '기쁨gioia'과 '보석gioiello'의 기원이 됐고요. 그렇다면 언어는 보물 창고라고 봐도 되겠죠(참고로 '보물 창고'를 뜻하는 treasury는 '유의어 사전'을 뜻하는 thesaurus와 어원이 같아요).

그리고 말이죠, 단어의 기원을 파보면 자잘한 실수가 굳어진 것들이 노다지처럼 쏟아진답니다. 신데렐라의 유리 구두를 예로 들어볼까요. 그게 원래는 vair(프랑스어로 '털가죽')로 된 신발이었어요. 구전되면서 동음이의어 verre(프랑스어로 '유리')로 바뀌어 그대로 정착됐답니다. 그래서 신데렐라 이야기는 더 재미있어졌고요.

이런 말 저런 말

Coming to Terms

말 바꾸기: 단어의 진화

In a Word

우리의 유전 정보를 담고 있는 DNA는 당, 인산, 염기가 두 가닥으로 줄줄이 엮여 꼬여 있죠. 눈에는 보이지 않지만 우리가 물려받은 또 한 가닥의 유전 정보가 있으니, 바로 언어입니다. 유전자가 세대를 거듭하면서 바뀌는 것처럼 단어도 계속 바뀝니다.

좋은 말이 딱히 없네 For Lack of a Better Word

새로운 개념을 가리킬 적당한 말이 없을 때 기존의 단어를 활용하기도 합니다. horsepower마력의 원래 뜻은 말 그대로 '말 한 마리가 내는 힘'이었죠. 정확한 정의는 550파운드(약 250킬로그램)의 무게를 초당 1피트(약 30센티미터)만큼 들어 올릴 때 필요한 일률power의 양입니다. dumbwaiter덤웨이터는 식당에서 음식을 위층으로 올려 보낼 때 쓰는 간이 승강기예요. '말 못 하는 웨이터'라는 뜻이니 듣기가 좋지 않다고 하여 service lift업무 지원용 승강기로 이름을 바꾼 제조사도 있습니다. 마찬가지로 dumbbell아령은 손에 들고 흔드는 '종'을 닮았지만 소리가 나지 않아서 붙여진 이름입니다. 우리가 컴퓨터에서 실행하는 명령,

print인쇄하다는 원래 '도장 따위를 꾹 눌러서 무늬를 찍다', 즉 imprint 와 똑같은 뜻이었습니다. 물론 요즘 레이저 프린터의 인쇄 원리는 전혀 다르죠.

이제 안녕 Say No More

단어의 세계에서는 옛 단어와 새 단어가 서로 경쟁한 끝에 옛 단어가 힘을 잃고 서서히 사라지기도 합니다. 현생인류와 한동안 공존했던 네안데르탈인처럼 말이죠. candlepower촉광燭光는 말 그대로 양초 하나가 내는 빛의 세기를 나타내는 광도의 단위였습니다. 그러다가 국제단위계SI에서 candlepower를 폐지하면서 1 candlepower를 0.981 candela칸델라로 정의했습니다. 1칸델라는 어떻게 정의되냐고요? 혹시 궁금하신 분이 있을지 모르니 말씀드리면, '진동수 540 × 10^{12}헤르츠인 단색광이 특정 방향으로 스테라디안당 683분의 1와트의 강도로 방출될 때의 광도'입니다.

사촌지간 Spreading the Word

한 단어가 서로 교류가 없는 여러 문화권으로 전해져 각기 다르게 분화하기도 합니다. 다윈이 관찰한 갈라파고스제도의 핀치 새가 섬마다 다르게 진화한 것처럼요. 한 예로, 로마 제국이 쇠락하면서 로마가 지배했던 여러 지역에서는 라틴어가 스페인어, 포르투갈어, 프랑스어, 이탈리아어 등의 다양한 로망스어로 갈라져 나갔습니다. 산맥으로 가로막히고 통신 수단도 발달하지 않아 서로 교류가 없었기 때문이죠.

같은 어원에서 유래하여 다른 모양을 가진 단어들이 생겨났는데, 그런 단어를 동원어同源語, cognate라고 합니다. 그러면서 지역마다 특유의 '방언vernacular'이 점차 모습을 갖춰나갔습니다(그 어원인 라틴어 verna는 '주인집에서 태어난 노예'를 뜻했습니다).

예를 들어볼까요. 영어는 자음이 너무 많아서 뻑뻑한 느낌이지만(앵글로색슨어의 특징입니다), 느긋한 프랑스어는 라틴어를 더 물이 흐르는 듯한 소리로 바꿔놓았습니다. 프랑스 사람들은 심심할 때마다 '묵음 e'를 단어 속에 끼워넣는 게 취미였다네요. 농담이고요, 프랑스어의 묵음 e는 라틴어의 어형 변화에서 온 것입니다. 어쨌든 프랑스어의 음절이 매끄럽게 흐르는 것에 비해 영어가 상대적으로 뻑뻑하고 덜컥거리게 된 데는 묵음 e의 기여가 큽니다.

착각과 실수 Slip of the Tongue

어떤 발음을 '헛듣는' 현상에서 돌연변이가 유래할 수도 있습니다. 앞에서 언급했던 몬더그린mondegreen과 말라프로피즘malapropism은 유전자에 남지 않고 사라지는 일회성 사례입니다.

어때요, 유전자의 비유가 잘 들어맞나요? 딱 들어맞지는 않는다고요? 그래도 DNA에 대해 몇 가지는 알아보고 넘어갑시다. 우리의 유전 정보가 담긴 화학 물질 DNA는 풀어 말하면 deoxyribose nucleic acid데옥시리보핵산입니다. 여기서 ribose리보스는 arabinose아라비노스에서 왔습니다. 아라비아고무나무의 수액에 함유된 물질이죠. nucleus핵의 어원은 '견과류나 그 알맹이'를 뜻하는 라틴어 nux입니다. acid산의 어원은 '날카로운, 쓰라린'을 뜻하는 고대 그리스어 oxys이고요.

자, 이제 생명과학 이야기는 충분히 했으니, 다음으로 넘어갈까요?

2°

한 입으로 두말하기:
앵글로색슨어와 라틴어

Double-Speak

먼저 English영어, 잉글랜드의라는 단어부터 짚고 넘어가죠. England잉글랜드와 angler낚시꾼의 공통점이 있습니다. 둘 다 어원이 '낚싯바늘'이에요. Angles앵글족이라고 하면 덴마크의 낚싯바늘처럼 생긴 반도, Angeln앙겔른 지역에 사는 사람들을 가리켰습니다. 그 사람들이 5세기에 바다 건너 섬을 자꾸 침략하다 보니 그곳의 이름이 Angle-land가 되었고, 그것이 오늘날의 England가 되었습니다(일설에 따르면 서기 600년경 교황 그레고리오 1세는 금발의 앵글인 노예들을 보고 "Not Angles but angels앵글인이 아니라 천사로다"라며 말장난을 했다고 합니다). 영어 단어의 40퍼센트는 앵글족과 색슨족의 말에서 왔습니다. 나머지는 대부분 라틴어가 다른 곳을 거쳐 들어온 것이고요.

로마제국이 쇠락하기 전, 예수의 사도 베드로Peter는 로마를 세계의 중심으로 명명했습니다. 그야말로 모든 길은 로마로 통했죠. 그러나 5세기 초, 로마는 영국 땅을 포기하고 떠납니다. 하긴 흙집에 살던 시골 사람들은 로마 점령기에도 로마 주둔군이 있는지 없는지도 모른 채 농사짓느라 바빴습니다. 그 사람들은 라틴어를 접할 일이 없었으니 켈트족과 옛 노르드족에게서 물려받은 말을 계속 사용했죠. 그런데 영국 땅에 몰려든 앵글인과 다양한 색슨계 부족인들은 이전의 로마 군인들과 달리 토착민들과 어우러졌고, 주민들은 점차 앵글로색슨어Anglo-Saxon를 쓰게 되었습니다. 이 앵글로색슨어를 다른 말로 '고대 영어Old English'라고 합니다.

여담으로, Peter는 '바위'라는 뜻인데요, 여기서 '서서히 사라지다'를 뜻하는 peter out이라는 표현이 유래했다는 설이 있습니다. 미국 서부의 골드러시 때 광맥을 캐면 캘수록 나오는 금이 줄어들더라는 것이죠.

그 후 5세기가 지나서야 비로소 라틴어에서 유래한 단어들이 영어에 흘러들어왔는데, 프랑스어를 통해서였습니다. 프랑스 북서부에 정착했던 바이킹의 후손, 노르만족이 1066년에 영국을 정복하면서부터죠. 영국의 귀족이 된 노르만인들은 프랑스어를 썼습니다. 18세기 러시아 귀족들이 그랬던 것처럼요.

1066년에서 1500년 사이에 시골 사람들이 쓰던 고대 영어는 '중세 영어Middle English'로 바뀌어갔습니다. 반천 년half-millennium이라는 오랜 세월에 걸쳐 이루어진 변화였어요(millennium천년의 n이 두 개인 것에 유의합시다. 라틴어로 '연年'을 뜻하는 annus에서 유래했거든요. 반면 n이 하나인 anus는 '고리'라는 뜻으로 anus항문, anal항문의의 기원이 됐습니다. 철자가 같지만 발음이 다른 anus는 '노파'를 뜻했으며 anile노파의로 이어졌습니다).

그 과정에서 영어에는 같은 개념을 가리키는 말이 두 가지씩 생겨나곤 했습니다. 시골 농부들은 앵글로색슨어 단어를 쓰고, 노르만족 지배층과 교육받은 상류층은 라틴어 단어를 쓰는 경우가 많았거든요. 예를 들면 fieldwork밭일/agriculture농사가 둘 다 쓰이게 된 겁니다. 그 밖에도 sweat땀 흘리다/perspire발한하다, plough쟁기/cultivator경운기, byre외양간/stable마구간, dirt흙/soil토양, dig파다/excavate발굴하다, rug깔개/carpet융단, dish그릇/plate접시 등이 그런 예입니다.

지금 우리가 중세 영어를 듣는다면 이해하기 어려웠을 겁니다. 당시 사람들은 fate운명를 'fat'처럼 발음했습니다. boot장화는 'boat'처럼 발음했고요. ride타다와 red붉은는 둘 다 'reed'처럼 발음했습니다. 혹시 성씨가 Reid인 분이 있다면 중세에 붉은색 머리카락을 지닌 Reid라는 조상이 살았을 겁니다. 그 조상은 독일 Neandertal네안데르탈 골짜기에 살던 붉은 머리 Neandertal네안데르탈인의 먼 후손이었을 거고요. 붉은 털의 orangutan오랑우탄(말레이어로 '숲 사람')까지 거슬러 올라가는 건 무리일 테니 이쯤에서 끊겠습니다. 아니면 혹시 머리카락 색깔이 Titian적갈색이세요? 화가 티치아노Titian의 작품 활동 무대였던 베네치아 등 이탈리아 북부에는 머리카락이 적갈색인 사람이 많았다고 합니다.

boot의 모음이 '오'에서 '우'로 발음하도록 바뀐 것은 14세기부터 17세기까지 일어난 대모음 추이Great Vowel Shift라는 변화의 한 예입니다. 자세한 내용은 이 책의 주제를 벗어나니, monophthongization단모음화 같은 용어와 /aʊ/, /ɛ:/ 같은 발음 기호가 가득한 표를 좋아하는 분은 따로 찾아보시길 바랍니다.

자음은 어떻게 되었냐고요? 한 가지 예를 들면, 독일어의 b는 영어에서 v로 바뀌는 경우가 많습니다. 가령 sieben/seven일곱, leben/live살다, halb/half절반, lieben/love사랑하다처럼 말이에요. 비슷한 식으로, 영어권의 여성 이름인 엘리자베스Elizabeth는 히브리어에서 유래한 것인데 이탈리아어에서는 엘리사베타Elisabetta가 되었고 러시아어에서는 옐리자베타Elizavetta가 되었습니다.

사람의 구강 구조 특성상 로망스어에서도 b와 v가 왔다 갔다 합니다. 프랑스인들은 입술을 닫아서 br 발음을 하는 게 너무 귀찮다 싶으면 b를 v(또는 f)로 바꿔버렸습니다. 그리고 r 소리를 입천장 뒤쪽에서 내길 좋아해 k 소리에 가깝게 냅니다. 그래서 February2월를 프랑스어에서는 février라 합니다. 라틴어 gubernator는 프랑스어를 거쳐 영어의 governor총독, 주지사가 되었습니다. 다만 그 형용사형은 영어에서 여전히 gubernatorial주지사의이죠. pr도 마찬가지여서, April4월이 프랑스어에서는 avril입니다. 한편 이탈리아어에서는 pt 발음을 싫어해서 Neptune해왕성을 Nettuno라 하고 baptist세례자를 battista라고 합니다. 프랑스어에서는 절충하여 p를 철자로만 남겨두고 발음은 하지 않습니다. baptism세례식이 baptême'바템므'가 되는 식이죠. 그런가 하면 스페인어에서는 b와 v를 전혀 구분하지 않습니다. b와 v의 발음이 똑같아요. 이를 두고 이런 라틴어 농담도 전해집니다. "Beati hispani, quibus vivere bibere est.(스페인 사람들은 복도 많아, 삶이 곧 음주라니)." 라틴어의 vivere살다와 bibere마시다가 스페인어에서 똑같이 발음된다는 점을 이용한 말장난이에요.

우리는 이처럼 소파에 누운 채 입만 옹알거리는 것으로 과거의 소리를 찾아 시간 여행을 떠날 수 있습니다. 요즘 발음에서 옛 발음으로 계속 거슬러 올라가는 거죠.

그런데 역사언어학자가 아니라면 조심하세요. 타임머신이 기원전 500년에 이르면, 후진해서 잽싸게 빠져나오는 게 좋습니다. 이 책이 그곳까지는 절대로 가지 않는 이유가 있거든요. 왜냐고요? 원시인도유럽어로 milk우유가 h₂melǵ였다는 것을 알려드리면 대답이 될까요? 원시인도유럽어Proto-Indo-European는 모든 인도유럽어족 언어의 조상 격인 언어로, 6000년 전에 쓰였다가 사멸했습니다. 전문가들은 PIE라고 줄여서 적어요. 가령 '길'을 뜻하는 게르만어의 way와 라틴어의 via는 둘 다 PIE의 wegh에서 온 것으로 추정됩니다. 하지만 우리 같은 평범한 사람들에게 PIE는 외계어처럼 보일 뿐이죠. 저는 전문가가 아니니, 학자들 모임에서 PIE를 실제로 '파이'라 발음하는지 궁금할 따름입니다.

영국 땅에 주둔한 로마군이 라틴어는 거의 남기지 않았어도 몇 가지 실물 유산은 남겼습니다. 이를테면 영국 땅을 가로지르는 하드리아누스 방벽Hadrian's Wall 같은 것이죠(하드리아누스는 황제의 이름으로 '아드리아해의 사나이'를 뜻합니다). 또 저택 바닥에 mosaic모자이크(어원은 음악과 시를 관장하는 그리스신화 속 아홉 명의 여신을 뜻하는 그리스어 Mousa뮤즈) 타일도 남겼고요. 수도 런던London은 로마 점령기에 Londinium론디니움으로 불렸습니다. 파이 얘기가 나왔으니 말인데, 론디니움에 있던 큰길 하나가 오늘날 런던의 파이 로드Pye Road가 되었습니다. 런던 지하철의 본래 명칭은 the Underground이지만 보통 tube라고 부릅니다(미국에서는 tube라고 하면 cathode ray tube음극선관(브라운관), 즉 텔레비전을 가리키죠). 런던 사람들은 '튜브'보다 '추브'에 가깝게 발음합니다.

텔레비전 이야기가 나온 김에, 1958년 교황 비오 12세는 아시시의 성녀 클라라St. Clare of Assisi(1194~1253년)를 '텔레비전의 수호성인'으로 선포했습니다. 시대가 맞지 않는다는 사실쯤은 가뿐히 무시한 것 같네요. 클라라가 병으로 누워 있을 때 침실 벽에 미사 장면이 생생히 나타나서 미사에 원격으로 참석할 수 있었다고 합니다.

tube, 즉 '관'은 악기에도 들어가죠. 현대의 악기 이름인 tuba튜바는 로마 시대에 '전투용 나팔'이었습니다. 더 재미있는 것은 역시 '나팔'을 뜻했던 라틴어 tromba입니다. 이탈리아에서 trombone'트롬보네'가 되었다가 영어에서 철자 그대로 악기 '트롬본'이 되었는데, 프랑스에서는 이 trombone'트롱본'을 종이 끼우는 '클립'이라는 뜻으로 씁니다. 클립이 트롬본과 모양이 비슷해서라네요.

tube 이야기를 하다가 앵글로색슨어와 라틴어라는 주제에서 몇 정거장쯤 지나쳐 온 것 같은데, 이왕 악기 이야기가 나온 김에 여담을 조금만 더 하겠습니다. 피아노piano는 원래 이름이 pianoforte였습니다. 이전의 건반악기 하프시코드와는 달리 여린piano 소리에서 센forte 소리까지 강약의 조절이 자유로웠어요. piccolo피콜로라는 악기 이름도 역시 이탈리아어에서 왔습니다. '작은 플루트'라는 뜻입니다(조금 뒤에 나오는 '-olus'의 설명을 참고하세요).

악기를 만든 재질에서 악기 이름이 유래하기도 했습니다. 실로폰 xylophone은 원래 '나무(그리스어 xylon)'로 만들었습니다. 비올라viola의 현은 '송아지(라틴어 vitula)' 창자로 만들었고요(바이올린으로 넘어가기 전에, 프랑스어에서 violon d'Ingres'비올롱 댕그르', 즉 '앵그르의 바이올린'이라는 말은 '취미'를 뜻합니다. 화가 앵그르가 취미로 바이올린을 꽤 잘 켠 데서 유래했다고 해요. 한편 취미라는 뜻의 영단어 hobby는 hobbyhorse장난감 목마에서 나왔습니다). 바이올린violin은 '작은 비올라'를 뜻하는 이탈리아어 violino에서 왔습니다. 말 나온 김에 크기에 대해 이야기해볼까요.

커다랗게 Talking Big

라틴어는 크기를 나타내는 접미사가 발달해서, 영어에도 흔적을 많이 남겼습니다. 라틴어에서 '큰 것'에는 '-umn'이 붙습니다. columna는 원래 '큰 목'을 뜻했다가 '기둥'이 되어 영어의 column이 되었습니다(목 주위의 '옷깃'을 collar라고 해요). auctumnus는 '큰 수확'이니 '가을'을 뜻하게 되었고 영어의 autumn이 되었습니다('경매'를 뜻하는 auction으로도 이어집니다).

이 접미사 형태는 이탈리아어의 '-one'로 이어져서, 예컨대 앞에 나온 trombone은 '큰 나팔'입니다. 또한 유명한 마피아 두목 Al Capone알 카포네는 '머리가 큰' 조상을 두었을 가능성이 큽니다. capo가 '머리'거든요. 왠지 caporegime카포레지메(마피아 지부장)를 맡겨도 될 것 같은 이름이죠. capo di tutti capi는 '우두머리 중 우두머리'라는 뜻이니 마피아 총두목을 가리키는 말입니다. 한편 마피아 두목을 padrone파드로네(왕초)라고도 하는데, 문자 그대로 해석하면 '큰 아버지'입니다.

'거물'을 뜻하는 말로는 mogul도 있죠. 몽골 제국의 후예를 자처한 인도 무굴 제국의 황제를 유럽인들이 가리켰던 말로, 17세기에 생겨난 용법입니다.

조그맣게 Small Talk

라틴어에서 작은 것을 나타낼 때는 '-ulus' 또는 '-olus'를 붙입니다. 한 예로, 1537년 파라켈수스는 homunculus호문쿨루스, 즉 소인간小人間을 만드는 방법을 다음과 같이 설명했습니다.

> 남성의 정액을 표주박에 넣고 밀봉한 다음 말의 자궁에 넣어 40일간 최대로 부패시키거나 혹은 살아서 스스로 움직이고 꿈틀댈 때까지 놓아둔다. … 사람 형태와 비슷하면서 투명한 무언가가 나타난다. … 그런 다음 인간 혈액이라는 묘약을 신중하게 투여하여 최대 40주간 영양을 공급하면서 말의 태내에서 일정한 온도를 유지해주면 생명을 가진 인간 아이가 자라난다. … 여성의 몸에서 태어난 아이와 같지만 체구가 훨씬 작다.

muscle근육은 라틴어 mus쥐의 작은말인 musculus에서 왔습니다. 살갗 밑에서 움직이는 모양이 쥐를 연상시킨다고 해서요. Dracula드라큘라 백작의 이름은 '작은 용'을 뜻합니다. draco가 라틴어로 '용'이거든요. molecule분자은 '작은 덩어리'입니다. uncle삼촌의 기원이 된 라틴어 avunculus는 문자 그대로 해석하면 '작은 할아버지'입니다. avus가 '할아버지'거든요. 삼촌이 할아버지보다 작은 사람이 맞지요.

이렇게 '-ul'이 흔하다 보니 nucleus원자핵의 형용사인 nuclear의 철자를 'nucular'라고 잘못 쓰는 경우가 있습니다. 원자핵을 함부로 난도질하면 안 되겠지요. 라틴어를 알면 이렇게 철자가 헷갈릴 때 도움이 됩니다. 한 예로 integral완전한의 철자를 괴상하게 쓰는 사람도 많습니다. 어원이 라틴어 integer하나의, 완전한임을 기억하면 어떨까요. integrity완전성이라는 단어도 이 라틴어에서 기원합니다. 그러면 'intregal'이나 'intergal'이라고 쓰는 일은 없겠죠. 어느 병원에 갔더니 대문짝만하게 "Intergrative Medicine"이라고 걸어놓았더군요. 네, 그럴듯해 보일지 몰라도 Intergrative라는 단어는 없습니다.

한편 영어의 small작다은 독일어 schmal가느다란과 어원이 같습니다. '-ulus'의 또 다른 형태로 '-ellum'도 있습니다. 가령 cerebrum뇌의 작은 버전은 cerebellum소뇌거든요. 새끼 돼지piglet를 뜻하는 porcellus도 있고요. 독일의 유명한 남매 중 그레텔Gretel은 영어권에서는 마가렛Margaret에 해당하는 마르그레트Margret를 귀엽게 부르는 이름입니다. 숲속에서 인간 GPS 역할을 하던 오빠 Hänsel헨젤의 원래 이름은 Hans고요. 그런데 빵 부스러기를 새들이 먹어치우는 바람에 길을 찾지 못했죠.

3

발 없는 말: 이동

From the Word Go

travel이 '이동, 여행'이라는 뜻을 갖게 된 것은 14세기경으로, 원래는 프랑스어 travail일, 고생과 똑같은 뜻이었습니다. 그 어원인 라틴어 tripalium은 말뚝 세 개로 만든 '고문 기구'였습니다. palus가 '말뚝'이었거든요. 영어 단어 palisade말뚝 울타리와 beyond the pale도를 넘은이라는 표현도 거기에서 유래했습니다.

그렇다 해도 '여행'이 '고문'이라고 한다면 아무래도 hyperbole과장이겠죠. 문자 그대로 해석하면 '저 너머로 던지기'입니다. 그리스어 ballein던지다에서 유래한 말이에요. ballein과 ball공의 공통 어원은 '부풀기'라는 뜻의 오래된 단어로 거슬러 올라갑니다(비전문가로서는 범접하기 어려운 PIE의 영역입니다). 그러고 보니 두 단어의 사촌인 phallus음경도 부푸는 것이네요.

자동차 여행 Automotive Etymologies

coupe쿠페, 영어 발음은 '쿠프'는 문이 두 개인 소형 자동차를 뜻하죠. 그 어원은 프랑스어 carrosse coupé반으로 자른 마차였습니다. 앞좌석만 있고

뒷좌석이 없는 마차입니다.

cab택시는 프랑스어 cabriolet카브리올레가 줄어든 말입니다. cabriolet는 용수철이 부착된 경량 마차를 뜻하는데, 염소가 펄쩍펄쩍 뛰는 모습을 나타내는 말이기도 합니다. 라틴어로 '염소'가 capra거든요. 영어의 caper깡충깡충 뛰놀다도 관련이 있습니다. 여담이지만 하늘에 있는 염소로는 염소자리Capricorn가 있고요, 영화계에 있는 염소로는 배우 레오나르도 디카프리오Leonardo DiCaprio와 감독 프랭크 카프라Frank Capra가 있습니다.

참고로, 염소가 먹이를 먹을 때 쓰는 동사에 유의하세요. 염소는 brush잔가지를 뜯어 먹으니 browse뜯어먹다한다고 하고, 양과 소는 grass풀를 뜯어 먹어서 graze뜯어먹다한다고 합니다. 자동차 브랜드 쉐보레 Chevrolet는 어디서 왔을까요? 프랑스어 chèvre염소에서 왔거나, 아니면 cabriolet가 b/v 변환을 거친 결과일 것 같죠? 하지만 그렇지 않습니다. 창업자 루이 셰브럴레이Louis Chevrolet의 이름을 따왔을 뿐이고, 그는 본인이 '작은 염소'라는 생각은 꿈에도 하지 않을 겁니다.

17세기에 파리의 성 피아크르 호텔Hôtel de Saint Fiacre에서 마차를 렌트해주었기에 fiacre는 '합승 마차'가 되었습니다. 성 피아크르는 자그마치 치질(중세에는 이 병이 St. Fiacre's fig, 즉 '성 피아크르의 무화과'로 불렸습니다), 스트레스, 암, 재앙의 수호성인이기도 합니다.

taxi택시('수송'을 뜻하는 그리스어 'taxi-'에서 유래)라고 하면 처음에 UberCab으로 불렸던 승차 공유 서비스 우버Uber가 생각납니다. 그 어원인 독일어 über는 '위'를 뜻하는 세 단어 upper, over, above와 기원이 같은 말입니다. UberCab은 '뛰어난 택시'라는 뜻이죠.

마지막으로 limo리무진를 알아볼까요. limousine리무진은 원래 프랑스 리무쟁Limousin 지방 사람들이 입던 망토였습니다. 지붕이 없던 차에 지붕이 달린 새 모델이 나오면서 거기에 limousine이라는 이름이 붙었죠. Limousin의 중심 도시 리모주Limoges는 도자기의 도시로 유명합니다.

고달픈 나그네 The Word on the Street

'여행'이라면 교차로 이야기를 하지 않을 수 없습니다. 프랑스어 patte d'oie거위 발은 '눈가의 잔주름'(영어로는 crow's feet 즉 '까마귀 발')을 뜻하기도 하지만, '갈림길'이라는 뜻도 갖고 있습니다. 자, 그러면 여행은 고생이라는 관점으로 잠깐 돌아가봅시다.

옛날에 교차로는 위험한 곳이었습니다. 표지판이란 것이 없으니 틀린 길로 빠지기 십상이었죠. 오늘날 여행은 위험하기보다는 번거로운 쪽이지만, 머나먼 과거에 여행은 곧 생지옥이었어요. 문자 그대로 정말 지옥행이 되는 셈이었는데요, 왜냐하면 여행길에는 늘 자연적이고 인위적인 위험 요소가 도사리고 있어 목숨이 위태로울 때가 많았기 때문입니다.

교차로는 매복 공격을 당하기 좋은 곳이기도 했습니다. 그러니 교차로의 수호신 디아나Diana가 있는 것도 어찌 보면 당연한 일입니다. 디아나는 로마신화의 여신 트리비아Trivia, 세 개의 길가 취했던 모습 중 하나였죠. 디아나는 세 곳에서 활동했습니다. 지상에서는 야생동물을 관장했고, 천상에서는 달을 관장했으며, 지하 세계에서는 마법의 여신 헤카테Hecate, 멀리서 일하는 자와 동일하게 여겨졌습니다. 신중한 여행자는 교차로에 디아나를 모시는 사원을 짓고, 디아나가 좋아하는 개를 제물로 바치곤 했습니다. 또한 그녀는 숭어mullet를 좋아했는데, 이 물고기의 이름을 딴 헤어스타일도 존재한다는 거 아시나요? 저는 앞과 옆머리는 짧고 뒷머리만 기른 이 헤어스타일을 할 바에야 차라리 진짜 생선을 머리에 얹고 다니겠지만요.

숲속 교차로는 위험천만한 곳이었지만, 도시에서는 이야기가 달라지죠. 로마의 도시에서 세 길이 만나는 교차로, trivium은 사람들이 만나는 장소였습니다. 여기서 '흔한'이라는 뜻의 trivial이라는 단어가 생겨났죠.

인적 없는 교차로에서는 아무리 헤카테가 어슬렁거리며 지키고 있다 해도 강도를 조심해야 했습니다. 중세에는 길에서 화살의 사정거리 내에 있는 나무를 모두 베어버리는 경우가 많았는데, 산적이 나무숲에 숨어 있다가 습격하는 것을 미연에 막기 위해서였죠. 옛날에 footpad는 '보행하는 사람을 길에서 덮치는 강도'라는 뜻이었습니다. pad가 네덜란드어로 길path이거든요. bandit노상강도의 어원은 '한 무리의 도둑a band of thieves'도 아니고, 얼굴에 두른 '두건bandana'도 아닙니다. '추방된banished' 무법자를 뜻하는 이탈리아어 bandito가 그 어원입니다. desperado폭한는 한마디로 '절박한desperate' 사람이라는 뜻이에요. 즉, '희망이 없는' 사람이었죠. '희망'이 라틴어로 sperare였거든요. 그런 희망 없는 불한당들이 벌이는 습격raid은 길road 그리고 타다ride와 사촌지간입니다(모두 고대 독일어 reita에서 왔습니다).

여행길의 주막에는 온갖 수상한 사람들이 꼬여들기 마련이지만 지친 말을 새 말로 바꾸기 위해서는 다른 선택지가 없습니다. 하지만 설령 그런 주막이 있다 한들, 해가 기울어 어둠이 덜컥 내려앉은 상황에서는 사방 몇 킬로미터 내에 있는 주막을 찾기란 불가능에 가깝습니다. 아무리 숙박 시설을 미리 파악해 여정을 계획했어도, 도중에 일정이 틀어지면 가로세로 1미터짜리 이동식 오두막만 발견해도 감지덕지겠죠.

머나먼 옛날, 여행자들이 무사히 여행을 끝마치려면 현지 주민의 후한 대접에 의존해야 했습니다. 집주인의 hospitality환대는 나그네가 무사히 여행하는 데 워낙 필수적이었기에 신성한 규범으로까지 여겨졌습니다.

라틴어 hospes에는 '집주인'이라는 뜻도 있고 '손님'이라는 뜻도 있습니다. 언뜻 모순되는 것 같아도, 생각해보면 일리가 있어요. 두 역할은 사실 상호적 관계잖아요. 어원은 '적' 또는 '이방인'을 뜻하는 hostis입니다. hospes에서 유래한 hospital병원은 원래 노숙자 쉼터였고, 병 치료와는 관계가 없었습니다.

그리스에는 '나그네에 대한 환대'를 가리키는 단어가 따로 있었는데 이를 xenia크세니아라고 합니다('낯선 사람'이라는 뜻의 xenos크세노에서 유래되었죠). 손님이 신일 경우는 theoxenia테옥세니아라고 했는데, 신이 찾아왔을 때 알아보는 게 관건이었어요. 신약의 「히브리서」에는 이런 구절이 있습니다. "나그네 대접을 소홀히 하지 마십시오. 나그네를 대접하다가 자기도 모르는 사이에 천사를 대접한 사람도 있었습니다." 수상한 낯선 사람을 집에 들인다는 건 좀 과한 이타 행위가 아닌가 싶기도 하지만, 남에게 대접을 받고자 하는 대로 남을 대접하라는 기독교의 기본 윤리관인 황금률처럼, 모든 게 호혜적인 것 아니겠습니까. 언젠가 입장이 뒤바뀌는 날이 오기 마련입니다.

예를 들면 이런 이야기도 있습니다. 제우스와 헤르메스가 나그네로 변장해 어느 마을 사람들의 접대를 시험했는데, 모두가 두 신을 문전박대했지만 바우키스와 필레몬 부부만 환대해주었죠. 두 신은 부부의 오두막집을 사원으로 만들었고, 무엄한 마을 사람들은 마을과 함께 수몰시키는 것도 잊지 않았습니다. 부부는 서로를 극진히 사랑한 나머지 한날한시에 죽게 해달라 소원을 빌었는데, 제우스가 그 바람을 이루어주었습니다. 세월이 흘러 죽음이 찾아왔을 때, 두 사람의 몸은 동시에 참나무와 보리수로 변하기 시작했고, 영원히 서로의 곁을 지킬 수 있게 되었다고 합니다.

참고로 헤르메스Hermes에서 파생된 의외의 개념들이 있습니다. hermetic이라는 형용사가 '밀폐된'이라는 뜻을 갖게 된 데는 헤르메스가 밀봉 기술을 개발했다는 연금술사들 사이의 전설 때문입니다. hermeticism 즉, '헤르메스주의'는 은밀하게 전해져 내려온 철학 사상으로서 점성술과 마법 등의 학문을 아울렀습니다. 헤르메스와 어떻게 연관되냐고요? 그 사상을 주창한 사람이 헤르메스 트리스메기스투스Hermes Trismegistus였습니다. 이름 한번 웅장하죠. 그리스신화의 헤르메스와 이집트신화의 토트가 융합되어 형성된 인물로, 개코원숭이의 머리를 한 인간으로 그려지곤 했습니다.

접대의 호혜성 이야기를 하다가 옆으로 좀 샜네요. 마을이 뿔뿔이 흩어져 있고 왕래가 없던 시절, 나그네와 집주인이 서로 모르는 상황에서는 xenophobia이방인 혐오가 거의 기본이었습니다. 언론도 비행기도 없어서 세계화와는 거리가 먼 시절이었으니 당연합니다.

사람들은 접대의 관습을 어기는 일이 흔했습니다. 심지어 끔찍하리만치 심하게 박대하기도 했죠. 구약의 판관기(사사기)를 보면 켄 사람 헤벨의 아내 야엘이 가나안 장수 시스라를 손님으로 맞아 "엉긴 우유를 귀한 그릇에 담아"주는 등 잘 대접해주다가 별안간, "천막 말뚝과 망치를 가지고 살금살금 다가가서 말뚝이 땅에 꽂히도록 그의 관자놀이에 들이박았다. 시스라는 기진맥진하여 정신없이 자다가 참변을 당하고 말았다"라는 이야기가 나옵니다.

접대의 중요성을 보여주는 더 최근의 예로는 셰익스피어 비극의 주인공 맥베스가 있습니다. 맥베스의 경우는 자신이 살해한 덩컨왕을 잘 알고 있었으므로 xenophobia에 해당하지 않습니다. 맥베스가 처음에 암살을 주저한 이유는 덩컨이 자신의 친족이자 왕이라는 것뿐만이 아니었습니다. 그 못지않게 큰 문제는 덩컨이 자신의 성을 방문한 손님이라는 것이었습니다. "손님을 맞은 주인으로서 / 문을 단속해 암살자를 막아야 할 입장인데 / 나 스스로 칼을 품어서야 되겠는가." 접대 규칙을 어긴 더욱 최근의 예를 하나만 더 들죠. 2015년에 탈레반은 적에게도 환대하라고 하는 전통 율법 파슈툰왈리를 지키지 않고 손님으로서 주인을 살해하는 만행을 저질렀습니다.

무언가 뻔한 구실을 만들어 접대의 규칙을 살짝 피해가려고 하는 경우도 있습니다. 그리스신화의 이오바테스는 손님인 벨레로폰을 직접 죽일 수 없었습니다. 그런 행동은 금기로서, 복수의 여신에게 벌을 받을 일이었으니까요. 그래서 대신 벨레로폰에게 극도로 위험한 임무를 맡겼습니다. 이는 다윗왕이 썼던 책략이기도 합니다. 다윗은 밧세바의 남편(헷 사람 우리야)을 없애기 위해 요압에게 이렇게 지시합니다. "우리야를 가장 격렬한 전투에 앞세워 내보내고 너희는 뒤로 물러나서 그를 맞아 죽게 하여라."

hospitality 이야기가 나온 김에 말하자면, hostel호스텔('hospital'이 줄어서 만들어진 말)과 hotel호텔은 사촌입니다. 고대 프랑스어는 라틴어에서 파생된 지 얼마 되지 않았기에 라틴어의 st를 아직 그런 대로 발음할 수 있었습니다. 그런데 근대 프랑스어로 가면서 s를 발음하기 귀찮다 하여 생략하게 됐습니다. 그럴 때는 사라진 s 앞의 모음에 곡절 부호circumflex를 넣어서 s가 생략되었음을 표시하는 경우가 많아요. 이를테면 라틴어 hostel은 프랑스어의 hôtel호텔이 되었죠. 또 castellum은 château성, festum은 fête축제일, gustus는 goût맛이 되었습니다. magister는 maître주인이 되어, maître d'hôtel호텔이나 레스토랑의 지배인에는 곡절 부호가 두 개 들어갑니다. 영어에서는 maître d'메이트러디로 줄여 말하죠.

st가 restaurant식당에서는 살아남았습니다. restaurant는 원래 몸을 '회복시켜restore' 주는 곳이었다고 합니다. 한편 영국에서는 restaurant를 발음할 때 원래 프랑스어임을 인정해주는 의미에서 끝의 t 소리를 빼고 '레스트롱'과 비슷하게 말해요.

프랑스 사람들은 단어 첫머리의 'st-'는 특히 더 질색해서 차츰 'ét-'로 바꿔나갔습니다. 그래서 영어의 straight곧은이 프랑스어에서는 étroit좁은입니다(미국 도시 디트로이트Detroit의 원래 이름은 프랑스인 개척자들이 지은 데트루아Détroit, '해협strait'에 위치한 도시라는 데서 유래했습

니다. strait는 straitjacket구속복에 그 형태가 남아 있듯이 원래 '좁은'이라는 뜻이
죠). 라틴어 stella는 고대 프랑스어의 estoile를 거쳐 현대 프랑스어의
étoile별가 되었습니다. 또 고대 프랑스어의 estage는 étage층가 되었고,
escran은 écran영사막이 되었습니다. 반면 노르만족이 1066년 잉글랜
드에 가지고 들어온 것은 그 이전 형태들이었고, 혀가 튼튼한 영국인
들은 stellar뛰어난, stage층, screen영사막 등을 문제 없이 잘 발음했어요.

　이탈리아어에서는 단어 첫머리의 'st'를 포함해 몇 가지 경우를 가
리켜 '불순한 s'라고 부르는데요, 죄 없는 s 입장에서는 좀 억울할 만
합니다. 'st'는 애초에 라틴어에서 온 것이니까요. 어쨌거나 이탈리아
어가 그렇게 감미롭게mellifluous(어원은 '꿀처럼 흐르는') 들리는 이유는
자음 여러 개가 겹치는 것을 회피하는 성향 덕분입니다. 어느 정도냐
하면, 's+자음'으로 시작하는 단어 앞에서는 정관사 il 대신 lo를 쓰게
되어 있습니다. 예컨대 lo sport그 운동, lo psicologo그 심리학자라고 합니
다. 영어는 최소 시인의 손길을 거쳐야 물 흐르듯 흘러가죠.

전투는 움직이면서 If Words Could Kill

campaign군사 작전, 캠페인은 라틴어 campus벌판, 땅에서 왔습니다. 군사 작
전을 벌이려면 넓은 터로 나가야겠죠. 출마한 정치인들도 싸움터로
나가 '선거 운동hustings'에 참여합니다. hustings는 노르드어 hus-ting
집안 회의에서 왔습니다(ting은 '단위, 개체'의 뜻으로 영어의 thing와 사촌입
니다).

　소작농들이 무기를 소유할 수 없었던 중세에 귀족이란 곧 말을 타
고 싸울 수 있는 권리를 지닌 사람들이었습니다. 독일에서는 기사

를 ritter말 탄 사람, 즉 rider라고 했습니다. 중세에 말을 소유할 수 있는 계층은 극히 일부에 지나지 않았거든요. 그래서 "if wishes were horses, beggars would ride"라는 속담도 있어요. '바란다고 다 이루어지면 거지도 말을 타겠네' 정도의 뜻입니다. squire견습 기사는 라틴어 equus말에서 유래했고, 유능한 squire는 기사가 되기도 했는데, 기사는 라틴어로 eques(어원은 '말 탄 사람')였습니다.

역시 말에서 유래한 단어로 chivalry기사도가 있습니다. 프랑스어 cheval말에서 왔는데, cheval은 역시 '말'을 뜻하는 또 다른 라틴어 cabellus에서 비롯됐습니다(cabellus와 cheval을 비교하면 프랑스어에서 나타나는 c → ch와 b → v의 두 가지 변화를 확인할 수 있습니다). cavalry기병대는 chivalry와 어원이 같은 '동원어'입니다. cavalry에는 신분이 높은 남성이 들어갈 수 있었죠. 나이가 어리거나 신분이 낮은 남성은 infantry보병에 속했는데, 라틴어 infans아이에서 온 말입니다. 오늘날 cavalry라고 하면 말 대신 탱크를 타는 '기갑부대'를 가리키지만 뭔가를 타고 다니는 건 똑같습니다.

다시 부릉부릉 Motor Mouth

요즘은 민간인도 군에서 쓰는 탈것을 구입할 수 있습니다. 일단 제너럴 모터스의 험비Humvee가 있군요(정식 명칭은 'High Mobility Multipurpose Wheeled Vehicle고기동성 다목적 차량'). 사륜구동 군용차이지만 일반 시민이라도 폼에 죽고 살면서 널찍한 주차장을 보유한 사람에게 제격입니다. 아니면 도요타의 해리어Harrier도 있습니다('약탈자'라는 뜻으로, 어원은 바이킹의 노략질을 가리키는 말이었던 앵글로색슨어 hergian).

자동차 회사의 설명에 따르면 "미래를 향해 정면으로 거침없이 달려나가 새 지평을 여는" 차입니다. 딱 제가 찾던 차네요. 도요타의 해리어는 후에 이름이 Lexus RX로 바뀌었습니다.

지프jeep는 G.P.(General Purpose vehicle법용 차량)를 줄인 말입니다. V.P.(Vice President부통령)를 Veep라고 줄여 말하는 것처럼요.

한편 독일어로 '국민의 차people's car'를 뜻하는 폭스바겐Volkswagen의 모델 이름들은 군대와 거리가 멉니다. 온통 바람과 해류 일색인데, 이를테면 시로코Scirocco(사하라 사막에서 지중해 지역으로 부는 바람), 파사트Passat(독일어로 무역풍trade wind), 폴로Polo(극풍polar wind), 제타Jetta(제트 기류Jet stream), 골프Golf(멕시코 만류Gulf stream) 등입니다.

그런가 하면 국제적 감각을 강조하려고 했는지 모르지만 이탈리아 도시 시에나Siena와 소렌토Sorrento의 철자를 멋대로 바꾼 도요타의 Sienna와 기아의 Sorento도 있습니다.

자동차가 나오기 전에는 부자들만 마차를 타고 다녔습니다. 그래서 상인들은 마차 타고 오는 손님들을 상대로 장사하길 좋아했어요. '마차 장사' 즉 'carriage trade'에 열을 올렸죠. carriage trade가 '부유층 고객'을 뜻하게 된 경위입니다.

타고 다닐 말도 수레도 없다고요? 그럼 집에서 멀리 가기는 어려웠습니다. 버스 같은 대중교통이 등장하기 전까지는 그랬죠. bus버스는 처음에 'bus라고 썼습니다. 라틴어 omnibus만인을 위한, for all를 줄여 부른 말이었거든요. 19세기 말, 영국 시골에서 밭일 대신 공장에 다니게 된 사람들이 최초로 자동차 형태의 버스를 타고 다녔다고 합니다.

4

먹고 사는 이야기: 음식

Putting Words in My Mouth

'생명의 양식'으로 일컬어지는 bread빵는 독일어 Brot의 사촌으로, '끓이거나 발효시킨 것'이라는 뜻을 가진 원시 게르만어 brewth가 그 어원입니다. 빵은 맥주처럼 발효가 필요하니까요.

주기도문에 "daily bread일용할 양식"라는 구절이 나오는 것만 봐도 빵이 얼마나 중요한 양식이었는지 알 수 있습니다. 어찌나 중요했는지 bread와 dough반죽는 속어로 '돈'을 뜻하기도 하죠. breadwinner는 양식을 벌어오는 사람이니 '가장'입니다. '바깥주인'을 뜻하는 lord는 고대 영어의 hlāfweard라는 우아한 단어에서 왔는데 그 뜻은 '빵 지키는 사람'이었습니다. '안주인'을 뜻하는 lady의 어원은 hlaefdige, '빵 반죽하는 사람'이고요. 거기서 '-dige'가 dough와 관계되어 있죠. '-dige'는 역시 안주인의 영역이었던 dairy낙농장의 어원이 되기도 했습니다. 한편 woman여성은 'wife-man'이 변형된 wimman에서 유래했습니다. 빵의 일종인 베이글bagel도 독일어 쪽에서 왔는데요, 독일어 계통의 언어인 이디시어로 beygl이 '고리'를 뜻했습니다.

대니시 페이스트리Danish pastry는 그냥 덴마크에서 건너왔기에 그렇게 불립니다. 반면 같은 페이스트리 종류지만 크루아상croissant은 어원적으로 더 풍부합니다. 프랑스어 croissant은 영어의 crescent처럼 '초승달'이라는 뜻이죠. 두 단어 모두 '커지는'이라는 뜻의 라틴어에서 유래했습니다. 달이 점점 커지는 것처럼 악보에서 '점점 세게'라는 뜻을 지닌 이탈리아어 crescendo크레센도도 마찬가지고요. 크루아상은 초승달처럼 굽어진 모양으로 만드는 게 전통입니다. 그런데 요즘 영국에서는 첨예한 논란 속에 크루아상을 곧은 모양으로 만들고 있습니다. 초승달 모양의 크루아상에 마멀레이드를 바르려면 나이프질을 족히 세 번은 해야 하는데 시간 낭비라나요(한편 마멀레이드 marmalade는 고대 그리스어로 '꿀'이라는 뜻의 meli와 '사과'라는 뜻의 malum과 밀접한 연관이 있습니다. 이브의 '사과'가 신데렐라의 유리 구두처럼 착각의 산물이라는 이야기는 뒤에서 다루어보죠).

반죽이라면 피자pizza를 빼놓을 수 없죠. 이탈리아어 pizza는 그냥 '파이pie'라는 뜻이었고, 납작한 빵 pita피타와 동원어 관계인 것으로 추측됩니다. 햄버거에 들어가는 패티patty는 원래 고기가 아니라 빵이었습니다. 정확히는 '작은 팬으로 구운 빵'이었고 '반죽'을 뜻하는 라틴어 pasta에서 왔습니다.

파이pie 이야기로 가볼까요. eat humble pie잘못을 달게 인정하다라는 표현은 언뜻 연상되는 것과는 다른 유래를 지닙니다. 농민들은 예전에 'umble'로 만든 파이를 먹었습니다. umble이란 사냥으로 잡은 짐승의 내장으로, 고급 음식과는 거리가 멀었습니다. 다른 말로 하면 offal내장, 즉 고기를 다듬을 때 '떨어져 나가는fall off' 부위였죠. 그런데

'humble변변찮은'의 h가 예전에는 묵음이었기에 말장난을 하기에 딱 좋았습니다. 세월이 흐르면서 런던 동부를 제외한 영국 전역에서 h 소리를 내게 됐지만, umble은 영어에서 아예 사라지고 말았습니다. 한편 humble은 라틴어 humilis에서 왔습니다. humus가 '땅, 흙'이고 humilis는 그 형용사형이었거든요.

그다음 차례는 도넛doughnut입니다. 왜 nut견과이 들어가냐고요? 처음에 나온 도넛은 밀가루 반죽을 작고 동그랗게 빚어 튀긴 견과 모양이었거든요. 오늘날은 그런 것을 도넛 홀doughnut hole이라고 하죠. 반죽 덩어리를 둥글납작하게 펴서 가운데를 뚫었을 때 나오는 그 자투리 반죽으로 만든 도넛을 말합니다.

어쨌거나, hole구멍은 어원상 '무無, nothing'입니다. 어마어마하게 큰 black hole블랙홀도 결국 '무'인 셈이죠. 네덜란드의 도넛 이름은 어째 좀 느끼합니다. oliekoek올리쿡이라고 하는데 '기름 케이크oil-cake'라는 뜻으로, 틀린 말은 아니지만 그리 매력적인 이름은 아니네요.

매력이라면 '반죽 소년' 필즈베리 도우보이Pillsbury Doughboy를 빼놓고 이야기할 수 없겠죠. 온몸이 탐스러운 반죽으로 되어 있는, 미국 제빵 브랜드 필즈베리의 마스코트입니다. 음식을 의인화한 캐릭터 중에서 제가 더 좋아하는 건 영화 〈고스트버스터즈Ghostbusters〉 시리즈에 나오는 마시멜로 괴물, 스테이 퍼프트 마시멜로 맨Stay-Puft Marshmallow Man입니다. 육중한 뱃살이 좀 무시무시한 감은 있지만요. 비슷한 느낌이었던 미쉐린 타이어의 마스코트 미쉐린 맨Michelin Man은 2008년에 다이어트를 감행한 후 확 달라졌습니다. 여전히 온몸이

타이어지만 1894년의 오동통한 모습은 온데간데없어졌어요. 이제 spare tire예비 타이어, 허리 군살는 우리 허리에서 찾는 게 빠릅니다.

참, 미쉐린 맨의 이름이 따로 있는 걸 아셨나요? 비벤덤Bibendum입니다. 라틴어 nunc est bibendum이제 마실 시간에서 따온 이름이죠. 하긴 19세기 프랑스에서는 살짝 술 한잔을 걸치고 운전하더라도 뭐라 하는 사람은 아무도 없습니다. 다른 나라에서 OUI는 '음주 운전operating under the influence'이지만 프랑스에서 oui는 '그래요!' 아니겠습니까. 그렇지만 오해는 금물, 미쉐린의 비벤덤이 전하려고 한 메시지는 '우리 타이어는 도로의 장애물을 마셔버린다(흡수한다)'는 뜻이었습니다. 예전에는 차로 흙길을 달리자면 타이어에 펑크 날 일이 허다했기 때문이었죠. 뱃살과 타이어 이야기가 나왔으니 말이지만, 미쉐린은 식당에 별점을 매기는 미쉐린 가이드를 내는 회사가 맞습니다(프랑스어 발음은 '미슐랭').

한편 manna만나를 먹고 살찌는 사람은 없었습니다. 광야를 떠돌던 이스라엘 백성들에게 '하늘에서 내린 양식'이었던 manna는 오늘날 '뜻밖의 행운'을 뜻하는 말이 되었습니다. 이 만나의 정체가 실제로 무엇이었는지에 대해서는 여러 가지 학설이 있습니다. 위성류渭城柳 나무의 수액이라고도 하고, 곤충의 분비물이라고도 하고, 서리처럼 생긴 얇은 부스러기 모양의 신비한 물질이라고도 하고, 심지어 마법의 버섯이라고도 합니다. 하지만 보통은 만나가 일종의 빵이었으며 이스라엘인들을 구했다는 정도로 이야기하죠.

어쨌든 manna에서 mannitol만니톨이 유래했습니다. 만니톨은 식물에서 추출하는 단맛 나는 물질로, WHO에서 '필수 의약품'으로 지정하고 있으니 여러분이 드시는 약에 포함된 성분일 수도 있습니다.

빵은 물론 영적인 음식이기도 합니다. 이른바 '성변화'의 교리에 따르면 성만찬 때 사용되는 빵과 포도주는 상징적인 것이 아니라 실제 예수의 살과 피입니다. 옛날 유대교에서 예루살렘 성전 제단에 올렸던 '제사 떡showbread'은 가르무 가문에서 비밀리에 성스러운 방법으로 구웠다고 하는데요, 탈무드에도 그 내용이 전해지고 서기 1세기의 역사가 요세푸스Josephus도 기록하고 있습니다. 요세푸스는 예루살렘 성전의 구조를 상세히 묘사했으며 예수에 대한 역사적 기록을 유일하게 남긴 사람이기도 합니다.

요셉이라면 성 요셉St. Joseph도 있습니다. 요셉Joseph의 의미는 '늘리는 자'입니다. 일용할 양식을 벌어오는 사람이죠. 요셉은 예수의 양아버지로서 집안의 가장이자 집안의 모든 일을 관장하던 사람이었습니다. 요셉상을 마당에 묻으면 집이 빨리 팔린다는 속설은 그래서 나왔습니다. 그것도 'For Sale팝니다' 표지판 근처에다가 집을 바라보는 방향으로 거꾸로 묻어야 효험이 있대요. 매매를 성사시키려면 "자기 자신에 대해, 집이 팔린다는 것에 대해, 성 요셉에 대해 믿음을 가져야 한다"고 하네요(condo아파트에 사는 경우는 화분에 묻으면 됩니다. condo는 condominium의 준말로, 어원은 '공동 주거'입니다).

누룩 없는 빵을 나눠 먹은 최후의 만찬에 자리를 함께한 사람은 열세 명이었습니다. 그래서 13은 불길한 숫자가 되었고, 건물의 층수 표기에서 13을 빼는 등 이 숫자를 기피하는 관습이 지금도 남아 있죠. 또 예수가 십자가에 못 박힌 날이 금요일이라고 하여, 13일의 금요일은 벌벌 떠는 날이 되었습니다. 섬뜩한 이야기로 유명했던 드라마 〈환상 특급Twilight Zone〉의 에피소드 중에는 13층이나 13일의 금요일과 관련된 것이 몇 개쯤은 분명히 있을 겁니다(참고로 twilight황혼의 어원적 의미는 'two-lights').

유월절에 먹는 누룩 없는 빵, '무교병matzo'은 이스라엘인들이 이집트에서 탈출할 때 먹었던 빵을 상징합니다. 급히 도망치는 와중이었으니 반죽이 부풀어 오를 때까지 기다릴 여유가 없었겠죠. leavened발효된, elevate상승시키다, alleviate경감하다, levity경박함는 모두 솟아오르거나 무거운 것을 들어 올리는 동작을 나타냅니다.

빵이란 워낙 중요한 생필품이어서 13세기에는 '빵과 맥주 법Assize of Bread and Ale'이라는 특별법으로 빵 한 덩이의 가격과 무게를 엄격히 규정하기도 했습니다(그 수치는 '고명한 제빵사 협회Worshipful Company of Bakers'라는 동업조합의 승인을 받아 정했습니다). 빵집 주인들은 빵을 팔 때 혹시라도 양이 모자라 법에 걸릴까 봐 하나씩 더 얹어주곤 했는데, 그래서 'baker's dozen'이라고 하면 '열둘'이 아닌 '열셋'을 뜻하게 되었죠. 참고로 백스터Baxter라는 성씨는 '빵 굽는 사람'을 뜻하는 bakester에서 왔습니다.

빵 이야기를 하는 김에, 밀가루에 물을 타면 얻을 수 있는 gluten글루텐의 어원은 '접착제glue'를 뜻하는 라틴어 gluten입니다. 요즘 글루텐을 건강에 해롭다고 괄시하기도 하는데요, 수렵 채집 생활을 하던 인간의 몸이 농작물 섭취에 아직 적응하지 못했다는 이유라 하네요.

grist는 '빻을 준비가 된 곡물'입니다. 제분과 관련된 비유는 예부터 수두룩했습니다. 이를테면 grist for the mill은 '방앗간에서 빻을 곡물'이니 '요긴하게 써먹을 수 있는 대상'이란 뜻이죠. The mills of God grind slowly, but they grind exceeding small은 '하느님의 방아는 더디지만 무척 곱게 빻는다', 즉 '천벌은 늦더라도 가차 없이 내려진다'라는 뜻입니다. '방아, 방앗간'을 뜻하는 mill은 후에 일반적으로 '공장'을 가리키는 말도 됐어요. 그래서 run of the mill은 '대량생산된', '특색이 없는'이란 뜻입니다. 한편 라틴어로 맷돌을 mola갈아주는 도구라고 했습니다. 그래서 우리는 incisor앞니로 음식을 끊은 다음 molar어금니로 갈아 먹는 거 아니겠어요?

그런데 '요깃거리bites of food' 이야기를 하기 전에 컴퓨터의 바이트byte부터 짚고 갈까요. byte는 여덟 개의 비트bit로 이루어집니다. bit는 binary digit, 즉 '2진 숫자'의 준말로, 0 아니면 1의 값을 갖지요. byte 앞에 붙는 접두사 giga-, tera-, zetta-, yotta- 이야기는 다음에 기회 있으면 하겠습니다.

빵이 곧 생명의 양식인데, 밀이 없을 때는 어떻게 해야 할까요? 이를테면 안데스산맥에 사는 사람이라면 감자를 주식으로 삼아야 할 겁니다. 감자는 뿌리가 아니라 덩이줄기tuber를 먹는 식물이지만, potato라는 말의 뿌리는 안데스산맥에 사는 케추아족 언어의 papa입니다. 한편 tuber는 라틴어로 '혹'이었습니다. 가령 tuberculosis결핵는 폐에 작은 혹이 생긴다고 하여 붙여진 이름입니다('-ul'은 앞에서 알아본 것처럼 '작은 것'을 나타냅니다). 접미사 '-osis'는 '질병'을 뜻하고요. 병 이름에서 역시 자주 보이는 접미사 '-itis'는 '염증'을 뜻합니다.

감자는 월터 롤리 경Sir Walter Ralegh이 1589년 아일랜드에 처음 들여

온 후 차츰 아일랜드의 주식으로 정착했습니다. 감자는 '만나'보다도 재배하기 쉬운 작물이었죠. 롤리 경은 가진 땅이 얼마 안 되었지만 감자는 좁은 면적에서도 잘 자랐습니다. 한편 미국 부통령 댄 퀘일은 어느 초등학교에 찾아가 감자의 철자를 potato가 아닌 'potatoe'라고 잘못 가르쳤다가 망신을 당하기도 했죠.

그 이야기를 하니 또 생각나는 사건들이 있습니다. 2003년 미국 하원 행정위원장을 맡았던 밥 네이Bob Ney라는 의원은 이라크 침공에 반대하는 프랑스를 규탄하기 위해 프렌치 프라이French fries를 '프리덤 프라이freedom fries'로 바꿔 부르자는 유치찬란한 운동을 벌였습니다. 제 개인적 의견이지만, 참 맹추 같은 발상이었어요. 그런가 하면 제 1차 세계대전 때 한 신문은 독일식 양배추 발효 음식인 자우어크라우트sauerkraut를 다른 이름으로 부르자고 주장하기도 했습니다. "지금부터는 그 음식을 자우어크라우트라고 불러 친독파라는 비난을 자초하지 말자. 이제는 'Liberty Cabbage자유 양배추'라고 부르자." 기사 말미에 제시된 쌈박한 캠페인 구호는 다음과 같았습니다. "BUY, BUY LIBERTY CABBAGE! AND BYE-BYE SAUERKRAUT! (자유 양배추를 사자 사자! 자우어크라우트는 사장 사장!)"

그렇다면 '감자'를 가리키는 일상어 spud는 어디서 나온 걸까요? 감자를 캘 때 쓰는 spade삽와 관계 있는 것으로 추측됩니다. spade는 spoon숟가락과 어원상 사촌이라고 합니다.

영국에는 프렌치 프라이French fries가 없습니다. 영국에서는 감자 튀김을 chips라고 하거든요. 어쨌든 영국에서도 나름대로 프랑스인들을 욕 먹일 방법을 열심히 고안했습니다. '콘돔'을 French letter라고 했거든요. '허락 없이 내빼기'는 French leave라고 했고요. '매독'은 French disease입니다(다만 이 말은 이탈리아 나폴리 사람들이 먼저 썼습니다). 자고로 프랑스인이라면 낭만적, 육체적 사랑의 전문가들 아니겠습니까. affaire de coeur아페르 드 쾨르, 마음의 문제는 대개 affaire de corps 아페르 드 코르, 몸의 문제이기도 하죠. 참고로 '성병'을 지금은 STDsexually transmitted disease라고 하지만 예전에는 VDvenereal disease라고 했는데, venereal은 어원상 로마신화 속 미와 사랑의 여신인, 베누스Venus의 형용사형입니다.

crabs사면발니라는 성병은 게crab 모양의 이가 옮긴다고 해서 그런 이름이 붙었습니다. 고대 그리스인들은 유방 종양의 모양이 게를 닮았다고 하여 게를 암cancer의 상징으로 삼기도 했죠. 하늘의 별자리zodiac 중에도 게자리Cancer가 있어요. zodiac은 '동물'을 뜻하는 고대 그리스어 zoion에서 왔습니다. 물론 zoo동물원와 zoology동물학도 마찬가지고요. 그 밖에 생물학 용어 zoa(보드게임 스크래블Scrabble을 할 때 요긴한 단어), 지질시대의 하나인 Neoproterozoic신원생대에도 같은 어근이 들어 있습니다.

다시 아메리카로 돌아가서, 과일 이름 아보카도avocado는 아스테카인들이 쓰던 나와틀어의 ahuacatl고환에서 비롯되어, 스페인어의 aguacate를 거쳐 현재의 형태가 된 후 영어로 수입됐습니다(똑같은 원리로 나와틀어의 ahuacamolli는 스페인어의 guacamole과카몰레가 되었습니다. 뜻은 '아보카도 소스'). 아보카도는 시각적으로 '고환'과 꽤 흡사하다 볼 수 있겠지만 한편으론 또 다른 이름인 alligator pear악어 배 역시 생각해

보면 그럴듯합니다. 하지만 그 이름은 스페인어를 모르는 누군가가 'avocado'를 'alligator'로 잘못 들은 데서 연유했습니다.

농산물 이름을 잘못 알아들은 착각의 산물로는 Jerusalem artichoke 돼지감자, 그 뜻을 직역하자면 예루살렘 아티초크도 있습니다. 감자가 공주님처럼 보일 정도로 생긴 건 볼품없지만 그럭저럭 먹을 만한 덩이줄기 식물이죠. 이 돼지감자는 해바라기속에 속하는데 이탈리아어로 해바라기가 '해를 향하는'을 뜻하는 지라솔레girasole입니다. 어느 채소 상인이 girasole를 열심히 팔았는데, 한 손님이 저루설럼Jerusalem으로 듣고는 난데없이 예루살렘 채소로 둔갑시켜버렸습니다.

나와틀어에서 유래한 중요한 음식 이름이 두 개 더 있습니다. 초콜릿chocolate과 토마토tomato입니다. 카카오나무를 나와틀어로 cacahuatl이라고 했는데 이것이 cacao카카오의 기원입니다(참고로 카카오나무는 기이하게도 로마신화 속 대변의 신 스테르쿨리우스Sterculius의 이름을 딴 벽오동과Sterculiaceae에 속합니다). 또 아즈텍인들은 카카오 콩을 원료로 하여 xocolatl쓴 물이라는 것을 만들었는데 이것이 chocolate의 기원입니다. 1502년에 콜럼버스가 카카오 콩을 처음 스페인에 가지고 왔지만 아무도 관심이 없었고, 1528년 스페인 정복자 페르난도 코르테스가 그 '쓴 물'을 맛보고 가능성을 직감했습니다. 누가 거기에 설탕을 넣어보니 맛이 기가 막혔고, 식물학자들은 이 카카오의 학명을 Theobroma cacao라고 정했습니다. 속 이름 Theobroma는 라틴어로 '신의 음식'이라는 뜻입니다.

여담으로, 콜럼버스가 카카오를 유행시키지는 못했지만 cannibal 식인종이란 단어는 콜럼버스 덕분에 만들어졌습니다. Caribbean카리브

^해 지역에 살던 민족들은 스스로를 caribal이라고 불렀습니다. 콜럼버스가 이것을 'canibal'이라 잘못 듣고는 자기가 칸_{Khan, 아시아 북방 유목국}_{가의 왕}의 나라에 도착했다고 확신했죠.

어쨌든 그렇게 해서 chocolate이 나왔습니다. 참고로 바닐라_{vanilla}는 vagina_질와 어원이 같아서, '씌우개, 껍질, 검집'을 뜻했던 라틴어 vagina에서 파생됐습니다(바닐라 콩깍지의 모양에 착안한 것입니다). 예컨대 베르길리우스의 서사시 『아이네이스』를 읽어보면 로마 군인들은 검을 늘 vagina에 넣습니다.

tomato는 나와틀어로 tomatl이었고, 아스테카인들이 처음 재배했습니다. 이탈리아에서는 토마토를 '금 사과'라는 뜻의 pomodoro라고 부릅니다. 토마토도 감자처럼 유럽에서 엄청난 인기였죠.

과일이 들어간 관용어는 긍정적인 것이 많습니다. plum은 자두인데 자두에 일자리를 더한 plum job은 '누구나 선망하는 일자리'고, 자두 같은 말투인 plummy accent는 '(영국) 상류층 특유의 말투'거든요. 체리 한 그릇, a bowl of cherries는 '즐거운 인생'이라는 뜻으로 쓰입니다. 사과 같은 뺨, apple-cheeked라고 하면 '볼이 발그레한' 것을 뜻하죠. 복숭앗빛과 크림빛 얼굴색, peaches-and-cream complexion은 '뽀얀 얼굴 색'입니다. 그런데 cream_{크림}이 어원상 Christ_{그리스도}와 사촌인 것 아세요? 둘 다 '기름'을 뜻하는 고대 그리스어 khrisma에서 왔습니다. Christ는 '기름 부음을 받은 자'를 뜻하죠.

오렌지_{orange}는 아랍어 nāranj에서 유래해 고대 프랑스어 pomme d'orenge_{오렌지나무 사과}를 거쳐 영어로 들어왔습니다.

그런가 하면 달갑지 않은 과일도 있습니다. go bananas는 '화가 나서 돌아버리는' 뜻이죠. 레몬lemon은 '불량 상품'이고, 말린 자두인 prune은 '불평꾼'이에요. sour grapes, 즉, 시큼한 포도는 '못 먹는 감'입니다. a bad apple spoils the bunch는 '썩은 사과 하나 때문에 다른 사과를 다 버린다', 즉 '미꾸라지 한 마리가 온 웅덩이를 흐린다'. 왠지 복숭아peach가 들어간 표현 peach on someone은 '동료를 밀고하다'라는 뜻입니다. 엉망이 된 상황을 가리켜 go pear-shaped했다고 하죠. 배 모양이 되었다는 것은 상황이 '꼬였다'는 뜻입니다.

하지만 최악의 과일 요리는 뭐니 뭐니 해도 프루트케이크fruitcake입니다. 오죽하면 '미친 사람, 괴짜'라는 뜻으로 쓰이겠어요? 크리스마스에 먹는 프루트케이크를 생각해보세요. 주성분은 설탕에 절인 과일이지만 구토 유발제가 들어가는 게 차라리 더 나았을지도 모릅니다. 달디달고 뻑뻑한 케이크를 술에 적셔놓았으니 몇 년을 놔둬도 상하지 않습니다. 어느 집에서나 보관하기 부담스러워 그냥 내버리거나 아니면 남에게 장난삼아 선물로 줘버리죠.

한편 구토 유발제로 쓰이는 ipecac토근吐根은 브라질산 식물 ipekaaguéne토하게 만드는 작은 잎에서 그 이름이 유래했습니다. 가정 상비약으로 갖춰놓았다가 중독시 응급처치에 쓰면 된다고 해요. 브라질에서 온 것으로는 그 밖에도 캐슈너트cashew nut가 있습니다. 포르투갈어 acajú에서 유래했고 피스타치오pistachio와는 어원적으로 사촌지간입니다.

pomegranate석류는 '씨가 많은 사과'입니다(라틴어 granum = grain 알갱이). 그리스신화의 페르세포네는 안타깝게도 하데스가 준 마법의 석류 알 몇 개를 먹은 탓에 해마다 겨울이 되면 저승에 머물러야 했죠. 하지만 혹시 아니요, 겨울에 따뜻한 휴양지에서 휴가 보내는 사람들처럼 페르세포네도 불이 흐르는 플레게톤강 비탈에 chaise longue를 놓고 편하게 쉬었을지도 모릅니다. 이 말을 무슨 '라운지'의 일종으로 착각했는지 'chaise lounge'라고 잘못 알고 있는 사람이 많아요. chaise longue는 두 다리를 뻗고 누울 수 있는 '긴 의자long chair'입니다.

그렇다 해도 하데스는 페르세포네의 '가슴속을 따뜻하게 해warm the cockles of her heart' 주지는 못했습니다. 여기서 '가슴속'을 뜻하는 cockles of one's heart란 심장의 '심실'을 뜻하는 라틴어 cochleae cordis가 변형된 표현입니다. cochlea는 라틴어로 '달팽이 껍데기'였는데, 영어에 들어와 우리 귀의 '달팽이관'을 가리키는 말이 되었어요. 달팽이관의 모양이 달팽이를 닮았기 때문입니다(참고로 shape라는 말은 고대 영어에서 '여성 생식기'를 뜻했습니다. '출산'에서 '창조'로 개념이 확대되면서 '형성하다', '형상'을 뜻하게 된 것이죠).

파인애플pineapple은 마치 걸리버가 여행했던 거인국의 솔방울pinecone처럼 생긴 거대한 사과apple죠. 파인애플은 한때 환대의 상징이었습니다. 식민지 시절 미국에서는 멀리서 온 손님에게 파인애플을 대접했다고 합니다. 장기간 항해하느라 비타민 C 결핍으로 scurvy괴혈병(라틴어 scorbutus에서 변형)에 걸린 손님을 배려한 것이었죠. 여담이지만 멕시코의 명절날 눈을 가리고 막대기로 쳐서 터뜨리는 피냐타piñata도 모양이 솔방울piña처럼 생겼다 하여 그런 이름이 됐습니다.

Cockney rhyming slang은 '각운을 맞춘 속어'로 코크니(런던 토박이 특히 동부 지역 노동자)들이 처음 썼다고 하는데, 과일이 자주 등장합니다. 이를테면 이런 식이에요. stairs계단는 apples and pears사과와 배가 됩니다(stairs와 pears가 각운이 맞으므로). fart방귀는 raspberry tart라즈베리 타르트가 되고요(fart와 tart가 각운이 맞으므로). 그래서 입으로 방귀 소리를 내며 야유하는 것을 'give someone the raspberry'라고 하게 되었습니다. 재미있게도 롬족의 언어인 롬어에는 방귀를 뜻하는 단어가 두 개 있어서, 하나는 소리를 가리키고 하나는 냄새를 가리킨다죠. 한편 상표명을 만들 때는 어느 북유럽 말로 '방귀'의 뜻이 되지 않도록 각별히 주의하세요. 제가 예전에 하마터면 그런 이름의 상품을 팔 뻔했습니다. 기업에서는 그런 불상사를 막으려고 조심하지만 용케 걸러지지 않고 출시되는 제품도 있습니다. 한 예로, 쉐보레의 자동차 모델명 노바Nova는 스페인어로 '가지 않는다It doesn't go'라는 뜻이 됩니다.

몸의 구멍에서 나는 소리로 말하자면, 그리스어 poppysma는 '입맛을 쩝쩝 다시는 소리lip-smacking'를 가리키는 의성어입니다. 그런데 때로는 '혀를 쫏쫏 차는 소리tongue-clucking'를 가리키기도 합니다. 영어로 tut-tut이나 tsk-tsk, 경우에 따라서는 tchah, 심지어 pshaw라고 적기도 하는 소리죠. '혀를 똑딱 차는 소리tongue-clicking'는 그런 것과 또 엄연히 다르다고요? 그럼 의성어로 한번 나타내보세요. 쉽지 않을 겁니다. 정 어려우면 코이산어Khoisan에서 쓰는 기호 '!' 또는 'ǂ' 로 나타내는 방법도 있습니다.

어쨌든 라즈베리 타르트 이야기로 돌아갈까요. 디저트dessert(s가 두 개)의 어원은 프랑스어 desservir입니다. 영어로 하면 'un-serve', 즉 '서빙한 것을 치우다', '테이블을 치우다'라는 뜻입니다. 반면 desert사막는 series연속물와 어원이 같아서, '연결하다'를 뜻하는 라틴어 serere에서 왔습니다. 금방 이해되지는 않지만, 사막은 다른 곳과 '연결되어 있지 않다de-sert'는 발상입니다.

달콤한 이름들 Sweet Talk

그럼 디저트 이야기를 해볼까요. 영국의 딱딱한 과자 비스킷biscuit(미국에서 cookie라고 하는 것)과 독일의 바삭바삭하게 구운 빵 츠비바크 Zwieback는 말 그대로 '두 번 구운' 것입니다. 'bis-'와 'zwie-'가 모두 둘을 뜻합니다.

디저트로 먹는 프랑스 과자 에클레르éclair는 프랑스어로 '번개'를 뜻합니다. 생긴 모양에서 비롯된 이름이에요. 프랑스 과자라면 부드러운 마들렌madeleine도 있습니다. 마들렌은 마르셀 프루스트의 소설 『잃어버린 시간을 찾아서』에서 주인공이 먹다가 과거의 기억을 생생히 떠올린 것으로 유명하죠. 한편 Madeleine은 예수의 여성 제자로 막달라Magdala 출신이었던 막달라 마리아Mary Magdalene의 프랑스어 표기이기도 합니다. 형용사 maudlin은 막달라 마리아가 울면서 용서를 구했던 데서 '감상적인, 신파조의'라는 뜻을 갖게 됐습니다. 성경에서 예수가 막달라 마리아의 몸에 들린 일곱 마귀를 퇴치했다고 하여 magdalen은 '개심한 성매매 여성'을 뜻하기도 합니다.

생강 과자 진저브레드gingerbread는 '생강'을 뜻하는 라틴어 zingiberi에서 왔습니다. 마시멜로marshmallow의 주성분은 원래 바닷가 늪지 marsh에서 자라는 아욱과 식물mallow 마시멜로의 뿌리에서 얻는 물질이었습니다. 오늘날 도대체 무엇으로 만들지는 상상에 맡깁니다.

촉촉한 디저트 종류로 넘어가면, 커스터드custard는 '겉껍질crust로 덮인 음식'을 뜻하는 croutarde에서 왔습니다. 수플레soufflé는 바람을 '불어넣은' 음식입니다. 무스mousse는 '거품'이죠. 셔벗sherbet은 '시럽 syrup'으로 만들었다는 뜻이고요. 티라미수tiramisu는 '기분 좋게 하다' 라는 뜻입니다. 물론 많이 먹으면 몸무게가 늘어서 기분이 나빠질 가능성이 크겠지만요.

달지 않은 미국 음식 중에는, 기다란 빵에 재료를 끼워 만든 샌드위치가 있지요. 그런데 그 음식은 유달리 여러 이름으로 불립니다. 이름마다 어원을 살펴보면 다음과 같습니다. 1) hoagie호기: 돼지hog와 관련 있는 듯한데 불확실. 2) grinder그라인더: 역시 어원 불명. 3) sub서브: 모양이 잠수함submarine과 닮았다는 이유입니다. 4) hero히어로: 제 생각에는 그리스식 회전 꼬치구이 고기 요리 gyros기로스에서 유래한 샌드위치 이름 gyro자이로가 변형된 것 같습니다(반론하는 사람들도 있습니다).

돌고 도는 말들 Talking in Circles

'원'을 뜻하는 그리스어 gyros가 나온 김에 관련된 이야기를 조금만 해볼까요. 프랑스에서는 회전 교차로 중앙에 놓인 조형물을 art giratoire아르 지라트와르라고 부릅니다. W.B. 예이츠의 유명한 시 「재림 The Second Coming」의 첫머리에는 "점점 넓은 소용돌이를 그리며(in the widening gyre)" 도는 매가 나오죠. 시는 마지막에 심각한 질문을 던집니다. "어떤 야수가 마침내 때를 만나 / 태어나려고 어기적거리며 베들레헴을 향하는가? (And what rough beast, its hour come round at last /

Slouches towards Bethlehem to be born?)" 한편 동방박사들은 예수의 현현 Epiphany을 보고 베들레헴으로 향했습니다. epiphany의 어원은 '드러내다'를 뜻하는 고대 그리스어 epiphainein입니다.

epiphany갑작스러운 깨달음가 왔을 때 세련된 사람은 '아하Ha!'가 아니라 '유레카Eureka!'라고 외칩니다. 아르키메데스가 욕조에 몸을 담갔다가 욕조 밖으로 넘쳐흐른 물의 부피와 물에 잠긴 자기 몸의 부피가 같음을 깨달으면서 외친 말이죠.

그런데 여러분 생각은 어떠신지 모르겠지만, 저는 이게 그렇게 대단한 발견인가 싶습니다. 아마 제가 이야기를 잘못 기억했거나 이해를 제대로 못 했겠죠. 어쨌거나 eureka(그리스어 heureka)는 '알아냈다'라는 뜻으로, 경험적 지식을 통해 문제를 해결하는 방식을 뜻하는 heuristics발견법의 어원이기도 합니다.

제가 아르키메데스를 좀 폄하한 것 같은데, 그래도 아르키메데스는 그 욕조의 발견을 통해 비중specific gravity의 개념을 깨닫고 알쏭달쏭한 문제를 풀어냈다고 하죠. 저는 수학이라면 학교 다닐 때 기초 미적분 과목에서 그래프 아래 면적을 계산하는 부분 이후로 더 나아가지 못했습니다. 어쩌다 보니 다시 원 이야기로 돌아왔네요.

원주율을 나타내는 pi파이는 안타깝게도 디저트와 관계가 없고, 수학자 오일러가 그리스어 periphereia원주를 줄인 것입니다.

내친 김에 수학과 관련된 어원을 조금만 더 짚어보죠. 삼각함수 중 시컨트secant는 '자르다'를 뜻하는 라틴어 secare에서 왔습니다. 같은 어원에서 온 section부분은 원래 '절단'을 뜻했어요. 그 의미는 Caesarean section제왕절개술에 남아 있습니다. 탄젠트tangent는 '건드리다'를 뜻하는 라틴어 tango에서 왔고, 원래 '접선'을 의미하죠. 마지막으로 사인sine은 '곡선, 우묵하게 들어간 곳'을 뜻하는 라틴어 sinus에서 따온 것입니다. 같은 어원에서 나온 단어로 sinuous구불구불한가 있습니다. 또 우리 몸의 sinus는 '부비강(콧구멍에 인접해 있는 뼛속 공간)'을 가리키기도 해요.

이 장의 주제가 음식인 걸 잊었다고 여러분께서 의심하실 수 있으니 이쯤에서 다시 음식 이야기로 돌아가죠. 렌틸콩lentil은 '볼록한 물건'을 뜻하는 라틴어 lens에서 유래했습니다. 프랑스에서는 눈에 렌즈가 아니라 콩을 끼죠. 콘택트렌즈를 lentilles de contact라고 부릅니다. 한편 미국에서는 콩 종류를 legume이라고 하지만 영국에서는 pulse라고 합니다. 그 어원인 라틴어 pultis는 콩으로 쑨 걸죽한 죽을 뜻했습니다. 같은 어원에서 온 poultice는 '습포제'를 가리키는 말이에요. 원래는 뜨거운 콩을 으깨어 몸의 아픈 곳에 붙여 치료하는 방식이었습니다.

corn도 헷갈리는 단어입니다. 미국에서는 corn이라고 하면 옥수수지만, 유럽에서는 그렇지 않습니다. corn의 어원인 독일어의 Korn은 예로부터 옥수수뿐만이 아니라 '곡물'을 일반적으로 가리키는 말이었습니다. Korn을 작게 부르는 말(지소어diminutive)인 kornel은 영어에 들어와 kernel알갱이, 낟알이 되었고요.

그런가 하면 영국에서는 corn이라고 하면 밀입니다. 미국에서는 밀을 wheat라고 하죠(어원은 '하얀 곡식'). 영국에서 옥수수는 maize라고 합니다. 카리브해 지역의 아라와크족이 mahiz라 부르던 곡식이 멕시코를 거쳐 미국으로 들어온 것이죠. 한편 스코틀랜드에서는

corn이라고 하면 귀리oat를 가리킵니다.

까놓고 말하면 Talking Turkey

북미 원주민 알곤킨족 언어의 msickquatash 또는 sohquttahhash에서 유래한 succotash서코태시는 옥수수와 콩을 끓여 만든 요리로, 제 개인적 생각이지만 이름 못지않게 맛도 괴상합니다. 역시 알곤킨어에서 유래한 말로 squash호박가 있는데, '날로 먹는 것'이라는 뜻의 askutasquash에서 왔습니다. 알이 여러 가지 색깔인 인디언 옥수수 Indian corn를 옛날에는 turkey corn이라고 불렀는데, 오늘날 '까놓고 본론을 말하다'라는 뜻으로 쓰는 표현 talk turkey는 거기서 유래했습니다. turkey corn은 정착민과 인디언들 간의 거래에 사용되는 수단이었거든요. 한편 칠면조turkey의 수컷은 수고양이tomcat처럼 톰tom이라고 부르는데요, 벤저민 프랭클린이 토머스 제퍼슨의 이름을 따서 붙인 것이라는 속설이 있습니다.

위키피디아를 찾아보면 hominy grits호미니 그리츠를 이렇게 설명하고 있습니다. "호미니(염기성 용액에 불려 껍질을 제거하는 닉스타말화 과정을 거친 옥수수)로 만든 그리츠의 일종." grits는 옥수수 가루로 끓인 죽이에요. 문제는 grits의 어원인데, 아직까지 시원하게 풀리지 않고 있습니다. corn과 어원적으로 사촌이고, 고대 발트어로 '흙 덩어리'를 뜻했던 gruda와 살짝 닮은 것은 알 수 있지만요. 음식의 생김새도 어찌 보면 흙과 약간 닮았고요. 저는 먹어본 적이 없지만, 사진으로 봤을 때 그리 입맛이 도는 생김새는 아닌 것 같습니다.

다른 곡물로 가볼까요. barley보리의 어원 이야기는 다음 기회로 미루려고 하지만, 제가 제일 좋아하는 측정 단위 barleycorn발리콘(보리알) 이야기는 해야겠습니다. barleycorn은 원래 보리 낟알 하나의 길이를 가리켰습니다(오늘날은 8.5밀리미터 또는 3분의 1인치로 정의됩니다). 연관된 단위로 poppyseed포피시드(양귀비씨)라는 것이 있는데, 1 barleycorn의 4분의 1에 해당합니다. 영국에서 신발 제작에 쓰이는 발 모형(구두골last)은 지금도 barleycorn 단위로 치수를 나타냅니다. 호문쿨루스 homunculus, 소인간의 신발이라면 poppyseed 단위를 써야겠죠.

rye호밀 이야기를 해보면, 소설 『호밀밭의 파수꾼The Catcher in the Rye』의 제목은 시인 로버트 번스가 쓴 〈호밀밭 사이로Comin' Thro' the Rye〉라는 노래의 가사에서 따왔습니다. 노래의 멜로디는 일반적으로 〈올드 랭 사인Auld Lang Syne〉(스코틀랜드어로 'old long since' 즉 '오랜 옛 시절'의 뜻)과 같게 부릅니다. 〈올드 랭 사인〉은 12월 31일 자정에 보통 술이 거나하게 취해서 부르는 캐롤이에요.

그런가 하면 호밀은 축제와 거리가 먼 음울한 사건의 원인을 제공했을 가능성도 있습니다. 1692년 매사추세츠주 세일럼Salem에서 벌어진 마녀사냥의 피해자들은 대부분 습지에 살았습니다. 주식으로 먹던 호밀에 곰팡이가 생기기 쉬운 환경이었죠. 호밀에 기생하는 맥각균이라는 곰팡이는 경련과 환각을 일으킬 수 있으며 환각제 LSD의 성분이기도 합니다. 의사가 그런 증상을 나타내는 환자를 보고는 마귀가 들렸다고 재깍 진단을 내렸으리라는 설이 있습니다. 또 일설에 의하면 하멜른의 피리 부는 사나이Pied Piper of Hamelin를 따라갔던 아이들도 맥각 중독에 걸렸던 것이라고 합니다(중세 독일 북서부에서는 호밀이 주식이었습니다).

oat귀리는 곡식 중 최강의 파워를 자랑합니다. feel one's oats는 귀리를 잔뜩 먹고 배부른 말처럼 '힘이 넘친다'는 뜻이에요. sow one's wild oats, 즉 '메귀리를 뿌린다'고 하면 '자유분방한 성생활을 한다'는 뜻이고요.

요즘 귀리는 식이섬유가 많이 들어 있다 하여 각광을 받고 있죠. 역시 영양소가 풍부한 비곡물로는 브로콜리broccoli가 있는데요, '살짝 튀어나온 것' 또는 '새싹'을 뜻하는 brocco의 지소어 복수형입니다. 같은 어원에서 온 brocade브로케이드는 무늬를 도드라지게 짠 직물이고요. 건강식을 고집하는 사람들에게 인기 있는 음식 중 하나는 두부tofu입니다. 그 뜻은 중국어로 '썩은 콩'이니, 사람들이 어찌 보면 마조히스트masochist 아닐까 하는 생각도 듭니다(마조히즘masochism은 레오폴트 폰 자허마조흐Leopold von Sacher-Masoch의 19세기 소설에서 유래했습니다. 사드 후작Marquis de Sade의 소설에서 유래한 사디즘sadism과 함께 처음에는 철저히 성적인 의미였으나 차츰 모든 종류의 학대를 가리키는 말이 되었죠).

한편 crunchy바삭바삭한는 건강과 환경 문제에 예민한 식생활을 하는 사람을 그리 밉지 않게 놀릴 때 쓰는 말이에요. crunchy granola바삭바삭한 그래놀라(곡물과 견과류를 섞어 구운 시리얼)를 좋아하는 부류의 사람들을 가리킵니다.

그렇지만 요즘 이른바 paleo diet구석기 다이어트를 하는 사람들은 곡물 섭취를 피합니다. 앞서 언급했듯이 최초의 인류는 수렵 채집 생활을 했고 인간이 곡물을 먹기 시작한 것은 비교적 '최근'이라는 이유에서죠. 인간의 소화계통은 아직 곡물 섭취에 맞게 충분히 진화하지 않은 것으로 보입니다. 그 진화가 다 될 때쯤이면 인간의 주식은 이미 플라스틱 가공 식품으로 바뀌어 있을지도 모르겠습니다. '선사시대의'를 뜻하는 접두사 'paleo-'는 원래 '아주 먼'이라는 뜻입니다. 소리도 비슷한 사촌으로 telegraph전신, telekinesis염력 등에 들어가는 접두사 'tele-'가 있습니다. 거리가 멀어지다 보면 끝에 다다르죠. 그래서 'tele-'는 '끝'을 가리키기도 합니다. telomere말단소체는 우리 몸에서 세포의 분열을 중단시키는 역할을 하는 부분입니다. teleological목적론적은 어떤 목적이나 목표를 향해 나아가는 것을 가리키죠. 언어의 속성과 정반대인 속성이라 하겠습니다.

그런가 하면 곡식의 겉껍질을 라틴어로 palea라고 했는데, 이것이 이탈리아어에서 '짚'을 뜻하는 paglia가 됐습니다. 영어에서도 짚으로 만든 침대를 pallet이라고 하잖아요. 발음이 비슷하지만 palate입천장(palatum구개) 그리고 palette팔레트(pala삽)와는 어원이 다릅니다.

strew흩뿌리다는 본래 straw짚를 가지고 했던 동작입니다. straw man허수아비은 허술합니다. 그래서 상대방의 주장을 허술한 다른 주장으로 곡해하여 공격하는 논리적 오류(허수아비 때리기 오류)를 그렇게 부르기도 합니다. straw란 대개 부실한 재료죠. 아기 돼지 삼 형제 중 첫째가 만들었던 지푸라기 집만 봐도 알 수 있습니다. 그렇게 빈약한 짚이지만, 쌓이다 보면 낙타의 등을 부러뜨리는 last straw마지막 결정타가 될 수도 있는 법이죠.

hay건초는 straw와 다릅니다. straw와 달리 hay는 가축의 먹이food가 되어서 fodder여물로 쓰이거든요. fodder라는 단어는 오늘날 cannon-fodder총알받이라는 암울한 표현 속에서나 눈에 띄어요. 사람이 '대포의 먹잇감'이 된다는 발상입니다. 하지만 hay는 먹이사슬에서 중요한 역할을 하는 고마운 존재입니다.

'한창때'를 뜻하는 heyday가 쾌활하게 외치는 감탄사 'hey'에서 비롯된 말이라고 하는 사람도 있습니다. 제가 보기엔 황당한 소리입니다. 'hayday'는 농부들이 haymaking건초 만들기을 하느라 최고로 힘든 날입니다. 풀이 한창 자랐을 때는 아예 날을 잡아서, '볕이 좋을 때 건초를 만들어야(make hay while the sun shines)' 합니다. 즉 '쇠뿔도 단김에 빼야' 하는 거죠. 자른 풀을 축축한 밭에 내버려두면 금방 썩거든요.

햄릿은 어머니에게 이렇게 말하기도 했습니다(좀 무례하긴 한데 어머니의 재혼이 많이 수상쩍긴 했죠).

You cannot call it love, for at your age
The hey-day in the blood is tame, it's humble,
And waits upon the judgment.
그건 사랑이라 할 수 없어요. 어머니 나이에는
한창때의 혈기가 누그러져 겸허하게
판단을 따르게 되잖아요.

지금 주제가 음식이기도 하고, 덴마크 왕자 햄릿 이야기가 나온 김에 말하자면, 저는 개인적으로 스칸디나비아 요리를 요리로 인정할수가 없습니다. 그쪽 지역의 주식인 청어 절임pickled herring은 옛날 노르웨이인들이 북유럽의 기나긴 겨울을 나는 데 요긴했던 것은 사실이지만 제 생각에는 이제 한물간 요리입니다. 한편 스웨덴식 뷔페 상차림 smörgåsbord스뫼르고스보르드(어원은 '버터+거위+식탁')는 여러 음식이 차려져 있어 골라 먹을 수 있기라도 하죠. 영어에 들어와 '각양각색'이라는 뜻으로 아무 데나 간편하게 쓸 수 있는 단어, smorgasbord뷔페식 식사가 되기도 했고요. 이 단어의 'bord'에서 짐작할 수 있듯이 예전에는 식탁이라면 그냥 board널빤지였기에, board가 곧 음식을 의미하게 되었습니다. 'room and board숙식'라는 표현에 그 뜻이 남아 있어요.

서양 요리의 대명사로 통하는 것은 프랑스 요리죠. chef요리사는 곧 chief우두머리입니다. 두 단어 모두 '머리'를 뜻하는 라틴어 caput에서 유래했거든요. caput가 어떻게 chef가 되었느냐고요? p는 세월이 흐르면서 f로 슬쩍 바뀌곤 했다는 사실을 기억하세요. chef가 만들어내는 것이 곧 chef d'oeuvre셰 되브르, 즉 '걸작'입니다. oeuvre가 프랑스어로 '작업, 작품'이거든요(라틴어 opus/opera에서 기원). 반면 hors d'oeuvre오르 되브르는 'hors de'가 'outside of'의 뜻이니 '작품과 별도의', 즉 '메인 요리와 별도의'라는 뜻으로서 '전채 요리'를 뜻합니다. hors de combat오르 드 콩바가 '전투력을 상실한'이 되는 것처럼요.

'오르 되브르'에 곁들여 마시는 술이 apéritif아페리티프, '식전 반주'입니다. 말 그대로 '열어주는' 술인데, '열다'를 뜻하는 라틴어 aperire(aperture작은 구멍의 어원)에서 왔죠. 프랑스인들도 aperire의 p는 발음할 수 있었거든요. 그런가 하면 '열다'를 뜻하는 프랑스어 ouvrir도 같은 어원에서 왔지만 거기엔 p 대신 v가 들어갑니다. entrée앙트레를 미국에서는 '주요리'라는 뜻으로 쓰지만 원래는 'entry' 즉 '들어가기'의 뜻으로서 주요리 직전에 나오는 가벼운 요리를 뜻합니다. 한 끼에 일곱 가지 요리를 차례로 먹던 시절의 유산인 셈이죠. 프랑스 음식과 관련해 참고로, avalanche눈사태는 '삼키다'를 뜻하는 프랑스어 avaler에서 왔습니다.

나중에 알아볼 세균 이름도 그렇지만, 이탈리아의 파스타 면 이름은 모양을 상당히 중시합니다. 하나씩 알아볼까요. 베르미첼리 vermicelli는 '작은 벌레'를 뜻합니다. 지티ziti는 '신랑'입니다. 남자들ragazziti이 결혼 첫날밤에 사용하는 신체 기관과 닮았다 하여 그리 부른다고 해요. 링귀네linguine는 '작은 혀'입니다. 파르팔레farfalle(일명 'bow ties나비넥타이')는 '나비'입니다. 마니코티manicotti는 '작은 방한용 토시'입니다. mano가 '손'이거든요. 펜네penne는 '깃털, 깃펜'입니다.

그런데 유독 마카로니macaroni는 어원이 좀 달라서, 죽은 자를 기리며 마시는 그리스의 보리 음료 macaria에서 유래했습니다. macaroni는 미국의 유명한 전래 민요 〈양키 두들Yankee Doodle〉에도 등장하죠. "Yankee Doodle went to town / A-riding on a pony, / Stuck a feather in his cap / And called it macaroni. (양키 두들이 조랑말 타고 / 시내에 갔네 / 모자에 깃을 꽂고는 / 마카로니라고 불렀다네.)"에서 모자에 단 장식을 'macaroni'라고 한 데는 이유가 있습니다. macaroni란 18세기 영국에서 이탈리아에 여행 갔다가 그곳 패션을 어설프게 뽐내며 귀국한 사람을 놀리는 말이었습니다. 노래에 나오는 'Yankee Doodle'도 멋에 엄청 신경 쓰는 사람일 수밖에 없는 것이 첫째로 당시 미국 개척자들에게 조랑말은 사치여서 부자가 아니면 타지 못했고, 둘째로 모자에 깃털을 꽂은 화려한 패션이라니 '위풍당당함(panache, 역시 '깃털'을 뜻하는 penne에서 유래)'의 극치였죠. 여기서 doodle은 '얼간이'라는 뜻으로, '음경'이란 뜻도 있지만 가사를 쓴 사람이 그 뜻까지 염두에 두었는지는 분명치 않습니다.

참고로, 이 사내의 별명 격인 'Doodle'에서 dude사내, 멋쟁이란 말이 유래한 것으로 추측됩니다. dude ranch관광 목장는 돈 많은 도시 사람들이 카우보이 체험을 하러 가는 곳이에요.

과거에 jack-a-dandy 또한 '멋에 엄청 신경 쓰는 남자'를 가리키는 말이었습니다. 그런데 지금은 뜻이 바뀌어서 '손거울, 손목시계 혹은 물컵 등에 반사된 빛이 천장이나 벽에 밝게 비친 것'을 가리킵니다.

이제 음식 조리법 이야기를 해볼까요.

우리가 물을 boil끓이다하고 bouillon육수을 만들 수 있는 건 다 라틴어 bulla거품 덕분입니다. 또 라틴어 ferveo끓다는 effervescent발포성의, 열정적인와 fervent끓는 듯한, 열렬한의 어원이 되었습니다. 앞서 bread의 어원이 원시 게르만어의 '끓이거나 발효시킨 것'이라고 말씀드렸는데요, broth맑은탕도 같습니다. sauté볶다는 양파 따위를 팬 위에서 '점프'하게 만드는 것으로, somersault공중제비의 'sault' 부분과 어원이 같습니다. 이상의 조리 방법은 모두 가열이 필요하죠. 가열하면 steam김이 나옵니다. 이 단어에서 stew스튜가 유래했습니다. smoke연기는 '연기 나는'을 뜻하는 그리스어 typhus에서 왔습니다. typhus와 동원어 관계인 라틴어 tufus에서 파생된 말로 tufa투파(화산암의 일종)가 있습니다. 연기

나는 화산에서 만들어진 돌이죠(참고로 lava용암는 분화구에서 '씻겨' 내려 온 불의 강입니다).

beef소고기는 어디서 왔을까요? 프랑스어 boeuf에서 왔고, 그 어원 은 라틴어 bos소입니다. 형용사 bovine소의도 bos의 소유격 bovis에서 왔고요. 한편 '불만'을 뜻하는 beef의 용법은 1700년대의 각운 맞춘 속어rhyming slang에서 유래한 것입니다. '도둑아 게 섰거라!' 할 때의 'Stop, theif!'가 각운이 맞는다는 이유로 엉뚱하게 'Hot beef!'가 됐고, 그 말이 차츰 일반적으로 불만을 뜻하게 됐죠.

소고기 이야기를 하자면, 커틀릿의 일종인 슈니첼schnitzel은 독일어 의 Schnitt(싹둑 자른 것)에서 왔습니다. 햄버거hamburger는 원래 '독일 함부르크 스타일의 구운 소고기'를 뜻하는 햄버그 스테이크Hamburg steak의 준말이었습니다. 함부르크Hamburg에서 남쪽으로 600킬로미 터 정도 가면 프랑크푸르트소시지frankfurter의 본고장 프랑크푸르트 Frankfurt가 있습니다. 마인강 연안에 자리한 도시 프랑크푸르트의 이 름은 '프랑크족의 여울'이라는 뜻입니다. 강바닥이 얕은 여울ford은 도시가 들어서기에 적합한 곳이잖아요.

핫도그hot dog의 어원에 대해서는 학자들 간에도 의견이 분분한데 요, 제 나름의 가설은 이렇습니다. 다리가 짧고 허리가 긴 닥스훈트 dachshund와 생김새가 닮았다는 이유로 미국에서 그런 이름을 붙였다 는 겁니다. 닥스훈트는 굴속에 숨은 오소리(독일어 'Dachs')를 잡게 하 려고 그런 생김새로 개량한 품종이지요.

주제에서는 벗어나지만, 'frank'라는 단어 이야기를 좀 하려 해요.

한 번도 예속 상태에 놓인 적이 없는 프랑크족Franks을 가리켜 라틴어에서는 francus자유로운라는 말을 만들어냈습니다. 그 후 17세기에 지중해 일대의 상인들은 단순한 어휘로 이루어진 어떤 언어로 의사소통을 했는데, 그 언어를 이탈리아에서는 lingua franca프랑스어라고 불렀습니다. lingua franca는 터키어, 아랍어, 그리스어, 프랑스어, 스페인어 등 각종 언어가 뒤범벅된 언어였습니다. 그런데 당시 근동 지역 사람들은 유럽을 '프랑크족의 땅'이라고 뭉뚱그려 일컬었으므로 그 언어를 '프랑크어'라고 규정했습니다. 이후 lingua franca링구아 프랑카는 서로 다른 모어를 사용하는 화자들 사이에서 쓰이는 '공통어'를 뜻하는 말이 되었습니다.

한 지역에서 두 언어가 섞여 임시로 만들어진 새 언어를 pidgin피진이라고 하지요. pidgin은 원래 중국과 유럽 간 교역에 쓰였던 언어로, 그 이름은 중국인의 'business사업' 발음에서 유래했습니다. 때로는 피진이 발달하여 크리올이 되기도 합니다. creole(cre-ole＝만들어진 작은 언어)은 피진을 쓰던 세대의 후손들이 피진을 모어로 습득하여 버젓한 언어로 정착시킨 것을 말하지요.

주제가 음식에서 많이 멀어졌지만 조금 더 첨언하면, 1887년 L.L. 자멘호프L.L. Zamenhof는 '링구아 프랑카'의 탄생을 꿈꾸며 인공어 에스페란토Esperanto를 창시했습니다. 에스페란토의 어휘에서는 여러 서양 언어의 흔적이 느껴집니다. 예컨대 Bonan vesperon좋은 저녁이네요, Saluton안녕하세요 등을 보면 그렇습니다. Esperanto라는 이름은 '희망하는'을 뜻합니다. 이름처럼 성공을 희망했지만 잘되지 않았죠.

frank와 관련해 참고로, 프랑켄슈타인Frankenstein은 직역하자면 '프랑스 돌'입니다. 그리고 아마 이미 알고 계실 테지만 프랑켄슈타인은 괴물의 이름이 아니라 그 창조자의 이름이에요.

frankly란 단어는 요즘 많이 망가졌습니다. 원래 '자유로운free'을 뜻했던 frank는 '거리낌 없이 터놓고 말하는'이라는 의미도 갖게 됐죠. 옳은 용법의 예를 들면 영화 〈바람과 함께 사라지다〉에서 레트 버틀러가 말한 명대사가 있습니다. "Frankly, my dear, I don't give a damn. (내 사랑, 솔직히 그딴 건 내 알 바 아니오.)" 솔직하면서 듣는 사람에게는 달갑지 않을 수도 있는, 그때까지 꾹 눌러왔던 감정을 드러낸 것이죠. 그런데 이제는 개인적 고백이 아니라 사실을 말할 때도 이 말을 쓰고 있습니다. 이를테면 이렇게요. "Frankly, Springfield's population has shrunk twenty percent in the last decade. (솔직히 말해 스프링필드시 인구가 최근 10년간 20퍼센트 감소했어요.)" 최근에는 이런 말까지 실제로 들었습니다. "Quite frankly, students were expelled. (정말 솔직히 말하면 학생들이 퇴학당했어요.)"

음식 이야기로 되돌아가서, 프랑크푸르트에서 남쪽으로 70킬로미터 더 내려가 보름스Worms라는 도시로 가봅시다. 이 도시는 1521년에 개최된 'Diet of Worms'로 유명하니까, 독일 음식 이야기를 이어가기에 좋겠네요.

웬 '벌레 다이어트'냐고요? 놀라실 필요 없습니다. diet는 여기서 '의회'를 뜻하니까요. 라틴어 diaeta는 옛날에 두 뜻으로 갈라졌지요. 1) '매일' 제공되는 음식 양. 2) '매일' 모이는 제국 의회Reichstag(문자 그대로 해석하면 '통치+날'). 참고로 독일어 Reich는 '왕국'이므로, 예컨대

Österreich오스트리아는 '동쪽 왕국'이라는 뜻이 됩니다. 어쨌든 Worms는 옛 이름이 켈트어로 '습지의 도시'를 뜻하는 Borbetomagus였는데, b/v 교환을 거쳐 Vormatia가 되었다가 지금 형태에 이릅니다. "신성하지도 않고, 로마도 아니며, 제국도 아니다"라며 볼테르에게 조롱받았던 신성로마제국의 황제 카를 5세는 마르틴 루터를 이단으로 선언하기 위해 그를 Diet of Worms보름스 의회에 불러냈습니다.

worm벌레이 나온 김에 알아둘 만한 사실이 하나 더 있습니다. 과학계에서 제일 중요하게 취급되는 선충이라면 예쁜꼬마선충(학명 Caenorhabditis elegans, 줄여서 C. elegans)입니다. 예쁜꼬마선충은 다세포 생물 최초로 전체 유전체의 염기서열이 분석된 생물이거든요. 그 이름은 어디서 왔느냐고요? 과학계에서는 '잘 설계된well-designed'이라는 뜻으로 'elegant우아한'라는 용어를 씁니다. 효율적으로 단순하게 작성된 소프트웨어도 'elegant'하다고 말하거든요.

과학자들이 또 즐겨 쓰는 표현 중에 'turn out드러내다, 나타나다'이 있습니다. 대중에게 연구 결과를 전할 때 과학자들은 "it turns out that…"이라는 문구로 말을 시작하곤 해요. 예를 들면 이런 식입니다. "It turns out the meerkat can read at a second-grade level. (연구 결과 미어캣이 2학년 수준의 글 읽기가 가능한 것으로 나타났습니다)." 한번 잘 보세요. 그런 말버릇이 금방 눈에 띌 겁니다.

읽기 이야기가 나와서 말인데요, 4세기의 신학자 아우구스티누스St. Augustine는 암브로시우스St. Ambrose가 글 읽는 모습을 보고 기절초풍했다고 합니다. 소리를 내지 않은 채 읽고 있었거든요! 당시에는 묵독이 일반적이지 않았다고 하네요.

하지만 어쨌거나, 이 장의 주제는 음식이니까요.

분량 조절 Speaking Volumes

레시피에 따라 요리하다 보면 수없이 난관에 부딪치곤 합니다. 특히 분량을 기준보다 늘리거나 줄이려 하면 쉽지 않죠. 그럴 때는 중학교 때 배운 대수algebra 실력을 발휘해야 합니다. algebra는 '재결합'을 뜻하는 아랍어 al-jabr에서 왔는데요, al-Jabbar와 혼동하면 안 됩니다. al-Jabbar는 '전능한 자'라는 뜻으로, 알라를 가리키는 이름 중 하나거든요. 전설적인 농구 선수 카림 압둘자바Kareem Abdul-Jabbar의 본명은 루 앨신더Lew Alcindor였습니다. 이슬람교로 개종하면서 이름을 바꿨다고 해요.

저로 말씀드릴 것 같으면, 재료 양 조절의 달인입니다. 가끔 분수나 소수, 곱셈과 나눗셈이 나오면 좀 헤매긴 하지만요. 제곱근이나 미적분, 이차방정식은 나오지 않아서 다행이라고 할까요. 그나저나 여러분은 살면서 이차방정식이나 근의 공식이 필요했던 적이 있나요? 저는 정확히 외우고 있지만, 차 열쇠를 어디다 뒀는지 기억해내는 데는 도움이 안 되더라고요.

요리와 수학의 접점 이야기를 하자면, radical expression근호를 포함한 식과 radish무는 같은 어원에서 온 말입니다. 둘 다 '뿌리'를 뜻하는 라틴어 radix에서 왔죠. 현대 사회의 병폐를 eradicate뿌리뽑다하려고 하는 radical politics급진 정치도 어원이 같고요. 그런데 radish는 식물의 뿌리치고는 꽤 예쁘게 생기지 않았나요?

어쨌든 요리로 돌아가서, ounce온스, 영어 발음은 '아운스'는 참 묘합니다. 무게의 단위일까요, 부피의 단위일까요? 둘 다일까요? 깊이 들어가면 까다로운 문제입니다. ounce의 어원은 '하나'를 뜻하는 라틴어 unus입니다. unus는 uncia라는 형태를 거쳐 inch인치가 되기도 했죠.

무게와 관련하여, 제품의 net weight순중량는 용기를 제외한 내용물의 무게지요. net은 원래 프랑스어로 '깨끗한clear'을 뜻합니다. "I cleared 10"이라는 말은 "세금을 공제하고 10달러를 순익으로 챙겼다"라는 뜻으로, "I netted 10"라고도 하는 까닭이 여기 있습니다.

부피와 관련하여, cubit큐빗이라고 하면 느낌상 3차원 측정값을 나타내는 단위 같지만 그렇지 않습니다. 고대에 사용하던 길이의 단위로, 정확히는 45.72센티미터에 해당하고, 원래는 사람의 아래팔, cubitum의 길이를 가리켰습니다. 예를 들어 구약의 「Deuteronomy신명기」를 보면 다음과 같은 구절이 있습니다(deutero는 '둘'이라는 뜻이어서, 예컨대 deuterium중수소은 원자핵이 두 배 무거운 수소의 동위원소로, 핵융합에 쓰이는 물질이지요).

For only Og king of Bashan remained of the remnant of giants; behold, his bedstead was a bedstead of iron; is it not in Rabbath of the children of Ammon? Nine cubits was the length thereof, and four cubits the breadth of it, after the cubit of a man.

바산왕 옥은 거인족 가운데서 남은 마지막 사람이었다. 쇠로 만든 그의 침대는 지금도 암몬 백성이 사는 랍바에 있는데, 보통 자로 재어 그 길이가 아홉 자, 나비가 넉 자나 된다.

「마태오복음」에서도 한 구절 인용해봅니다.

Which of you by taking thought can add one cubit unto his stature? And why take ye thought for raiment? Consider the lilies of the field, how they grow; they toil not, neither do they spin.

너희 가운데 누가 걱정한다고 그 키를 한 자라도 더할 수 있겠느냐? 또 너희는 어찌하여 옷 걱정을 하느냐? 들꽃이 어떻게 자라는가 살펴보아라. 그것들은 수고도 하지 않고 길쌈도 하지 않는다.

'노아의 방주'의 규격에 관한 대목도 빼놓을 수 없지요.

The length of the ark shall be three hundred cubits, the breadth of it fifty cubits, and the height of it thirty cubits.

그 배는 이렇게 만들도록 하여라. 길이는 300자, 너비는 50자, 높이는 30자로 하고 …

와인 병의 크기를 재는 단위는 성경에 나오는 왕들 이름입니다. 대용량은 Jeroboam여러보암(3리터)부터 시작해 Methuselah므두셀라, Belshazzar벨사살, Nebuchadnezzar느부갓네살, Goliath골리앗로 이어집니다. 앞에서 언급했던 역사가 요세푸스는 골리앗의 키를 네 자 한 뼘, "four cubits and a span"이라고 적고 있습니다. 요즘 단위로 환산하면

약 2.1미터로 추정됩니다. 반면 구약성경에서는 여섯 자 한 뼘, "six cubits and a span"이라고 하는데, 약 3미터에 해당합니다. 그게 맞는다면 거인족이었던 바산왕 옥Og의 키와 대략 비슷했을 듯합니다. 성경의 유명한 이야기인 '다윗과 골리앗'의 골리앗과 「신명기」에 모세가 이끄는 이스라엘 사람들에게 죽임을 당했다는 바산 지역의 왕 옥 모두 성경에서 매우 키가 큰 인물로 묘사된다.─옮긴이

와인 병 외에 우리가 흔히 볼 수 있는 용기로는 pot냄비, 단지이 있지요. '강, 물'을 뜻하는 그리스어 potamos에서 '물 잔'을 뜻하는 라틴어 potus가 나왔고, 그 말이 pot이 되었습니다. potus는 라틴어 potare마시다에서 파생됐는데, 거기에서 potion묘약과 그 사촌 격인 poison독약도 유래했습니다.

pot은 마리화나marijuana를 뜻하는 은어이기도 합니다. potación de guaya포타시온 데 과야라고 하는, 대마초로 우려낸 술에서 비롯된 용법입니다. marijuana＝Maria Juana마리아 후아나, 영어식으로 메리 제인Mary Jane입니다. 그런데 이 스페인계 여성이 마약과 무슨 관련이 있었는지는 알 길이 없습니다.

한편 POTUS는 President of the United States미국 대통령의 약자이기도 합니다. 대통령 영부인은 FLOTUS, First Lady of the United States라고 하죠.

프랑스어에서 온 포푸리potpourri는 문자 그대로 해석하면 '썩은 단지rotten pot'입니다. 방향제를 뜻하는 말치고는 어감이 좋지 않죠. 그렇지만 potpourri의 원래 뜻은 먹고 남은 음식으로 만든 스튜였습니다. 그러다 뜻이 확대되어 '혼합물'을 일반적으로 가리키게 되면서, 말린

꽃잎과 향료를 섞어 단지에 넣은 방향제도 그렇게 부르게 된 것이죠. 혼합 이야기가 나왔으니 말인데, '섞다'를 뜻하는 프랑스어 mêler'멜레'에서 파생된 단어로는 mêlée아수라장도 있고 여러 노래가 뒤섞여 흘러 나오는 곡을 뜻하는 medley메들리도 있습니다.

인생이 잘 안 풀리나요? '엉망이 되다'를 뜻하는 go to pot이라는 표현의 유래는 짐작하기 어렵지 않습니다. 일찍이 1530년에 영국 신학자 윌리엄 틴들은 양sheep에 대해 이렇게 적었습니다. "Then goeth a part of ye little flocke to pot and the rest scatter.(그런 다음 너희 작은 양들의 일부는 냄비 속으로 들어가고 나머지는 버려지리라)."

그런가 하면 pot으로 시작하는 흥겨운 음식이 두 가지 있지요. potluck포트럭(각자 음식을 가져와 나눠 먹는 식사)은 별다른 설명이 필요 없을 것 같습니다. 단지pot에 무슨 음식이 들어 있을지는 운luck에 달려 있지요. 그런데 potluck과 상당히 비슷한 개념인 potlatch포틀래치는 어원적으로 전혀 연관이 없습니다. potlatch는 북아메리카 북서해안의 치누크족 인디언들 말로 '선물' 또는 '선물을 나눠주는 행사'를 뜻하는 pátlač에서 온 말이거든요. 1884년에 캐나다 정부는 potlatch 행사를 금지했는데, 이유는 "문명 사회의(다시 말해 기독교적인) 가치"에 어긋난다는 것이었습니다.

반면 potboiler는 먹고 싶어도 먹을 수가 없습니다. 이 단어는 예술적 가치가 전혀 없고 그저 돈벌이를 위해 만든 책이나 작품을 뜻합니다. 냄비pot를 계속 끓이려면boil, 즉 밥벌이를 하려면 그런 책이라도 써야 하니까요. 자매품으로 pulp fiction(갱지에 인쇄한) 통속 소설, penny dreadful(1페니에 팔던) 싸구려 범죄 소설 등이 있습니다.

boil 이야기가 나왔으니 보일의 법칙Boyle's Law을 언급하고 가야 할 것 같네요. 과학 시간에 배웠던 기체의 부피와 압력에 관한 법칙이지요. 보일Boyle이라는 이름도 capo우두머리가 들어간 마피아 두목 이름 카포네Capone 못지않게 적절한 이름이죠.

그럼 음식에 관한 이야기를 이렇게 마무리하죠. ventriloquist복화술사의 어원은 '배로 말하는 사람stomach-speaker'입니다.

말이 오락가락: 술

Buzz Words

어느 문화권에서나 사람들은 술을 손쉽게 즐기거나 코가 비뚤어지게 마실 방법을 열심히 찾기 마련입니다('코가 비뚤어지게 마시다'를 뜻하는 carouse커라우즈는 '진탕 마시다'를 뜻하는 독일어 gar austrinken가라우스트링켄에서 유래했습니다). 심지어 불법도 무릅쓰죠.

종교에 따라서는 음주를(그리고 그 밖의 몇 가지 재미있는 활동을) 계율로 금하기도 하지만, 정부에서 법으로 금지해도 아랑곳하지 않고 술 마실 궁리를 하는 사람들이 있습니다. 17세기의 밀주꾼들은 '장화 목bootleg' 속에 술병을 숨기고 다녔습니다. 그런 술을 bootleg밀주라고 불렀죠. 20세기 초 금주법 시대의 미국에서는 비밀리에 운영되는 판매점에서 조용히 술을 구했습니다. 그런 가게에서는 '소곤소곤 말해야' 했으므로 그런 곳을 speakeasy주류 밀매점라고 불렀습니다.

pub펍('public house공공 회관'의 준말)으로 불리는 영국의 술집은 면허가 있어야만 손님이 술을 사서 가지고 나갈 수 있습니다. 한편 미국의 주류 판매점은 package store라는 이름으로도 불리는데, 술을 '포장된 제품package' 상태로만 사갈 수 있기 때문입니다.

영국 수병들은 럼을 희석한 grog그로그를 마셨는데, 그 술 이름은 골이 진 천인 grosgrain그로그랭으로 만든 외투를 즐겨 입었던 어느 제독에게서 유래했습니다(항해 중 거센 풍랑이 걱정될 때는 술을 마시는 방법 외에, '항해자와 복통의 수호성인' 성 엘모St. Elmo에게 기도하는 방법도 있었죠. 성 엘모는 포르미아의 주교 에라스무스였는데, 벼락이 바로 옆에 떨어져도 눈 하나 깜짝하지 않고 설교를 계속했다고 합니다. 배의 돛대가 낙뢰를 맞아 불꽃을 일으키는 '성 엘모의 불St. Elmo's fire'이라는 현상을 뱃사람들은 성 엘모가 지켜주고 있다는 신호로 여겼습니다. 과학적으로 말하면 "코로나 방전으로 인한 발광 현상"이지요. 한편 역사적 인물과 동명의 슈퍼 히어로를 혼동해선 안 되겠습니다. 몸무게 190킬로그램, 키 2미터의 우려스러운 BMI를 자랑하는 마블 코믹스의 슈퍼히어로 세인트 엘모St. Elmo는 주특기가 사람을 빛으로 바꾸는 초능력, '트랜스일루미네이션transillumination'입니다. 엘모는 '웨폰 X'의 공격에 맞서 미사일을 끌어안고 장렬히 전사해 '알파 플라이트' 팀원들을 구합니다. 이 숭고한 슈퍼 히어로의 이야기를 계속하고 싶은 마음은 굴뚝같지만 이 장의 주제인 술 이야기로 돌아가야겠죠).

두송杜松의 열매인 두송자juniper로 향을 낸 술 진gin은 네덜란드에서 그 형태가 완성됐고, 이탈리아에서는 ginevra라고 불렸습니다.

보드카vodka는 '작은 물'입니다. 러시아어의 '-ka'는 지소사거든요.

독한 술은 자고로 '뜨거운' 느낌인가 봅니다. 브랜디brandy는 'brandywine'의 준말인데, 어원인 네덜란드어 brandewijn브란데베인은 '불에 태운 와인', 즉 '증류한 와인'을 뜻합니다. 영어의 brand도 '벌건 숯덩이'라는 의미가 있죠. 아메리카 원주민들은 백인들이 마시는 술을 가리켜 'firewater'라고 했습니다.

역시 독한 술인 압생트absinthe의 이름은 성분으로 들어 있는 '쓴쑥'의 학명 Artemesia absinthium에서 따온 것입니다. 압생트는 녹색을 띠어서 프랑스어로 '녹색 요정'을 뜻하는 la fée verte라 페 베르트로도 불립니다. 압생트 하면 보헤미안과 19세기 초 파리의 이미지가 떠오르죠. 환각 작용이 있다는 오해로 미국에서는 한동안 판매 및 음주가 금지되기도 했습니다.

색깔 있는 알코올이라면 spirit level기포관 수준기 안에 들어 있는 물질이기도 합니다. 유리관 속에 알코올을 꽉 채우지 않고 기포를 남긴 채 밀폐해 그 기포의 위치로 수평을 확인하는 도구죠.

'영혼, 정신, 증류주, 알코올'을 뜻하는 spirit의 기원은 '숨쉬다'를 뜻하는 라틴어 spirare입니다. 참고로 inspire고취하다 = '숨을 불어넣다', conspire공모하다 = '함께 숨쉬다'(머리를 맞대고 속닥거리는 모습)고요. spirit이 들어간 프랑스어 표현 중에도 요긴한 것이 몇 가지 있습니다. esprit de corps에스프리 드 코르는 'team spirit', 즉 '단체 정신'이죠. esprit 에는 '재치wit'라는 뜻도 포함되어 있습니다. 이 뜻으로부터 파생된 유용한 표현이긴 하지만 영어권에서는 그리 많이 쓰이지 않는 esprit de l'escalier에스프리 드 레스칼리에라는 관용구가 있는데요, 영어로 하면 'staircase wit', 즉 '계단에서 떠오르는 재치'입니다. 파티 자리에서는 하지 못했던 재치 있는 말이 밖으로 나오는 계단에서야 생각나서 이마를 치게 될 때가 있죠.

재치에 관해서라면 프랑스어에서 빌려온 표현이 또 있습니다. bon mot봉 모(직역하면 '좋은 말')는 '재치 있는 말, 명문'입니다. mot juste모쥐스트는 '적절한 말'입니다. 어원을 죽 거슬러 올라가면 라틴어의 '법, 정의, 권리'를 뜻하는 ius가 있지요.

그럼 건배toast를 제안하면서 이번 장을 마무리할까요. 그 toast는 '살짝 구운 빵 조각'을 가리키는 toast에서 유래한 것이 맞습니다. 옛날에는 와인을 마실 때 와인에 향신료를 친 토스트를 담그고 티백 우려내듯이 불렸습니다. 와인이란 원래 수준 이하인 것도 많은 데다, 예전에는 좋은 술을 마실 기회가 별로 없었거든요. 향신료의 힘을 빌리면 맛을 감추는 데 도움이 됐을 겁니다. 스칸디나비아에서는 건배할 때 skål스콜이라고 외치는데, 옛날에 shell껍데기을 술잔 삼아 술을 마신 것이 그 기원입니다. 영어에서 stein스타인이라고 부르는 독일식 맥주잔은 원래 stone돌 또는 stoneware도자기로 만든 술잔이었고요. 한편 고대 영어로 '건강'을 뜻했던 waes haeil은 오늘날 '술잔치'를 뜻하는 wassail이 되었습니다. 역시 사람들은 코가 비뚤어지게 마실 궁리만 하나 봅니다.

건강한 언어 생활

Speaking Ill Of

아픈 데 찌르기 Calling in Sick

건강 이야기를 하자면, 먼저 health건강의 원래 뜻은 '온전함wholeness'이었습니다. 스코틀랜드 말로는 지금도 '온전한whole'을 'hale'이라 하지요. 같은 식으로 만들어진 단어가 dearth결핍입니다. 형용사 dear비싼, 희귀한에 '-th'를 붙인 형태죠(한편 dear의 '소중한'이라는 의미에서는 dearling을 거쳐 darling소중한 사람이 파생됐습니다). 제 개인적 생각이지만 wellness건강는 조잡한 단어예요. 그냥 health라고 하면 충분합니다.

이번 장은 쓰기 쉽습니다. 현대 사회에서는 모든 게 다 병이니까요. 요즘은 뭐든 일단 병의 범주에 욱여넣어보고 잘 안되면 '장애disorder'라고 부르죠.

과거의 의학 용어는 멋진 것이 많았습니다. 비교적 최근에 명명된 호르몬인 에스트로겐estrogen도 어원을 거슬러 올라가면 '등에' 또는 '등에에 물려 일으키는 발광'을 뜻하는 라틴어 oestrus가 나오지요.

그리스어에서 유래한 '-algia'는 '고통'을 뜻합니다. 예컨대 neuralgia신경통, analgesic진통제 등이 있죠. nostalgia향수는 문자 그대로 해석하면 '귀향＋고통'입니다.

옛날에는 신경계 질환의 경우 특히 괴상한 명칭으로 불리곤 했습니다(그러다가 나중에 학자들 이름으로 바뀌었죠). 오늘날 헌팅턴병의 증상으로 알려진 '무도증chorea'은 저절로 몸이 움찔거리는 이상 운동인데요, 예전에는 '성 비투스의 춤St. Vitus' Dance'으로 불렸습니다. 춤과 뇌전증(과거 용어로 간질)의 수호성인 성 비투스의 사원에서 춤을 추던 중세의 관습에서 유래한 이름이에요. chorea는 '집단 춤'을 뜻하는 그리스어에서 왔고 chorus합창단, choreography안무와 어원이 같습니다.

성인들은 저마다 전문 분야가 있죠. 오늘날 의사들도 가능하면 전문의가 되는 것을 선호합니다. 일반의보다 돈을 더 많이 벌 수 있으니까요. 참고로 앞서 언급한 성 비투스는 춤을 전문으로 하는 성인이면서도 좀 특이하게 '늦잠'을 퇴치해주는 능력도 있다고 합니다. 성 비투스를 묘사한 그림을 보면 수탉을 들고 있습니다.

고대에는 뇌전증을 '성스러운 병Sacred Disease'이라 했는데, 고치려면 기도해야 했기 때문입니다. 후에는 '그리스도의 천벌Scourge of Christ'이라거나 '악마의 병morbus daemonicus'이라고 했죠. 여기서 '병'을 뜻하는 라틴어 morbus는 morbid병적인의 어원입니다.

당뇨병 치료에 쓰이는 인슐린insulin의 어원은 '섬'을 뜻하는 라틴어 insula입니다. 다만 인슐린의 '섬'이란 바다 위의 섬이 아니라 '랑게르한스섬islets of Langerhans'을 가리킵니다. 인슐린을 분비하는 췌장 내 세포 조직을 이렇게 불러요. 주택의 insulation단열도 라틴어 insula가 어원입니다. 집 내부를 외부의 험한 날씨로부터 '격리하는isolate' 것이죠. insula는 이탈리아어의 isola섬가 되었습니다.

그 밖에도 매몰찬 별명이 붙은 병들이 있습니다. 1990년대에 영국에서 처음 관찰된 변종 크로이츠펠트-야코프병은 소의 질병인 BSE 소해면상뇌증(bovine spongiform encephalitis)가 원인으로 추정되어 흔히 '광우병mad cow disease'으로 불립니다. 자신과 가까운 종을 음식으로 섭취할 때의 위험성에 관해서는 뒤에서도 이야기하겠지만, BSE는 분쇄된 소고기가 들어간 사료를 소에게 먹인 것이 발병 원인이라고 합니다.

목의 림프샘이 부어 오르는 scrofula연주창라는 병은 씨암퇘지scrofa가 잘 걸린다고 하여 붙은 이름인데, 농민들은 King's Evil왕의 병이라고 했습니다. 왕의 손길이 닿으면 나을 수 있다는 믿음 때문이었죠. 오늘날은 결핵균이 원인이라는 것이 알려져 있습니다. 정확한 병명은 'mycobacterial cervical lymphadenitis'로, 하나씩 분석해보면 다음과 같습니다. myco-는 '균류'를 뜻하고 오늘날 '-mycin'으로 끝나는 항생제 이름의 기원입니다. cervical은 '목'을 뜻하는 라틴어 cervix에서 파생됐습니다. lymph는 '액체liquid'를 뜻하고 limpid맑은와 관련이 있습니다. 'adena-'는 '분비샘'을 뜻합니다.

균류fungus는 의료 분야에서 많은 생명을 살린 영웅이지요. 균류란 쉽게 말해 효모나 곰팡이로, 다른 생물체에 붙어서 양분을 흡수합니다. 항생제 페니실린penicillin을 만들어내는 곰팡이로 유명한 penicillium푸른곰팡이은 '작은 꼬리'처럼 생겼습니다. 그 어원인 penicillus가 라틴어로 '작은 꼬리'를 뜻했죠. 그런가 하면 일부 균류가 만들어내는 spore포자는 Cyclosporine시클로스포린과 Neosporin네오스포린 같은 의약품의 활성 성분으로 쓰입니다.

세균, 다른 말로 박테리아bacteria는 하나의 세포로 이루어진 미생물입니다. 톨스토이는 "불행한 가정은 저마다 다른 이유로 불행하다"라고 했지요. 박테리아는 저마다의 특징에 따라 여러 분류군으로 나뉩니다. 그리고 박테리아 분류법은 모양을 아주 많이 따집니다.

그중 한 분류군은 bacillus간균로, '작은 막대'라는 뜻입니다(그리스어 baktron = '막대'). 혹시 바시트라신bacitracin 성분의 국소 항생제를 써보신 적이 있나요? 그렇다면 마거릿 트레이시Margaret Treacy에게 고마워하셔야 합니다. 그녀의 상처에서 발견된 bacillus 덕분에 개발된 약이거든요. 그런데 의사가 환자의 이름 철자를 'Tracy'로 착각해 약 이름이 그렇게 지어졌습니다.

'나선형 막대'를 뜻하는 헬리코박터helicobacter는 소화기관의 궤양을 일으킵니다. '구부러진 막대'를 뜻하는 캄필로박터campylobacter는 전염성 식중독을 일으켜 미국 질병 관리 본부에서 골머리를 앓는 세균입니다.

그런가 하면 clostridium클로스트리디움이라는 분류군도 있는데, '물렛가락'이라는 뜻입니다. C. botulinum클로스트리디움 보툴리눔(라틴어 botulus = '소시지')은 몸의 마비를 일으키는 병 botulism보툴리눔 중독증의 원인균으로, 얼굴 근육을 마비시켜주는 Botox보톡스의 주성분이기도 합니다. C. difficile클로스트리디움 디피실은 항생제 투여로 유익균이 죽은 환자의 몸에서 병을 일으킵니다. 병원에서 큰 문제가 되고 있죠. '까다로운'이라는 뜻을 가진 라틴어 형용사 difficile가 이름에 붙은 이유는 과학자들이 이 균을 규명하느라 엄청 애를 먹었기 때문이라 하네요.

구 모양의 세균은 '베리'를 뜻하는 그리스어에서 따온 coccus구균라고 합니다. 예컨대 staphylococcus포도상구균는 '포도' 모양의 구균입니다. 특히 '황금 포도'라는 의미의 Staphyolococcus aureus황색포도상구균는 여드름, 농가진, 종기, 옹종, 화상 피부 증후군 등을 일으킵니다.

streptococcus연쇄상구균는 '꼬인' 모양의 구균으로서, 사슬 형태로 이어져 있습니다. leprosy나병는 '꺼칠꺼칠한'을 뜻하는 그리스어 lepros에서 이름이 유래했고, 오늘날은 '한센병Hansen's disease'으로 불립니다.

anthrax탄저병는 '석탄, 숯'을 뜻했던(참고: anthracite무연탄) 그리스어가 라틴어로 흘러가 '커다란 종기'를 뜻하게 된 후 현재의 병명에 이른 것입니다. '불타는 석탄을 보며 치는 점'을 anthracomancy라고 하는데, '진주를 던져서 치는 점' margaritomancy보다는 준비물을 구하기 쉬울 것 같기도 하네요. typhus발진티푸스는 앞에서 살펴본 것처럼 '연기 나는, 자욱한'을 뜻하는 그리스어에서 왔습니다.

spirochete스피로헤타균도 헬리코박터처럼 나선spiral 모양이어서 붙은 이름입니다. 여기서 syphilis매독가 등장합니다. 목동 시필리스Syphilis는 16세기에 라틴어로 쓰인 「시필리스 혹은 프랑스 병Syphilis sive Morbidus Gallicus」이라는 제목의 시에 등장하는 인물입니다. 시필리스가 아폴론에게 대들어서 아폴론이 벌로 끔찍한 병을 내렸는데, 그 병이 바로 스피로헤타목에 속하는 트레포네마 팔리듐균(Treponema pallidum = '옅은 색 실')에 의해 발생하는 매독이었습니다.

또 스피로헤타목에 속하는 균으로는 과녁 모양의 붉은 얼룩이 생기는 라임병Lyme disease의 원인균, 그리고 렙토스피라(leptospira = '가느다란 똬리')가 있습니다. lepto는 '가느다란'을 뜻해요. 참고로 렙틴leptin

은 포만감을 유발하는 호르몬인데 체중 감량 보조제로 이용하는 방법이 연구되고 있죠. 렙토스피라속에 속하는 균 중 제가 가장 좋아하는 것이 렙토스피라 인터로간스균(Leptospira interrogans = '질문하는 렙토스피라')으로, 현미경으로 보면 물음표처럼 생겼습니다.

그러고 보면 똬리coil와 나선spiral 모양이 세균들에게 아주 인기인 것 같네요. 제가 조사하다가 발견한 「박테리아 형태학: 왜 모양이 각기 다를까?」라는 논문에는 이런 설명이 있었습니다. "나선형의 세포는 점성이 높은 유체 속을 이동할 때 매우 유리한 것으로 나타난다." 참 좋은 아이디어인 것 같네요. 아마 배나 비행기에 달린 프로펠러와 같은 원리인 듯합니다. 배의 프로펠러는 '나사'를 뜻하는 'screw스크루'라고 하죠.

그런가 하면 바이러스(라틴어 virus = '독물, 독소')도 저마다 특유의 모양이 있습니다. COVID-19코로나19를 일으켜 세계를 멈추게 한 코로나바이러스coronavirus가 '왕관'(라틴어 corona) 모양이라는 것은 누구나 아는 상식이 되었죠. COVID-19의 로고는 동그란 구에 빨간 뿔이 나 있는, 어찌 보면 브로콜리와 닮은 생김새입니다.

에볼라Ebola 바이러스는 '실'(라틴어 filum)을 닮아서 필로바이러스과filovirus에 속합니다. 같은 어원에서 유래한 말로 전구의 필라멘트filament와 "한 줄로 서주세요single-file, please" 할 때의 '줄'을 뜻하는 file이 있습니다.

마지막으로 콜레라cholera를 살펴보고 질병 이야기를 마무리하겠습니다. 콜레라균의 이름은 Vibrio cholerae인데, 세포에서 기다랗게 뻗어나간 편모 때문에 '진동하는vibrate' 것처럼 보인다 해서 그리 붙여졌어요. 그리고 그리스어에서 '담즙bile, gall'을 뜻했던 chol이 라틴어에서 '배탈'을 뜻하는 choler가 되어 병명으로 이어졌습니다. 한편 중세 사람들은 쓸개즙이 쉽게 화내는 성격과 관련 있다고 생각했죠.

고대 그리스에서는 사람의 기질이 몸속을 흐르는 네 가지 '체액humor'의 배합에 따라 정해진다고 믿었습니다. 네 가지 체액을 지구의 네 가지 원소와 대응시켰고, 각각 특정한 성격 유형과 연결지었습니다. MBTI 검사 같은 것 할 필요 있나요? 그냥 체액 검사를 해주는 곳에 가서 분석받은 뒤에 내분비과에다가 체액을 적절히 조절해달라고 하면 됩니다.

'choler황담즙'는 성마른 기질을 유발하며, 불에 대응되는 체액이었습니다. 'melancholia흑담즙'는 우울한 성향을 낳고, 흙에 대응되었죠. 'sanguis혈액'는 공기에 대응되고, 낙천적인sanguine 기질을 야기한다고 했습니다. sanguinary피비린내 나는도 같은 어원에서 왔지만 전혀 다른 뜻이니 유의해야겠죠. 'phlegm모종의 차갑고 맑은 체액'은 물에 대응되고, 무심한 기질을 유발한다고 했습니다. 한마디로 phlegmatic무덤덤한해지는 것이죠.

말 나온 김에 페르세포네가 겨울을 지냈던 플레게톤Phlegethon강 이야기도 해달라고요? 저승의 지리를 소상하게 기술하고 있는 그리스신화에 따르면, 저승에는 플레게톤강 이외에도 다섯 개의 강이 흐르고 있습니다. 그중 망각의 강 레테는 잠의 신 히프노스Hypnos의 동굴 주위를 느릿느릿 흐르고 있고, 동굴 입구에는 양귀비가 피어 있습니다. 스코틀랜드 사람 제임스 브레이드는 여기서 영감을 얻어

hypnosis최면술라는 용어를 만들기도 했죠. 우리가 꾸는 꿈은 이 동굴의 두 출구에서 나와 우리 머릿속으로 들어옵니다. 뿔로 된 출구에서 나온 꿈은 실제로 이루어지고, 상아로 된 출구에서 나온 꿈은 실현되지 않는다고 합니다.

gall담즙과 성격 이야기가 나왔으니 프란츠 요제프 갈Franz Joseph Gall 이야기를 하지 않을 수 없네요. 1758년에 태어나 빈에서 교육받은 갈은 골상학phrenology의 창시자였습니다. 그리스어 phren은 '정신'을 뜻했고, phrenetic이라는 형태에서 frantic미친 듯한과 frenzy광분가 유래했습니다. 갈은 두개골을 만져봄으로써 사람의 성격을 알 수 있다고 주장했죠. 도드라진 부위 스물일곱 곳의 상대적 크기를 측정하여 각 부위에 해당하는 '심적 기능'의 발달 정도를 짐작할 수 있다는 것이었습니다. 갈은 특히 범죄 성향을 나타내는 부위를 중시했고, 교도소와 소년원에서도 골상학에 큰 관심을 보였습니다. 골상학자는 어떤 사람의 악한 성향을 밝혀서 '이 사람은 범죄형'이라고 경찰에 찔러줄 수 있었던 셈입니다.

정신질환 이름 중 phren이 들어간 것으로는 schizophrenia조현병도 있습니다. 문자 그대로 해석하면 '분리된 정신'이지요. schism분열과 scissors가위도 같은 어원에서 왔습니다.

'아수라장'을 뜻하는 bedlam은 정신 질환에 대한 사회적 편견이 고스란히 담긴 말입니다. Bedlam은 원래 런던의 베들렘 왕립병원 Bethlem Royal Hospital을 이르는 이름이었습니다. 13세기에 베들레헴 성모마리아 수도회에서 설립한 이 병원은 후에 정신 질환 전문 병원이 됐습니다. 당시에는 정신병원을 lunatic asylum이라고 불렀지요. 어원적으로는 '달의 주기 탓에 정신이상이 일어난 사람들의 보호시설'입니다.

bedlam 이야기가 나왔으니 말인데, '무질서'를 나타내는 표현은 왜 비슷하게 들리는 게 그리도 많을까요? higgledy-piggledy뒤죽박죽, helter-skelter우왕좌왕, hodge-podge뒤범벅, harum-scarum엉망진창, hugger-mugger난장판···. 한편 hanky-panky권모술수는 범주가 좀 다르지만 명예 회원 정도로 같이 끼워줄 만합니다(hocus-pocus허튼수작가 변형된 형태입니다).

지저분한 이야기 I Love It When You Talk Dirty

무슨 기대를 하셨을지 모르겠지만, 아마 생각하시는 것과 다른 이야기가 될 듯하네요. 지금까지는 병 이야기를 했죠. 이제부터는 병에 걸리지 않는 법 이야기를 하려 합니다.

요즘 부모들이 아이를 금이야 옥이야 너무 애지중지하면서 키운다는 지적이 많습니다. 옛날 아이들은 사시사철 흙먼지를 뒤집어쓰고 놀면서 자연스럽게 면역력을 강화했다고 하죠.

과학적 연구 결과는 할머니들이 하시던 이야기가 틀리지 않았음을 보여주고 있습니다. 그 결론에 '지저분한 예방법filth prophylaxis'이라는 이름을 붙여도 될 듯하네요. 한마디로 '버텨낸 만큼 강해진다What doesn't kill you makes you stronger'는 것이죠.

'phylax/phylact-'는 '예방'을 뜻합니다. 콘돔을 prophylactic예방 기구이라고 부르기도 하죠. 유대교 신자는 기도할 때 phylactery성구함聖句函

라는 것을 차기도 합니다. 구약성경의 구절을 담은 조그만 가죽 상자인데, 악을 '막아주는' 역할을 합니다. 벌에 쏘였을 때 발생할 수 있는 anaphylactic shock과민성 쇼크는 외부 항원을 '막으려는' 알레르기 반응이 극히 격렬하게 일어나는 현상을 가리킵니다.

inoculation접종은 '(나무에 다른 나무의 싹이나 눈을) 접붙이다'를 뜻하는 라틴어에서 유래했습니다. 천연두smallpox가 유행하던 시절에는 천연두와 비슷하면서 쉽게 낫는 우두cowpox를 백신vaccine으로 맞았는데요, vaccine은 '소'를 뜻하는 라틴어 vacca에서 따온 말입니다. immunization면역 조치은 '강화하다'를 뜻하는 라틴어 munire에서 왔을 것 같기도 합니다. munitions군수품처럼 말이죠. 그런데 그렇지 않습니다. 라틴어 immunis는 '납세 부담을 면제받은'이라는 뜻이었습니다. 같은 어원에서 온 community공동체는 '부담을 같이 지는' 사람들이에요. communicable disease전염되는 병도 부담이 큽니다.

다시 타임머신에 올라타고 18세기로 가봅시다. 눈앞에 펼쳐지는 모습은 별로 아름답지 않습니다. 곳곳에서 마주치는 사람들 얼굴에는 얽은 자국이 흉측하게 남아 있습니다. '곰보 괴물Speckled Monster'로 불리던 천연두를 앓은 흔적입니다. 이제 농장으로 가봅니다. 우유 짜는 부인들은 피부가 깨끗합니다. 소에게서 옮은 우두를 앓은 덕분에 천연두에 면역이 있었기 때문입니다. 1796년 에드워드 제너는 한 우유 짜는 부인에게서 ('블로섬Blossom'이라는 이름의 소에게서 옮은) 우두의 고름을 채취해 아이에게 주사했습니다. 1800년 무렵 백신 반대자들은 우두를 접종받은 사람이 소의 머리를 하고 있는 모습을 그리는 등 비난을 퍼부었지만, 우두 백신은 결국 천연두를 박멸하기에 이릅니다.

이왕 과거로 간 김에 군부대도 몇 곳 들러볼까요. 가만히 살펴보니 기병들은 보병들보다 천연두 발병률이 낮습니다. 우두와 비슷한 말의 병, '마두horsepox'에 노출된 덕분이죠.

요즘 아이들은 예방접종을 많이 받습니다만, 그렇다 해도 세균과 바이러스가 일으키는 무수한 병 중 막을 수 있는 것은 극히 일부에 불과합니다. 예컨대 급성 위장염을 일으키는 노로바이러스norovirus는 치료약도 백신도 없지요. 참고로 노로바이러스는 미국의 도시 노워크Norwalk에서 따온 이름입니다. 올드라임Old Lyme이라는 소도시에서 이름이 유래한 라임병Lyme disease처럼요. 그렇지만 '더러운 예방법' 관련 연구에 따르면 집에서 키우는 반려동물이 알레르기와 천식에 대한 저항력을 키워줄 수 있다고 합니다. 집 안에 수없이 떠다니는 털과 비듬이 면역력을 높여주는 덕분이죠. 또 개와 고양이가 집 안으로 들여오는 미생물이 감기 예방에 도움이 된다고 합니다.

항생제는 바이러스를 죽이지 못합니다. 그런데도 의사들은 온갖 증상에 항생제를 처방하죠. 환자를 '달래기placate' 위한 일종의 '위약placebo'이랄까요. 항생제는 세균 같은 미생물에 작용하는데, 바이러스는 DNA 덩어리에 불과합니다. 그래서 숙주 세포 없이는 활동을 할 수 없기에 세포에 들러붙어 세포를 변형시키고 훼손하는 것이죠.

flu독감는 바이러스가 일으키는 병입니다. 원말인 influenza는 이탈리아어로 '별이 끼치는 영향influence of the stars'이라는 뜻이었습니다. 굴뚝의 flue연통와 혼동하면 안 되겠죠. 물론 개의 flews도 전혀 다른 것으로, 일부 견종의 '축 늘어진 윗입술'을 가리킵니다. 그것으로 침을 사방에 뿌려대는데 저희 집에서 키우는 뉴펀들랜드종 강아지는 용케 천장까지 침을 날려 보냈답니다.

어쨌든 요즘의 부모들은 세균 걱정에 벌벌 떨면서 틈만 나면 손 세정제를 찾죠. 자식을 고치 속 애벌레처럼 꽁꽁 감싸서 키우는 셈입니다. 참고로, 애벌레가 자라서 되는 pupa번데기는 라틴어로 '인형' 또는 '작은 사람'이라는 뜻이었습니다. 그 말에서 우리 눈의 pupil동공도 유래했답니다. 다른 사람의 눈동자를 보면 그 속에 자기 모습이 조그맣게 비쳐 보이니까요.

7°

꽃에 담긴 말

Say It with Flowers

꽃은 이름의 기원을 알고 나면 더 예뻐 보이는 게 많습니다. 팬지pansy 는 '생각'(프랑스어 pensee)입니다. 튤립tulip은 '터번turban'(터키어 tulbent) 이고요. rhododendron철쭉은 '장미나무'입니다. 뻣뻣하고 억센 생김새 와 좀 어울리지 않긴 하지만요.

장미의 이름 A Rose by Any Other Name

장미 품종에는 여성을 가리키는 이름이 붙는 경향이 있습니다. 보통 은 귀부인의 이름이 붙는데, 개중에는 소탈한 이름도 있어서 이를테 면 앤의 예쁜 딸Ann's Beautiful Daughter, 베티 부프Betty Boop(애니메이션 캐 릭터), 줄리아 차일드Julia Child(유명 요리연구가) 등입니다. 남성 이름 도 꽤 있는데, 예를 들면 폰 힌덴부르크 제국 대통령Reichspräsident von Hindenburg 같은 것입니다. 경주마의 이름과 비슷한 것들도 보입니다. 가령 Square Dancer스퀘어댄서, Sky's the Limit천정부지, Strike It Rich벼락부 자 등이죠.

　그런가 하면 크라이슬러 임페리얼Chrysler Imperial이라는 자동차 이름이 붙은 품종도 있습니다. 과연 '고급 대형 승용차'답게 꽃이 향기롭고 웅장합니다. 최첨단 주행 편의 기능과 초호화 옵션은 없지만요.

한편 느낌이 불길한 꽃들도 있습니다.

가지과에 속하는 belladonna벨라돈나는 그 뜻이 '아름다운 여인'이지만 아트로핀이라는 맹독 성분이 있어서 'deadly nightshade죽음의 가지'라는 이름으로 불리기도 합니다(아트로핀은 검안사가 동공을 확대시키는 데 쓰기도 합니다).

foxglove디기탈리스(학명 Digitalis pupura)는 이름만 보면 '여우의 장갑'인 것 같은데 그렇지 않습니다. foxglove = folks' glove입니다. 여기서 folks사람들는 요정fairies을 가리키고요. 요정을 부를 때는 'good folk좋은 사람들'라거나 'wee folk조그만 사람들'라고 해야지 다른 말로 부르면 화를 입습니다. 어쨌거나 상상력이 좋은 사람들이 foxglove의 잎이 손가락을 닮았다고 생각했습니다. 스코틀랜드에서는 그 꽃을 dead man's bells망자의 종라고 부릅니다. foxglove도 벨라돈나처럼 '양날의 검'이라 해야겠죠. 독초이면서 심장약으로도 쓰이니까요.

참고로 fox는 독일어 fuchs에서 왔는데 그 이야기는 나중에 알아보기로 하고요, 일설에 따르면 foxglove는 16세기 식물학자 레온하르트 푹스Leonhart Fuchs가 자기 이름을 따서 붙인 이름이라고도 합니다. 한가지 확실한 건 푸크시아fuchsia라는 꽃의 이름은 푹스의 업적을 기려서 붙인 게 맞다는 거죠.

꽃에는 사연이 많습니다. 꽃에 관한 신화라면 숱하게 널려 있잖아요.

히아킨토스Hyacinth는 아폴론이 애지중지하던 소년이었습니다. 둘이 원반을 던지고 놀던 중에 히아킨토스는 아폴론이 던진 원반에 맞아 죽고 맙니다. 그가 죽은 자리에 아폴론의 눈물이 떨어짐으로써 피어난 꽃이 바로 히아신스hyacinth랍니다.

narcissus수선화는 물가의 젖은 땅을 좋아합니다. 미소년 나르키소스Narcissus가 물에 비친 자신의 모습에 반해 하염없이 바라보다가 탈진하여 죽은 자리에 피어난 꽃이지요. lily백합는 헤라의 순백색 젖이 땅에 흘러내린 자국에서 돋아난 꽃입니다. daffodil수선화은 asphodel아스포델이 변형된 것인데, 백합과 식물인 아스포델과 생김새가 닮아서 그렇게 된 것 같습니다. 아스포델은 그리스신화에 나오는, 저승에 피어 있는 꽃이기도 하지요.

라벤더lavender는 laundry빨래와 어원이 같습니다. '빨랫감'을 뜻하는 이탈리아어 lavanderia가 변형된 것이죠. 라벤더는 옷을 새것처럼 보관하는 데 쓰였습니다. 사실 시중에서 판매하는 웬만한 섬유 유연제보다 향이 좋아요.

artemisia쑥는 사냥과 야생동물의 여신 아르테미스Artemis에서 유래했습니다. 모세는 이스라엘 백성들에게 "독초와 쑥의 뿌리가 너희 중에 생겨서는 안 된다"고 경고했지만, 쑥은 조경에 널리 쓰이는 식물입니다.

한편 허브 이름은 서정적인 것이 많습니다. 오레가노oregano는 '산의 기쁨'이라는 뜻입니다. 로즈메리rosemary는 ros marinus, 즉, '바다의 이슬'입니다. 바질basil은 '왕'을 뜻하는 그리스어 basileus에서 왔고, 프랑스어로도 l'herbe royale왕의 풀이라고 합니다. 바실리카basilica는 왕궁의 모양을 본뜬 교회 건축양식이지요.

그런가 하면 b/v 전환의 또 한 예가 되겠는데, 배질Basil이라는 인명은 러시아에서 바실리Vassily가 됩니다. 히브리 이름도 같은 현상이 일어나는데, 예를 들면 Devorah/Deborah, Avner/Abner, Avram/Abraham, Avigail/Abigail 등입니다.

꽃에는 그 꽃을 연구한 학자의 이름이 붙기도 합니다. 예컨대 달리아dahlia는 스웨덴의 안데르스 달Anders Dahl, forsythia개나리는 스코틀랜드의 윌리엄 포사이스William Forsyth, 포인세티아poinsettia는 초대 주멕시코 미국 대사 조엘 포인셋Joel Poinsett의 이름을 딴 것입니다. 생물 학명에 쓰이는 '이명법'(속명+종명)의 아버지 카를 폰 린네는 요한 친Johann Zinn이라는 학자의 이름을 따서 zinnia백일홍의 이름을 지었습니다.

한편 민들레는 웅장한 이름부터 우스꽝스러운 이름까지 다양하게 불립니다. 민들레의 영어 이름 dandelion은 프랑스어의 dent-de-lion에서 가져온 것으로, '사자의 이빨'이란 뜻이지요. 그런데 정작 프랑스에서는 좀 모양 빠지는 다른 이름으로도 부릅니다. pissenlit피상리라고 하는데, 영어로 옮기면 bedwetting, 즉 '오줌 싸기'입니다(프랑스어 lit=bed입니다. 영어의 litter도 '한 침대에 복작거리는 새끼들', 즉 '한 배에서 난 새끼들'이란 뜻이 있지요. 응급 환자를 나르는 '들것'을 뜻하기도 하고요). 민들레가 이뇨 작용을 해서라네요.

하지만 민들레는 결코 얕잡아 볼 꽃이 아닙니다. 민들레는 꽤 위험할 수도 있거든요. 캐나다 캘거리에서는 '민들레 억제dandelion containment' 운동이 벌어지고 있습니다. 한 주민은 민들레 잎이 미끄러워서 "공공 안전 위험 요인"이라고 합니다. 또 어떤 주민은 "안전한 환경을 만들어달라고 세금을 열심히 내지만 거리는 잡초 천지"라면서, "민들레가 득시글거려 주변 환경의 장기적 건전성이 위협받고 있다"고 호소했습니다. 캘거리는 시 조례에 의해 민들레를 개인 소유의 마당에서만 허용하고 있습니다(높이 15센티미터 이내로). 민들레 이외의 다른 식물도 규제 대상입니다. 나무가 높이 자라 송전선에 간섭을 일으킨다면? '법규 불이행 식물non-compliant vegetation'이 됩니다.

거참 심각한 이야기죠.

$8°$

웅기는 이야기

Too Funny for Words

이제 가벼운 이야기로 숨 좀 돌릴 차례네요.

과학자들은 웃음의 치유 효과를 다방면으로 연구했습니다. 무슨 소리냐고요? 이를테면 이런 겁니다. 밴더빌트대학교 연구 팀이 10~15분 동안 웃으면 열량 50칼로리가 소모된다는 사실을 밝혀냈다는 것 아셨나요? 쥐도 간지럽히면 웃는다는 것은 아셨나요? '웃음 요가'와 '웃음 파티'가 기억력을 높여준다는 것은요? 정말 중요한 연구라 하지 않을 수 없습니다. 제가 낸 세금이 아니라 개인 돈으로 한 연구이기를 바랄 뿐입니다(참고로 세금 즉, 'tax dollar' 할 때의 dollar는 앞서 언급한 네안데르탈인Neandertal처럼 '골짜기'를 뜻하는 독일어 Thal에서 유래했습니다. Thaler에서 daler를 거쳐 지금의 형태가 되었죠).

laugh웃다는 의성어입니다. 네덜란드어 lachen에서 유래했습니다. 웃음 소리와 별로 닮은 것 같지 않다고요? 고대 영어로 들어보면 생각이 좀 바뀌실 겁니다. hlæhhan이라고 했습니다.

이루 말로 할 수 없는 Beyond Words

웃음 이야기가 나왔으니 어원 탐구를 잠깐 쉬고 한 페이지 정도는 여담을 해야 할 것 같습니다.

연구에 따르면 사람은 웃을 때 생리적 변화를 일으킨다고 합니다. 예를 들어, 이건 정말 충격적인데요, 건강 정보 포털 WebMD에 따르면 "웃을 때 안면의 근육이 쭉 펴진다"고 합니다. 놀랍지 않습니까!

건강하려면 제대로 배우는 게 최고죠. 여러분도 한번 웃음 강사가 되어보시면 어떨까요? 웃음건강연구소Laughter Wellness Institute라는 곳에서 "공인 웃음 건강 교사 자격"(수준별 3단계, 국제 자격)을 취득할 수 있는 프로그램을 운영하고 있습니다. 등록생에게는 기본 도구 세트와 '웃음 시간 플래너Laughter Session Planner©'도 무료로 제공한다고 하네요.

자칭 'joyologist'라는 스티브 윌슨은 보건 복지 분야 종사자들을 대상으로 비슷한 프로그램을 운영하고 있습니다. 수강료 500달러를 내면 "공인 웃음 지도자 티셔츠, 액자에 넣어 게시할 수 있는 자격증과 윤리 강령"은 물론 "마케팅, 상담료 결정, 단골 고객 유치"를 위한 팁도 제공해준다고 합니다. 교재는 "이탈리아어, 프랑스어, 헝가리어, 스페인어"로도 제공됩니다.

여담으로, 누가 들어줄지 모르겠지만 저라면 로망스어 gioia에서 온 joy와 그리스어 -ology를 결합하기보다는 그리스어 gelio웃음를 이용한 'geliology' 같은 말을 쓸 것 같습니다. '웃음을 이용하여 치는 점'을 뜻하는 gelomancy도 나쁘지 않고요(참고로 그리스어 manteia='점占'입니다. praying mantis사마귀는 '기도하는 점쟁이'입니다. 사마귀가 앞다리를 기도 하듯 맞대는 모습에서 유래한 이름이죠).

그런데 주의합시다. 온라인 웃음 대학교Laughter Online University에 따르면 웃음은 "보통 부작용이 없지만", 협심증, 치질, 변실금, 요실금이 심한 환자의 경우는 삼가야 한다고 합니다. 특히 "배꼽 빠지게 격렬히 웃는" 것은 절대 금한다고요.

어쨌든 너털웃음 지도하는 일을 천직으로 생각할 사람은 많지 않을 것 같습니다. 웃음 건강 프로그램을 운영한다 해도 손님이 얼마나 찾아올지 모르죠. 아무래도 건강보험이 적용되지 않을 테니까요.

laughter yoga웃음요가라는 것도 있습니다. "면역력을 키워주고 통증 완화와 스트레스 경감 효과가 있다"고 하지요. yoga는 '결합'을 뜻하는 힌디어/산스크리트어에서 유래한 말입니다. 두 마리의 소를 나란히 연결하는 막대, yoke멍에도 같은 어원에서 왔습니다.

웃음의 기원에 관한 전설 중에는 이런 것이 있습니다. 오스트레일리아에서 정령들이 인간들의 무거운 기분을 풀어주려고 밝은 별을 하늘에 쏘아 올렸다고 합니다. 그런데 아무도 보지 못했고 웃음물총새kookaburra만 그것을 보고는 괴상하게 껄껄 웃기 시작했는데 그게 웃음의 시초라고 합니다.

『피터 팬』의 저자 J.M. 배리도 이 분야에서 한 가지 설을 제시했습니다(Peter Pan이라는 이름은 panpipes팬파이프를 불어 사람들을 panic공황에 빠뜨렸던 그리스신화의 신 Pan판에서 따왔습니다). 웃음이 요정을 만들어낸다는 것입니다.

갓난아기가 처음으로 웃을 때마다 요정이 하나씩 태어나서

… 끊임없이 새 요정이 태어난다. 요정들은 나무 위 둥지에서
사는데, 연보라색은 남자아이, 흰색은 여자아이고, 파란색은
자기가 무엇인지 모르는 작은 바보들이다.

성소수자들은 여기서 "작은 바보들little sillies"에 관해 하고 싶은 말
이 좀 있을 것 같습니다.

'웃음이 명약laughter is the best medicine'이라고 하지만, 웃음이 항상 건
강에 유익한 건 아닌 듯합니다. 1962년 아프리카 탕가니카(오늘날 탄
자니아의 일부)에서 발생한 웃음 전염 사건을 살펴볼까요. 일종의 집
단 히스테리mass hysteria 사태였는데요, hysteria는 '자궁'을 뜻하는 그리
스어에서 유래한 말로 여성혐오의 느낌이 있으니 전문용어인 '집단
심인성 질환mass psychogenic illness'으로 부르도록 하죠. 여학생 세 명으로
시작한 이 발병 사태는 18개월간 이어졌고 천 명 규모로 확산됐습니
다. 증상은 고통스러움과 갑자기 터지는 울음 외에도 장내에 가스가
차오르는inflate 복부팽만flatulence과 막무가내로 지르는 비명 등이 있었
습니다.

어느 장단에 춤추랴 Dancing Around the Subject

1518년 독일 스트라스부르에서 불거진 '유행성 춤병Dancing Plague'도
유흥이 광기로 번졌다는 점에서 비슷한 사례였습니다. 최초 발견 환
자('0번 환자')는 트로페아 부인이라는 여성이었어요. 길거리에서 춤
을 추기 시작하더니 주변 사람들에게 춤을 옮겨 400명이 전염되기에
이르렀고, 그중 몇 명은 심장마비로 사망했습니다. 의사들은 원인을

'열혈hot blood'로 진단하고, 쉬지 않고 춤을 춰서 몸 밖으로 배출해야 한다는 처방을 내렸죠. 마을에서는 환자들이 계속 춤을 출 수 있도록 악단까지 동원했습니다.

이른바 '무도광choreomania'이라고도 불리는 이 발병 사태는 16세기 이탈리아 타란토Taranto에서도 일어났는데요, 당시는 타란툴라tarantula 라는 거미에 물린 것이 원인이라고 생각했죠. 그래서 tarantism타란티 즘이라고도 불린 이 병은 의외이지만 수호성인이 있습니다. 바로 성 바오로인데요. 성 바오로 교회 앞에서 춤추는 여성 환자들을 가리켜 '성 바오로의 신부들St. Paul's brides'이라고 했습니다. 이탈리아 남부의 타란텔라tarantella 춤은 여기서 유래한 것입니다.

광란의 춤꾼이라면 로마신화에도 등장합니다. 바쿠스Bacchus 신을 따르는 여사제 바칸트Bacchant들은 음주가무를 과격하게 벌이다가 사람을 죽이기까지 했어요. 한편 그리스에서는 광기mania에 사로잡힌 그 여인들을 '마이나스'(maenad, 영어 발음은 '미내드')라고 불렀습니다.

지금도 그때와 크게 다르지 않습니다. 록 콘서트장의 무대 바로 앞에 있는 mosh pit모시 핏이라는 구역에서 관객들은 moshing(서로 격렬하게 밀치고 부딪치면서 춤추기, 어원은 'mash으깨다')을 합니다. 2000년 록 밴드 펄 잼Pearl Jam의 콘서트에서는 8명이 mosh pit에서 질식사하는 사고가 일어나기도 했죠.

늘 그렇듯이 주제인 '웃음'에서 곁길로 새고 말았으니, 반성하는 의미에서 자유분방한 moshing과 달리 족보 있는 춤 이야기로 마무리 할까 합니다. 미국의 대표적인 민속춤 스퀘어댄스square dance는 네 쌍의 남녀가 마주 서서 정사각형square을 이루며 추는 춤이지요. do-sido(프랑스어 dos-àdos = 'back-to-back등 맞대기') 같은 동작 이름에서 유럽에 뿌리가 있음을 확인할 수 있습니다. 역시 춤 용어인 allemande알망드는 프랑스어로 '독일풍'이라는 뜻입니다. 보헤미아에서 시작된 춤 폴카polka는 '폴란드 여자'라는 뜻일 수도 있고, '반보half-step'라고 할 때의 '반'을 뜻하는 체코어에서 유래한 것일 수도 있습니다. 헝가리 민속춤 차르다시Csárdás의 어원은 '술집'입니다. 플라멩코flamenco는 '플랑드르의Flemish'를 뜻하며, 한때 플랑드르Flanders 지역을 스페인이 지배한 것과 관계가 있다고 합니다(참고로 악기 캐스터네츠castanets는 chestnut밤나무으로 만들었습니다. chestnut의 속명이 Castanea인데, 그 말도 라틴어로 '밤나무'입니다). 발레 용어는 모두 프랑스어지만, 이국적인 이름의 자세도 있습니다. 이를테면 아라베스크arabesque, '아라비아풍' 같은 것처럼요.

한편 발레복으로 입는 레오타드leotard는 공중그네 곡예사 쥘 레오타르Jules Léotard의 이름을 딴 것입니다. 더 재미있는 것은 짧고 주름 많은 발레리나용 스커트 튀튀tutu인데요, 그 어원은 cucu퀴퀴로, '엉덩이'를 뜻하는 프랑스어 cu퀴의 유아어입니다. 튀튀가 미처 가려주지 못하는 부분이죠(라틴어 culus = '엉덩이'입니다. '막다른 길'을 뜻하는 cul-de-sac은 문자 그대로 '자루의 바닥'이고요).

이 옷으로 말하자면

Bespoke

발레복 이야기를 하다 보니 의복 용어도 살펴봐야 할 것 같네요. 일단 발부터 시작하죠. 가장 먼저 살펴볼 신발은 '고명한 패튼 장인 협회Worshipful Company of Pattenmakers'에서 만들던 물건입니다. 패튼patten은 동물의 '발paw'을 뜻하는 프랑스어 patte에서 왔는데요, 예전엔 참 중요한 신발이었음을 생각하면 지금은 너무 까맣게 잊힌 감이 있죠. 중세 시대부터 20세기까지 필수품이던 패튼은 윗부분이 없고 밑창만 있는 나무 신발이었습니다. 신발 밑에 덧신처럼 신고 끈으로 묶었는데, 가축 똥이 널린 농가 마당이나 (요즘 사람이 보면 기겁할 광경이겠지만) 분뇨 섞인 오수가 흐르는 길거리를 걸을 때 아주 요긴했답니다.

노동자들도 사보sabot라고 하는 나막신을 신었는데요, 산업혁명기에 시위자들이 공장 가동을 '방해하기sabotage, 사보타주' 위해 이것을 기계에 던져 넣었다는 설이 있습니다. sabot는 신발처럼 생긴 치아바타ciabatta 빵과 어원적으로 사촌이랍니다.

좀 더 세련된 아이템으로 가면, 19세기 말의 거리에서는 spatterdash스패터대시(줄여서 'spat')라는 것을 발목에 찬 신사들을 볼 수 있었습니다. 구정물이 튀어 신발이 더러워지는 것을 막기 위한 목적이었는데요, 그림책 주인공 코끼리 바바Babar와 도날드 덕의 외삼촌 스크루지 맥덕Scrooge McDuck도 차고 있는 것을 볼 수 있습니다. 오리만큼 진흙탕 속을 태연히 잘 돌아다니는 동물도 없지만요.

세련미로 말하자면 슬리퍼의 일종인 뮬mule도 있습니다. '빨간'을 뜻하는 라틴어 mulleus에서 유래했는데, 로마 원로원 의원들은 가장자리에 빨간 줄이 있는 토가toga를 입고 색을 맞추기 위해 calcei mullei빨간 신을 신었다고 합니다.

한편 여성에게 발은 곧 아픔을 의미하는 경우가 많습니다. 10세기부터 1930년대까지 중국 상류층 여자들은 발을 꽁꽁 동여매는 전족纏足이라는 것을 했습니다. 신체 노동을 하지 않아 발을 쓸 필요가 없음을 보여주기 위해서였죠. 전족을 하려면 발가락 뼈를 부러뜨려야 했기에, 때로는 발가락이 감염되어 떨어져 나가기도 했습니다. 선망의 대상인 '연꽃 같은 발'을 가지려면 견뎌내야 하는 과정이었어요. 그러나 전족은 아름다움만을 위한 것이 아니었습니다. 제대로 걷지 못하게 된 여성은 약하고 남성에게 의존적인 존재가 될 수밖에 없었거든요.

자고로 귀부인들은 지위를 과시하려고 평소에 햇빛을 피하곤 했죠. 밭일하는 일꾼들이나 살갗을 태우는 법이었으니까요. 그러다가 20세기에 이르러서는 햇볕에 그을린 피부가 melanoma흑색종(피부암의 일종)를 무릅쓰고 선탠할 돈과 여유가 있음을 과시하는 상징이 되었습니다. melanoma는 melancholy우울감, 멜라토닌melatonin과 마찬가지로

'검은색'을 뜻하는 그리스어에서 파생되었어요.

요즘 여성은 무엇을 신을지 선택할 수 있어서 다행입니다. 이를테면 stiletto heels뾰족구두를 신을 수 있죠(스틸레토stiletto는 단검의 일종으로, 어원은 '뾰족한 점'을 뜻하는 stylus입니다). 너무 자주 신으면 중년에 접어들어 발에서 소리가 나는 신기한 현상을 경험할 수 있습니다.

신데렐라Cinderella도 그 시원찮은 신발을 진작에 버렸기를 기원합니다. 출산을 하고 나이가 들면 발이 프라이팬에 떨군 팬케이크 반죽처럼 펑퍼짐해져서 맞지도 않았을 거고요("영원히 행복하게 살았습니다"라는 구절이 노화에서도 해방됐다는 뜻인지는 모르겠습니다만). 그렇다고 해서 사이즈도 맞지 않고 그 후로 만날 일도 별로 없었을 의붓언니들에게 줄 수도 없는 노릇이었겠죠. 아마 공익단체에 기부하지 않았을까요?

공주 이야기가 나왔으니 말인데, 코트 슈court shoe, 즉 '궁정에서 신는 구두'라는 것은 원래 발등이 드러나게 패인 여성용 구두를 가리켰습니다. 그러다가 나중에는 그냥 테니스 코트에서 신는 테니스화를 가리키는 말이 됐죠.

신데렐라가 '재를 빗자루질하는 소녀little cinder-sweeper'라는 뜻이라는 건 잘 알려져 있지요. 신데렐라의 사촌 격인 라푼젤Rapunzel의 이름도 아주 소박한 rapunculus에서 유래했습니다. 라틴어로 '작은 순무'라는 뜻인데, rapum이 '순무'거든요. 노란색으로 흐드러지게 피는 rape유채도 거기서 나왔지요.

저는 개인적으로 못생긴 의붓언니들에게 마음이 갑니다. 동화라면 응당 어떤 아이든 태어날 때 능력치의 총점이 동등하게 주어져야 하지 않을까요. 어떤 아이든 잘생긴 외모, 뛰어난 시력, 친절한 마음씨, 절대음감, 높은 IQ, 나이를 먹어도 처지지 않는 옆구리 살과 볼살, 충치와 코털이 생기지 않는 체질 등등 다양한 특성 중에서 물려받되 그 특성치의 총합이 같아야 한다는 거죠. 한 요정이 공주에게 물레에 찔려 요절할 유전자를 심어놓았더니, 다른 요정이 백 년간의 잠으로 감형해주고 장점을 한두 개 얹어서 균형을 맞춰주지 않습니까. 바로 이런 거예요. 엄청나게 뚱뚱하다면? IQ를 어마무시하게 높여줘야죠. ADHD가 있다면? 운동 천재로 만들어줘야 하고요.

여담이지만, IQ는 intelligence quotient지능지수로서 예전에는 정신연령을 실제 나이로 나눈 비율에 100을 곱하여 구했습니다. 한편 지능이 상위 2퍼센트에 드는 사람은 멘사에 가입할 수 있는데 Mensa는 라틴어로 '탁자'를 뜻합니다. 멘사 웹사이트에서는 멘사가 "a roundtable society원탁 모임"라고 설명하고 있습니다. 그 어느 기사도 특별히 상석에 앉지 않았던 아서왕의 원탁과 같은 개념이라고요(참고로 탁자 모양의 지형을 가리키는 mesa메사도 스페인어로 '탁자'를 뜻하며 라틴어 mensa가 어원입니다). 그런데 mensa는 스페인어로 공교롭게도 '우둔한, 어리석은'을 뜻하니 평범한 사람이 보기엔 참 고소합니다.

라푼젤 말고도 긴 머리로 유명한 여인이 있습니다. 11세기에 살았다고 하는 고디바 부인Lady Godiva은 실제 이름이 God's gift, 즉 '하느님의 선물'이라는 뜻의 고디푸Godgifu였던 것으로 추정됩니다. 머리카락으로 알몸을 가린 채 말을 타고 마을을 돌아다녔다고 하죠(마을 사람들은 훔쳐보지 못하게 되어 있었는데 몰래 훔쳐본 사람이 바로 Peeping Tom훔쳐보기꾼이었다고 하고요). 하지만 고디바 부인은 노출광이 아니었습니다.

높은 세금에 항의하기 위해 시위를 벌였던 거예요.

당시에는 고디바처럼 앵글로색슨 이름을 가진 여성이 많았지만, 모두 기독교식 이름은 아니었습니다. '엘프의 선물'을 뜻하는 아엘피바Aelfgiva(또는 아엘피푸Aelfgifu)도 그 한 예입니다. 아엘피바는 '바이외 태피스트리Bayeux Tapestry'의 한 장면에 카메오로 등장합니다. 바이외 태피스트리는 노르만인의 잉글랜드 정복 이야기를 그림으로 나타낸 자수 작품이지요. 거기에 보면 "한 성직자와 아엘피바가…"라고만 쓰여 있고 동사가 없어서 온갖 상상을 하게 만듭니다.

가만 있자, 어쩌다 여기까지 왔죠? 이 장에서는 의복 이야기를 하고 있었는데요.

요즘은 드레스 코드라는 게 거의 없습니다. 티팬티 형태의 비키니thong bikini를 입는다고 아무도 뭐라 하지 않지요(bikini는 원자폭탄 실험 장소였던 비키니 환초Bikini Atoll에서 따온 이름입니다). 바람직한 상황이라 할 수 있습니다. 어디든 무엇이나 걸치고 갈 수 있으니 얼마나 편한 가요!

넥타이는 사라져갑니다. 브라 끈은 보이게 드러냅니다. 한때 필수였던 '매일 면도하기'는 이제 선택입니다. 뭐든 다 허용되는 세상입니다. 콜 포터Cole Porter의 노래 〈Anything Goes안 되는 게 없다네〉에는 이런 가사가 나옵니다. "옛날엔 스타킹이 살짝만 보여도 충격적이라고 다들 생각했지.(In olden days, a glimpse of stocking was looked on as something shocking.)" 이제 스타킹이란 것 자체를 입지 않습니다. 기분 나쁜 팬티 스타킹pantyhose이란 말은 실생활에서 점점 쓸 일이 없어질 것이고, 고

약스러운 팬티panty만 남겠지요. 사실 제가 주변에서 개인적으로 아는 사람 중 panty라는 말을 쓰는 사람은 보지 못했습니다.미국에서 여성의 속옷 하의를 가리키는 단어 panty/panties는 끝에 붙은 '-y/-ies'가 불필요하게 성적이면서 유아적인 느낌을 주어 불편하다는 의견이 늘고 있다.—옮긴이

그런가 하면 직장에는 casual Friday, 학교에는 dress-down day 같은 날이 등장했죠. 옷을 평소보다 편하게 입어도 되는 날입니다. casual이란 말은 애초에 '떨어지다'를 뜻했던 라틴어에서 시작해 참 많은 의미 변천을 거쳤습니다. '우연한'(casualty사상자)에서 '비정기적인'(casual laborer임시직 노동자)이 되었다가 '무심결의'(casual remark무심코 한 말)를 거쳐 '격식을 차리지 않은'이 되었거든요. 참고로 dressing-down의 원래 의미는, 군인의 계급장을 떼거나 군복을 벗게 하는 '엄한 징계' 또는 '호된 질책'이었습니다.

군복 이야기를 하자면, 무프티mufti라는 귀여운 말은 영국의 인도 식민 통치 시절에서 기원한 말로 군인들이 말하는 '사복', 즉 민간인 복장civilian clothes을 뜻합니다. 미국에서는 'civvies'라고 하지요. mufti란 본래 이슬람교에서 율법의 해석을 내릴 자격이 있는 법률학자를 가리킵니다(이스라엘의 네타냐후 총리는 팔레스타인의 한 무프티가 히틀러를 선동하여 홀로코스트를 일으켰다고 주장했죠). 영국 사람들은 아마 mufti라는 말을 빌려와 '(군복을 입지 않을) 자격이 있는' 정도의 뜻으로 쓰기 시작한 것 같습니다. 미국에서 '유대교 율법에 맞게 만든 음식'을 가리키는 형용사 kosher를 '원칙에 맞는'의 뜻으로 쓰는 것과 비슷하게 말이죠.

'man of the cloth'라고 하면 성직자를 가리킵니다. 'the cloth'는 원

래 직업과 관계 없이 '제복'을 두루 가리키는 표현이었습니다. 그러다가 기독교 사제의 예복이 워낙 눈에 잘 띄었기에 성직자의 옷으로 의미가 축소됐어요.

제복 대신 편한 옷을 입는 것이야 누가 뭐라고 하겠습니까만, 어떤 옷은 선을 넘어서 엽기적인grotesque 지경에 이릅니다. 참고로, 문자 그대로 해석하면 grotesque = '동굴에 사는grotto-dwelling'입니다. 크로마뇽인Cro-Magnon의 'cro'도 카탈루냐어로 '동굴'이고요. 어쨌거나 옷을 음식으로, 음식을 옷으로 활용한 기괴한 사례 두 가지를 들어보지요.

첫째, 먹을 수 있는 속옷 '캔디팬츠Candypants'입니다. 1975년에 '코스모로틱스Cosmorotics'라는 회사에서 개발해 판매한 상품이죠(이 회사 이름과 같은 '혼성어portmanteau word'에 대해서는 뒤에서 더 이야기하겠습니다). 캔디candy는 중세 영어 후기에 프랑스어 sucre candi에서 기원한 단어입니다. 그 뜻은 '사탕수수 설탕cane sugar'이었고, 어원은 페르시아어 qandī입니다. 한편 sugar는 아랍어 sukkar에서 왔습니다.

둘째, 가수 레이디 가가Lady Gaga가 입었던 '생고기 드레스'입니다. 미국의 성소수자 군인을 억압하는 "Don't ask, don't tell묻지도 말하지도 말라" 제도군대 내에서 자신의 성 정체성을 공개적으로 밝히거나 타인이 묻는 것을 금지하는 법이다.—옮긴이에 항의하기 위해 입었다고 하죠. 먹을 수 있는 옷이 그것과 무슨 관계가 있는지 저는 잘 모르겠지만 아마 있나 봅니다. 어쨌거나 그 고기 옷은 잘 건조해 보존 처리했다고 하네요.

레이디 고디바와 레이디 가가는 둘 다 이름은 귀부인이면서 옷을 이용해 평범한 이들의 권익을 옹호하는 정치적 메시지를 던졌다는 공통점이 있네요.

각인각색, 사람마다 취향은 가지가지니까요. 라틴어로는 de gustibus non disputandum est취향은 왈가왈부할 수 없다라고 하죠. 프랑스에서는 미식가의 나라답게 chacun à son goût저마다 입맛이 다르다라고 합니다.

그런데 레이디 가가의 생고기 드레스는 아마 기성복이 아니라 맞춤옷이었을 겁니다. 다시 말해 '주문에 맞춰 만든bespoke' 것입니다. bespoke는 옛스러운 동사 bespeak미리 부탁하다의 과거분사형입니다.

'아름다움은 값을 치러야 하는 법'이죠(프랑스어로 il faut souffrir pour être belle). 이를테면 이런 식입니다.

* 코르셋을 입은 여성들은 폐용량이 반으로 줄어들고 졸도에 시달렸습니다. 위산 역류로 인한 속쓰림은 말할 것도 없고요.
* 성형수술은 돈도 많이 드는 데다 부작용까지 있습니다.
* '눈가의 잔주름'을 제거해주는 시술도 보편화되어 있습니다. 영어로는 '까마귀 발crow's feet'이라고 하는 부위죠. 프랑스어로는 '거위 발', 스페인어로는 '수탉 발', 이탈리아어로는 '암탉 발'이라고 합니다. 그리스, 독일, 스웨덴에서는 영어권과 발상이 같아서 각각 korákia pódia, Krähenfüss, kråkfötte라고 하고요. 폴란드어로는 bazgroly, '갈겨쓴 글씨'입니다. 중국어는 그냥 魚尾紋, '눈꼬리 주름'이라고 하는데 여기서 魚尾는 재미있게도 '물고기 꼬리'입니다.
* 광고를 보니 이제 주름살을 마치 도로 보수 공사하듯 펼 수 있

는 것인지 '피부 재포장skin resurfacing'이라는 말까지 등장했습니다.

＊ '브러시 롤러brush-roller'라고 하는 제품은 일종의 헤어 롤인데 절묘한 디자인 덕분에 잠을 자려고 하면 뾰족한 가시가 두피를 사정없이 찔렀습니다.

＊ blowout이라고 하면 원래 타이어의 '펑크'를 뜻했죠. 요즘은 미용실에 가서 머리에 받는 '드라이 손질blow-dry'을 뜻합니다. 15달러에서 400달러에 이르는 비용을 치러야 하니 저는 고통이라고 봅니다만 사람마다 생각이 다르겠죠. 어쨌거나 'blow-out sale파격가 세일'과는 거리가 멉니다.

머리카락 이야기가 나온 김에, 샴푸shampoo는 힌디어(Hindi = '인더스강 너머')로 '두피 마사지'를 뜻하는 champo에서 왔습니다.

청바지 이야기 Talk a Blue Streak

청바지를 만드는 천 데님denim은 온갖 수모를 겪습니다. 입기 전부터 너덜너덜하게 만들고 구멍을 내고 물을 빼는가 하면, 가랑이를 구겨 주름을 넣고 심지어 일부러 더럽히기까지 합니다. 한때 청바지라면 선명한 남색이던 시절이 있었죠. 요즘 부실하기 짝이 없는 청바지와 비교하면 채도 차이가 어마어마했습니다.

부실하다는 말이 딱 어울리는 것이, 원래 데님은 워낙 빳빳한 천이라 예전에는 새 청바지를 사서 세워놓으면 그대로 서 있을 정도였습니다. 하지만 오래 입을수록 빛이 바래고 길이 들어서 연륜을 상징하는 훈장이 되었죠. 워싱 처리한 청바지는 왠지 기만하는 느낌입니다. 거기에 속는 사람이야 없겠지만요. 한마디로 기괴합니다.

워싱 처리 다음으로 청바지를 모욕하는 방법으로는 데님에 다른 재질을 덧붙여 장식하는 겁니다. 이를테면 군데군데 가죽을 덧대는 식으로요.

데님을 골드러시 때 리바이 스트라우스Levi Strauss가 처음 만들었다고 알고 있나요? 아닙니다. 청바지의 탄생에는 남유럽의 두 도시가 연관되어 있습니다.

첫째, denim은 '프랑스 비단'을 뜻하는 '세르주 드 님serge de Nîmes'에서 유래했습니다. 님Nîmes은 프랑스 남부의 도시로, 로마 유적지가 많아서 관광객이 많이 찾는 곳이죠. 세르주, 즉 서지serge는 명주실로 짠 천의 일종으로, 어원은 '비단silk'을 뜻하는 라틴어 sericus입니다(비단과 관련된 스페인 속담이 있는데요. "비단옷 입어도 원숭이는 원숭이A monkey dressed in silk is still a monkey"라는 거예요. 비슷한 영어 속담으로는 "돼지 귀로 비단 지갑 못 만든다You can't make a silk purse out of a sow's ear"가 있어요).

둘째, 진jean은 젠Gênes이라는 도시에서 능직 방식으로 짠 천이었습니다. 젠은 콜럼버스의 출생지로 잘 알려진 이탈리아 도시 제노바Genova를 프랑스에서 부르는 이름이었지요.

제노바는 상인들이 빈번하게 드나드는 기항지였습니다. 1347년에는 제노바에서 출항한 십여 척의 배가 시칠리아에 페스트를 옮겼고, 거기에서 흑사병이 유럽 전역으로 퍼져 많은 인구를 몰살했습니다. 다만 몰살하다는 뜻의 decimate는 어원상 10분의 1만 해치는 것인데 흑사병은 3분의 1에 가까운 인구의 목숨을 앗아갔지요.

병의 잠복기를 감안해 이탈리아에서는 외부에서 입항한 배를 앞바다에서 40일간 기다리게 했습니다. 이탈리아어로 40이 quaranta이고, 프랑스에서는 그 기간을 quarantaine이라 했는데 이것이 영어의 quarantine이 되어 전염병 확산을 막기 위한 '격리'를 뜻하게 되었습니다. 2020년에 너무나 자주 썼던 단어지요.

콜럼버스Columbus는 북아메리카에 가본 적도 없지만 미국 수도 워싱턴 D.C.에 이름을 남겼죠. D.C. = District of Columbia컬럼비아구입니다. 아메리카America라는 이름이 이탈리아의 탐험가 아메리고 베스푸치Amerigo Vespucci에서 유래한 것은 누구나 알고 있으나 안타깝게도 그 인물에 대해서는 제가 딱히 아는 바가 없네요.

샛길에서 다시 샛길로 빠지는 이야기인데, 콜럼버스의 뜻은 '비둘기dove'입니다. 비둘기는 역시 항해사였던 노아에게 육지가 가까이 있음을 알려준 새이기도 하죠. 공동묘지에 가면 columbarium납골당이 있는데 라틴어로 '비둘기장'을 뜻합니다.

이탈리아에서는 "콩 한 알로 비둘기 두 마리를 잡는다(catch two pigeons with one bean)"고 합니다. "돌 하나로 새 두 마리를 잡는다(kill two birds with one stone)"는 것보다는 좀 덜 잔인한데 그래도 새 입장에서 안 좋게 끝나는 건 큰 차이가 없죠.

더 밝은 이야기를 하자면 1945년에 동물의 용맹을 치하하는 '디킨 메달Dickin Medal'을 수여받은 비둘기, 엑서터의 메리Mary of Exeter가 있습니다. "대영제국군 복무 중 탁월한 용기와 임무에 대한 헌신"을 보여준 데 대한 상입니다. 메리는 총격과 파편, 독일 전투 매의 공격에 몸을 다쳐가면서도 영국과 프랑스 사이를 꿋꿋이 오가며 통신문을 전했습니다.

노아의 비둘기가 물고 온 것은 올리브 가지였죠. 올리브는 그리스와 로마에서 평화의 상징이었습니다. 참고로 셈족Semites의 시조는 노아의 아들 셈Shem입니다. 셈어파 언어Semitic languages에서 '평화'를 뜻하는 동원어로는 Salem, Shalom, 그리고 인명 압살롬Absalom 등이 있습니다. 모두 S-L-M이라는 삼자음 어근에서 파생된 것으로, 아랍어의 salaam과 그 어원인 Islam복종도 모두 사촌 격인 단어들입니다.

평화주의자를 비둘기로 흔히 비유하니, 평화를 상징하는 기호 '☮'는 새가 나는 모양을 나타낸 것이라고 생각하기 쉽죠. 그렇지 않습니다. 1958년에 제럴드 홀텀이 고안한 기호로, '비핵화nuclear disarmament'의 머리글자 N과 D를 나타내는 수기신호semaphore signals를 선으로 나타내 합친 것입니다.

semaphore는 양손에 깃발을 쥐고 특정한 동작으로 알파벳을 나타내는 통신 방법이에요. 원래는 그리스어로 '신호 전달자'를 뜻했습니다. 컴퓨터 프로그래밍에도 세마포어semaphore라는 개념이 있는데요, 너무 어려우니 생략하겠습니다. 같은 어원에서 나온 말이 semiotics기호학입니다. 특정 문화권에서 언어와 기호를 사용하는 방식을 연구하는 학문이죠. '운반자bearer, 전달자carrier'를 뜻하는 그리스어 접미사 '-phore'를 영어에서는 보통 '-pher'로 적습니다. 예컨대 페로몬pheromone은 매력적인 향기를 '전달'하는 물질이고, 크리스토퍼Christopher는 '예수를 안고 간 사람', Christ-bearer입니다.

영어에서는 무언가를 품거나 나를 때 ph 대신 f를 이용합니다. 이를테면 aquifer대수층(지하수를 품은 지층), transfer옮기다처럼요. 라틴어에는 그리스어의 'phi(φ)' 문자가 없었지만 f는 있었지요. 그리스어와 라틴어 이야기가 나왔으니 말인데, 저는 영어에 게르만어와 고전어라는 두 뿌리가 있어서 좋다고 입이 마르도록 칭찬하고 있지만, 그게 전부가 아니랍니다. 고전어에서 유래한 단어를 다시 라틴어 쪽과 그리스어 쪽으로 나눠보면 어휘력을 크게 높일 수 있거든요. 가령 '여러 색의'를 뜻하는 말은 라틴어 기원의 multi-colored도 있고 그리스어 기원의 polychromatic도 있죠.

그런데 denim에서 너무 멀리 온 것 같네요. 그럼 denim에서 pants바지로 이어가보겠습니다. pants의 기원은 그리스어 panteleemon인데, '범사에 자비로운all-compassionate'이라는 뜻입니다(참고로 역시 그리스어에서 유래한 eleemosynary는 '자선을 베푸는'을 뜻합니다). 성 판탈레온St. Pantaleon은 아무런 대가를 받지 않고 선행을 베풀어 추앙받는 성인들 중 한 사람입니다. 2015년 그리스 레스보스섬으로 넘어오다가 사망한 시리아 난민들의 시신이 묻힌 곳이 그 섬의 성 판탈레온 묘지였습니다. 곁다리로 세 가지만 언급할게요.

1. 자선과 관련해, tithe십일조는 과거에 수입의 '10분의 1tenth'을 교회에 의무적으로 내던 것입니다.
2. 시리아와 관련해, 지중해 동부 연안의 나라들을 레반트Levant라고 하죠. 프랑스어로 '뜨는'이라는 뜻입니다. 해가 뜨는 방향을 가리키는 것이죠. 마찬가지로 '뜨는, 동쪽'을 뜻하는 라틴어 단

어가 orient입니다.

3. 기원전 6세기 레스보스섬Lesbos에 살았던 시인 사포Sappho에서 유래한 단어가 레즈비언lesbian입니다.

다시 pants 이야기로 돌아갈게요. 성 판탈레온은 순교자 중에서도 모범적인 순교자였습니다. 처형하려고 불에 태우기도 하고 펄펄 끓는 납물에 빠뜨리기도 했는데, 예수의 기적으로 납물이 차갑게 식었습니다. 돌에 묶어서 바다에 던져 넣었더니 돌이 물 위로 떠올랐고요. 안 되겠다 싶어 맹수들에게 밥으로 던져주었더니 맹수들이 판탈레온의 축복을 받고는 슬며시 내뺐습니다. 결국 그냥 일반적인 방법으로 고문하기 위해 바퀴에 묶었더니 묶은 줄이 끊어졌다고 해요. 칼로 목을 치니 칼이 찌그러졌고요. 끝내 박해자들도 무릎을 꿇었고, 판탈레온은 그들이 죄를 용서받을 수 있도록 기도를 올렸다고 해요.

그렇게 숭고한 성인이건만, 후대의 베네치아 사람들은 콤메디아 델라르테commedia dell'arte라는 유랑 연극을 하면서 성 판탈레온을 우스꽝스러운 등장인물로 만들었는데, 몸에 달라붙는 긴 바지를 입은 노인으로 그렸죠. 당시에는 원래 무릎에서 동여매는 바지가 유행이었는데, 이 노인의 발목까지 덮는 바지가 새로이 유행하면서 이 바지를 판탈롱pantaloons이라고 불렀습니다. 이 말이 줄어들어 pants가 되었지요(pants와 전혀 관계없는 여담으로, 동사 pant헐떡거리다는 그리스어 phantasia에서 기원했고, phantom유령 같은 것을 보고 '숨이 턱 막히다'를 뜻하는 프랑스어 pantaisier를 거쳐 영어에 들어왔습니다).

한편 슬랙스slacks는 예전에 바지를 뜻했던 말이지만, 제 동생에 따르면 "이제 그런 말을 쓰는 사람은 없다"고 합니다. 그런가 하면 제 남편은 특이하게도 'pant'라는 단수형을 씁니다. "It's a nice pant for casual wear. (편하게 입기 좋은 바지네.)" 이렇게요. 옛날 말로 rag trade, 요즘 말로 garment industry의류산업 쪽에서 일했던 사람이니 그런가 보다 합니다.

영국에서는 바지를 트라우저trousers라고 하고, 팬츠pants라고 하면 미국에서 말하는 underpants, 즉 팬티를 뜻하죠. 바지가 흘러내리지 않게 어깨에 거는 '멜빵'은 미국처럼 서스펜더suspenders라고 하지 않고 'braces'라고 합니다. 하긴 미국에서는 바지가 흘러내려도 큰 상관이 없죠. 일부 젊은 남성들은 엉덩이가 드러날 정도로 바지가 내려가도 성 판탈레온의 가호가 있으리라 믿는지 신경 쓰지 않는 것 같아요.

패션 전문가들은 이 헐렁한 패션이 교도소 수감자들의 벨트 없는 바지에서 유래했다고 보기도 합니다. 다리 부분이 헐렁하면 무기를 숨길 수 있는 장점이 있다나 봐요. 기원이 어찌 되었든, pantywaist계집 애 같은 남자라고 놀림받을 우려가 없는 집단에서는 이른바 '거리 신용', 즉, street cred를 높여 인정받을 수 있는 스타일입니다.

엉덩이 이야기가 나와서 말인데요, give someone the bum's rush라 는 표현은 엉덩이bum와는 관계가 없고, '부랑자bum를 쫓아내듯이 공 공 시설에서 쫓아내는' 것을 뜻하죠.

앞서도 말했지만 panties라는 말은 도저히 제 입에서 나오지 않습 니다. 한 가지 대안은 영국에서 여성용 팬티를 가리키는 말인 니커즈 knickers를 그대로 쓰는 것이죠. 영국에는 panty라는 말 자체가 없는데,

그것만 봐도 영국은 정말 셰익스피어의 『리처드 2세』에 언급되는 "또 하나의 에덴동산, 절반의 낙원(other Eden, demi-paradise)"임에 틀림 없습니다. 그뿐인가요, 영국의 란제리 판매점 아더 에덴Other Eden에서는 낙원답게 "집착적인 슈미즈 경찰복 코스튬"이라는 아름다운 옷도 팔고 있습니다.

니커즈knickers는 니커보커Knickerbocker라는 성씨에서 유래했다고 보통 추정합니다(어원은 '장난감 구슬을 굽는 사람'이라는 뜻의 네덜란드어 knickerbakker입니다). 19세기에 니커보커스Knickerbockers라고 하면 뉴욕의 사교계 사람들을 가리켰습니다. 상류층 남성들의 모임이었던 Knickerbocker Club의 회원들은 'base ball'이라는 운동의 규칙을 고안하기도 했죠. 그런데 니커보커스는 파란색 모직 소재의 긴 바지를 입었어요. 무릎 바로 밑에서 동여매는 바지, 니 브리치즈knee-breeches 패션을 도입한 것은 야구 팀 신시내티 레즈Cincinnati Reds 선수들이었습니다. 그런데 또 닉스Knicks는 지금 뉴욕의 농구 팀 이름이네요. 그렇게 돌고 도나 봅니다.

어쨌거나, 저는 knickers가 knee무릎에서 왔다고 주장합니다(knee는 네덜란드어 knie에서 왔습니다). 즉, knee-breeches와 관련이 있을 거예요.

사냥이나 골프용으로 입는 knickers는 플러스포스plus-fours라고 부릅니다. 몸을 움직이기 편하게 기장이 무릎 아래 4인치까지 헐렁하게 내려오도록 만들어져서 그런 이름이 붙었어요. 옛날 야구복을 생각하시면 됩니다. 그럼 속옷 이름 knickers로 다시 돌아가서, 영국 문학가 새뮤얼 존슨Samuel Johnson 이야기를 해볼까요. 저와 생각이 잘 맞는 양반이었는데, 피부에 직접 닿는 옷은 오로지 식물 소재로 된 것만, 그러니까 면과 리넨만 입었다고 합니다. 존슨에게 가죽이나 모직은 말 그대로 'hair shirt고초, 고행'였죠. 폴리에스테르에 대해선 어떻게 생각했을지 궁금하네요. 참고로 셔츠shirt에서 스커트skirt가 나왔습니다.

(존슨은 영어 사전을 편찬한 것으로 아마 더 잘 알려져 있을 거예요. 9년간 작업하여 1755년에 완성했다고 합니다. lexicographer사전 편찬자는 어원상 '단어 쓰는 사람'인데요, 두 가지 유형이 있습니다. 규범적인prescriptive 유형과 기술적인descriptive 유형입니다. 존슨의 사전은 올바른 어법을 '규정하는prescribe' 역할을 했습니다. 현대의 사전은 대부분 옳고 그름을 규정하지 않고 일반적인 쓰임을 '기술하는describe' 데 그치죠.)

존슨에게는 다행스럽게도, 리넨의 소재인 아마flax는 영국과 가까운 네덜란드, 벨기에, 프랑스 북부에서 재배했습니다. 반면 면화는 멀리 인도, 이집트, 북아메리카 등지에서 수입해야 했습니다. 잉글랜드(그리고 미국 뉴잉글랜드)에서는 양이 값싸고 흔했으니, 속옷 소재를 그리 까다롭게 따지지 않는 사람이라면 양모를 입는 편이 간편했을 겁니다.

여성 속옷 이야기를 마무리하기 전에 2013년에 안타깝게 폐업한 란제리 브랜드 프레더릭스 오브 할리우드Frederick's of Hollywood 이야기를 하고 넘어가야겠습니다. 1946년 창업한 이래 각종 야한 란제리의 표준을 제시하며 'Naughty Knickers야한 니커스'라든지 "보는 사람 입이 떡 벌어지는 케이지 브라" 같은 것들을 공급해온 회사입니다. 그런 멋진 물건들이 주로 '여자의 방', boudoir규방에서만 쓰인 게 아쉬울 따름입니다(boudoir는 '입술을 삐쭉 내미는 곳'이라는 뜻으로, 삐쳤을 때 이용하는 전용 방이라니 대단한 발상 아닌가요).

여성이 꽉 끼는 바지를 입을 때 민망하게 부각되는 camel toe낙타 발가락에 대해서는 넘어가도록 하겠습니다. 다만 camel에 대해서 말하자면 고대 그리스인들은 야생동물 지식이 부족해 기린을 camelopard낙타표범라고 불렀답니다. 그런가 하면 앵글로색슨족은 낙타를 olfend코끼리라고 불렀고요. 혹이 두 개인 쌍봉낙타Bactrian camel는 혹이 한 개인 단봉낙타dromedary보다 다리가 짧아요. dromedary는 그리스어 dromos경주로에서 왔습니다. 휴스턴의 돔 경기장 이름 아스트로돔Astrodrome을 생각하시면 됩니다. 같은 뿌리를 갖고 있는 말로 거꾸로 읽어도 바로 읽어도 똑같은 말을 가리키는 palindrome회문回文이 있죠. '뒤로 달리기running backward'라는 뜻입니다(앞에서 paleo='먼 옛날'이라고 했죠). 그럼 syndrome증후군은 무엇이냐고요? 여러 증상이 '함께 달리는 것running together'입니다.

"스타킹이 살짝만 보여도 충격적"이란 노래 가사는 격세지감입니다. 요즘 여성들은 콜 포터가 누군지도 모릅니다. 하지만 다리에 대해서라면 알 만큼 알죠.

여성 다리의 이상적 형태에 관한 이른바 'three-diamond rule삼 다이아몬드 규칙'이 있습니다. 물론 여기서 다이아몬드는 보석 자체가 아니라 '다이아몬드 모양'을 가리킵니다. 다이아몬드의 절단면 모양에서 비롯된 용법입니다(diamond는 '완강한'을 뜻하는 adamant와 어원적으로 관련이 있습니다). 오해가 없도록 'three-rhombus rule삼 마름모 규칙'이라고 하는 게 나으려나요. rhombus마름모는 그리스어로 '마법사의 팽이'입니다. 어쨌거나, 규칙은 이렇습니다. 두 다리를 붙이고 섰을 때 앞에서 보면 다이아몬드 모양의 틈이 세 개 보여야 한다는 것입니다.

다이아몬드가 몇 개 모자란다고요? 괜찮습니다. 광고 문구나 하나 보고 오죠. 얼터 에고Altar Ego라는 메이커는 일단 "검은색으로 날염된 입문자용 레깅스"로 시작하는 것을 추천한다고 합니다. 얼터 에고의 사명은 다음과 같습니다. "규범을 탈피하는 예술, 한바탕 웃음을 주는 재치와 유머, 그 모든 요소가 결합된 다차원적 체험을 통해 자기 표현을 돕는 고급 의류 … 우리가 지향하는 목표입니다." 로고는 붉은색과 흰색의 해골입니다. 참으로 원대한 목표를 지향하는 레깅스 회사가 아닐 수 없습니다.

그 드높은 이상이 판매고를 올리는 데 많이 도움이 되면 좋겠네요. 한 패션 평론가pundit(어원은 '배운 사람'을 뜻하는 산스크리트어 pandita)에 따르면 날염된 레깅스는 안타깝게도 "걸어놓으면 도무지 예뻐 보이지 않는다"고 하니 말입니다.

해골 로고도 그렇지만 'Altar (sic) Ego'라는 이름도 뭔가 희생적인 느낌이랄까, 알 수 없는 매력을 풍깁니다. altar제단의 어원은 altitude고도와 마찬가지로 '높은 곳'입니다. alter ego는 '또 다른 자아'를 뜻하고요. 참고로, 철자나 내용이 틀린 것을 그대로 인용했음을 나타내는 'sic'은 라틴어로 '이렇게, 이대로thus'라는 뜻입니다. 링컨의 암살범 존 윌크스 부스가 범행 후에 "Sic semper tyrannis"라고 했다죠. '폭군에게는 늘 이렇게thus always to tyrants'라는 뜻입니다.

한편 레깅스leggings와 진jeans을 합친 혼성어, 제깅스jeggings라는 것이 있지만 개탄스러운 심정으로 그냥 넘어가도록 하겠습니다. '윈윈win-win'을 노리고 만든 제품일 텐데 이미 발음부터가 '루즈루즈lose-lose'입니다.

다리는 드러내려면 관리가 필요한 법이죠. 그런데 관리 방법에 따라서는 어느 정도의 아픔이 불가피하게 수반됩니다. 왁싱waxing(고대 영어 weax = '밀랍')도 그렇고, 털을 한 가닥씩 제거하는 electrolysis전기분해(lysis = '풀다', 예컨대 analysis분석) 시술도 그렇습니다.

물론 구식으로 면도하는 방법도 있습니다. 정말 오래된 면도 방법에 관해서라면 '오컴의 면도날Occam's Razor'이라는 유명한 원리가 있죠. 물론 그 주창자 오컴의 윌리엄William of Occam은 이발사가 아니었습니다. 13세기의 탁발 수도사이자 철학자였던 윌리엄은 "존재하는 것의 수를 필요 이상으로 늘리지 말 것"이라는 원리를 내세웠습니다. 쓸모없는 털을 면도하듯 불필요한 설명을 제거하라는 말이죠.

면도 이야기가 나온 김에, mustache콧수염는 '입, 턱'을 뜻했던 그리스어 mastax에서 왔습니다.

옷 이야기로 돌아가죠. 다리에서 위로 더 올라가면 몸통torso이 있습니다. torso는 어원상 골반hip 위에서 '꼬이는twist' 부위입니다(같은 어원에서 온 말로 torsion비틀림, contort뒤틀리다, torture고문가 있습니다). 한편 '멋진'이라는 뜻으로 말할 때의 hip은 hep유행을 아는이 변형된 것입니다. hep은 서아프리카 말 hepicat뭘 좀 아는에서 온 것으로 추측됩니다.

이제 몸통에서 뻗어나온 팔에 대해 곰곰이 생각해볼까요ruminate. 그 전에 '곰곰이 생각하다'를 뜻하는 ruminate는 어원상 '되새김질하다'입니다. 소에게는 rumen반추위이란 것이 있지요. 삼킨 음식물을 거기에 임시로 저장했다가 다시 게워내 되새김질합니다. 다시 삼키면 이번엔 omasum겹주름위으로 들어갑니다. omasum은 bible 또는 psalterium이라고도 하는데, 책의 페이지처럼 주름이 잡혀 있어서 붙은 이름들입니다(psalterium은 라틴어로 구약의 「시편」입니다). gastrointestinal tract위장관 안에 religious tract종교서가 들어 있는 셈입니다.

팔에 관한 속담 하나. "Give him a finger and he takes an arm(손가락을 내주니 팔까지 가져간다)"는 "Give them an inch and they'll take a mile"의 이탈리아어 버전입니다. '봉당을 빌려주니 안방까지 달란다'라는 뜻이죠.

팔에 관한 사실 하나. 유대교의 성경 해설서에 재미있는 언급이 있는데, 파라오의 딸이 나일강 갈대 숲에서 모세가 담겨 있는 바구니를 붙잡을 때 팔이 갑자기 죽 늘어났다고 합니다.

팔의 길이와 관련해, ell엘은 과거에 천의 길이를 재던 단위입니다. 사람의 elbow팔꿈치에서 손가락 끝까지의 길이로, 앞서 살펴봤던 cubit큐빗과 똑같은 길이입니다.

재킷jacket의 먼 조상은 아랍어 shakk흉갑, 가슴을 가리는 갑옷로 추정됩니다. 무어인들이 스페인에 전했고 스페인에서 jaco가 되었습니다. 피코트peacoat는 과거 선원들이 입던 코트죠. 재미있게도 해군에서는 'pea'가 'pilot jacket'의 머릿글자 p를 뜻한다고 주장합니다(여기서 pilot은 조타수). 보통은 네덜란드어 pijjakker에서 유래했다고 보는데요, pij는 거친 파란색 모직을 뜻했습니다.

몸에 입는 jacket만 있는 게 아닙니다. 군에서 쓰는 jacket 중에는 full metal jacket풀 메탈 재킷, 전피갑탄全皮甲彈이라는 것이 있는데, 군복이 아니라 총알의 한 종류입니다. 영국에서는 구운 감자를 '껍질째in their jackets' 먹는다고 할 때 '껍질'을 jacket이라고 합니다. 미국에서는 skin이라고 하지요.

두 팔을 끼워 입는 속옷 브라bra는 프랑스어 brassière브라시에르의 준말입니다. 미국에서는 'braZEER'처럼 뒤에 강세를 넣어 멋대로 발음하죠. brassière는 원래 소매 없는 조끼를 가리켰습니다. 프랑스어 bras팔는 그리스어 brachion과 라틴어 bracchia에서 유래했고요. brachiate는 '(원숭이가) 양팔로 번갈아 매달리면서 건너가다'를 뜻하는 동사입니다. bracelet팔찌은 팔에 차는 장신구예요. embrace껴안다는 두 팔로 감싸 안는 것이고요. 양팔에 하나씩 들 수 있는 한 쌍의 물건을 'a brace of …'라고 합니다.

또 영어에서 프랑스어를 멋대로 취급하는 예로는 란제리, 즉 lingerie랭주리를 'lawnjuRAY'처럼 발음하는 것이 있습니다. 꼭 'laundry빨래' 비슷하게 발음하는데, 한마디로 '졸렬한 모방travesty'이죠. travesty는 어원적으로 '우스꽝스러운 옷'이란 뜻입니다. 세탁기가 보급되기 전, 사람들이 날마다(아니 가끔이라도) 갈아입는 옷은 오직 리넨linen뿐이었습니다. 리넨이라고 하면 속옷, 목 둘레의 깃인 칼라collar, 소맷부리인 커프cuff를 가리켰어요. 당시는 개인 위생에 대한 관념이 지금과 달랐습니다. 빨래통을 들여다보면 수십 년간 청소를 하지 않았다는 아우게이아스왕의 외양간은 저리 가라 할 정도로 상태가 고약했습니다. 외양간 청소를 맡은 헤라클레스는 알페이오스강을 끌어와 강

줄기로 시원하게 청소했죠. 헤라클레스는 washboard abs빨래판 복근라도 있었지, 옛날 세탁부들은 그냥 washboard빨래판밖에 없었습니다.

오늘날 우리가 입는 옷의 재료는 대부분 동물도 식물도 아닌 무기물입니다. synthetic합성의은 '모아서 합친'이라는 뜻입니다. 입에 잘 붙지 않는 이름의 화학 물질들을 인공적으로 합성하여 만든 것을 가리키죠.

$$\left[\begin{array}{c} O \\ \parallel \\ C \end{array} \begin{array}{c} \\ \\ \end{array} \begin{array}{c} O \\ \parallel \\ C \end{array} - O - (CH_2)_3 \right]_n$$

위는 폴리에스테르polyester의 구조식입니다. 폴리에스테르는 고순도테레프탈산PTA 또는 메틸기 두 개가 치환된 에스테르인 디메틸테레프탈레이트DMT와 모노에틸렌글리콜MEG로 만드는 합성고분자입니다.

synthesis합성라면 뚱한 표정의 독일 철학자 헤겔이 제시한 변증법dialectics 논리를 빼놓을 수 없죠. 한쪽 편에서 thesis정명제를 제시하면, 다른 쪽 편에서 antithesis반명제를 제시하고, 마침내 둘 사이의 모순이나 대립을 해결하는 synthesis합명제가 나오는 방식입니다. 변증법은 좌우로 흔들리다가 결국 멈추는 pendulum진자 비슷합니다. pendulum의 어원적 뜻은 '매달려서 늘 중앙을 향하는 작은 물건'입니다. 앞에서 'ul'이 '작은 것'을 뜻한다고 말씀드렸지요. 카를 마르크스는 변증법을 역사의 순환에 적용하여 계급 투쟁을 설명했습니다.

a) 자본주의가 대두된다.

b) 혁명으로 자본주의를 타도한다.

c) 그러나 불안정은 영구한 해결책이 아니므로, 공산주의라는 합
   명제에 도달한다.

마르크스는 흰 턱수염에 검은 콧수염을 덥수룩하게 길렀지만 헤
겔보다 온화해 보이는 인상입니다.

역시 합성 소재인 플라스틱plastic은 그리스어 plasma에서 유래했는
데, 그 뜻은 '흐르는 물질'입니다.

20세기에는 접미사 '-on'이 붙은 합성 소재가 속속 등장했습니
다. 데이크론Dacron, 나일론Nylon, 반론Ban-Lon 등이었지요. 심지어 석
유 화학 제품이 아니라 톱밥과 섬유소로 만드는 레이온Rayon까지도
같은 대열에 합류했습니다. 당시 새롭고 멋져 보이던 electron전자,
proton양성자 등을 의도적으로 따라 한 것인지 모르겠지만, 합성섬유
라고 소립자처럼 고급스러운 이름을 붙이지 말라는 법 있겠습니까.

원자 이야기를 마치기 전에, 문자 그대로 '양자적 도약'을 뜻하는
quantum leap는 그냥 크게 도약하는 것이 아닙니다. 연속선상에서의
점진적인 변화가 아니라 어떤 특정한 단계에 이르렀을 때 일어나는
불연속적 도약입니다. 비탈이 아닌 계단의 모양이라고 할 수 있죠.

그런데 폴리에스테르 이야기가 아직 더 남아 있습니다. 제조사인
듀폰DuPont 이야기를 해봅시다. 폭발물 업계에서 차지하는 위상 덕분

에 '죽음의 판매상Merchant of Death'이라는 별명으로도 불리는 회사죠. 듀폰은 옷과 관계 없는 물질을 많이 개발했는데요, 이를테면 오존층에 구멍을 내는 것으로 악명이 높은 냉동제 프레온Freon, 프라이팬 코팅에 널리 쓰이면서 발암 물질이 들어간 테플론Teflon 등입니다. 고탄성 섬유 라이크라Lycra도 듀폰에서 만들었는데요, 아무런 어원도 갖고 있지 않은 순 엉터리로out of whole cloth 꾸며낸 무의미한 말입니다. 여기서 'whole cloth'란 아직 재단하지 않은 옷감을 가리킵니다.

천을 거짓말에 비유한 표현이 또 있습니다. 거짓투성이 이야기를 'a web of lies' 또는 'a tissue of lies'라고 하죠. 여기서 web이나 tissue는 촘촘히 짜인 천을 가리키니 거짓말로 잘도 '엮어낸' 이야기를 뜻하는 표현이 되겠습니다. web은 'weave실로 짜다'를 뜻하는 고대 영어에서 유래했고 더 올라가면 원시 게르만어의 wabjam이라는 재미있는 단어가 있습니다(더 올라가면 원시인도유럽어 즉 PIE의 *(h)uebh-가 있는데 역시 거기까진 가지 않는 게 좋겠지요), tissue는 역시 '실로 짜다'를 뜻하는 라틴어 texere에서 왔습니다(textile직물도 거기서 왔고요). 한편 wife아내의 어원에 대해서 자신 있게 말하는 전문가는 없지만, 저는 'weaving'에서 유래했다는 가설을 주장합니다.

stuff는 thing과 더불어 영어에서 만능으로 두루 쓰일 수 있는 말이에요. 그런데 지금처럼 뜻이 두루뭉술해지기 전에는 천 종류만을 가리켰습니다. 원래는 사슬 갑옷 속에 채워 넣는 누비 패딩, 즉 stuffing충전재을 뜻했거든요. 피부가 갑옷에 긁히거나 집히지 않도록 해주는 것이었죠. 게다가 갑옷은 땀을 흡수하는 기능도 없었을 테고 더운 날씨에는 사람 잡는 물건이었을 겁니다. 하긴 새뮤얼 존슨도 무기물 속

옷은 안 입었다고 하지 않습니까.

cotton면은 이집트에서 왔습니다. 아랍어 kuṭn이 어원입니다. 마르코 폴로는 당시 무역의 거점이었던 모술Mosul에서 만드는 면 이야기를 적었습니다. 그 도시 이름에서 면직물의 일종 모슬린muslin이 유래했습니다(다만 그곳이 아니라 더 동쪽으로 가서 인도 마실리파트남Masulipatnam에서 유래했다고 보기도 합니다). 면은 boll목화송이에서 추출하죠. boll은 bowl사발과 마찬가지로 ball공과 동원어 관계입니다. boll을 누비고 다니는 해충 boll weevil목화바구미도 그렇고요.

캔버스 천canvas은 그리 놀랍지 않게도 라틴어 cannabis대마, 삼에서 왔습니다. 하지만 canvas에서 파생된 canvass는 역사가 복잡하고 특이합니다. 16세기에 canvass는 '올이 성긴 삼베 천으로 쳐내거나 걸러내다'를 뜻했습니다. 그러다가 '정리하다' → '의논하다' → '지지를 구하다'로 뜻이 차츰 바뀌었죠. burlap굵은 삼베는 burro작은 당나귀와 사촌입니다. 둘 다 털이 뻣뻣하니까요.

탁한 황갈색 천 색깔을 가리키는 카키khaki는 '먼지 색'을 뜻하는 우르두어 khak가 영국에 수입된 것입니다. 대영제국 시절에 들어온 말로는 'India rubber천연고무'도 있습니다. rubber란 원래 '문질러 지우는 rubbing out' 물건이었고, 영국과 영국 식민지에서 rubber라고 하면 지우개를 가리켰습니다. 미국에서는 그런 뜻이 전혀 없지만요.

고무나무의 흰 수액을 라텍스latex라고 하죠. 브랜드 이름이 되기도 한 그 단어의 어원은 '젖'을 뜻하는 라틴어 lac 또는 lactis입니다. lactose는 '유당(젖당)'이고요. 그 단어들의 기원을 더 거슬러 올라가면

galaxy은하의 어원이기도 한 그리스어 galaxias가 있습니다. 밤하늘에 보이는 '은하수'는 마치 우유를 하늘에 흩뿌린 모습과 같아서 Milky Way로 불리게 되었죠. 한편 lettuce상추도 줄기를 꺾으면 우윳빛 즙이 나와서 그런 이름이 됐습니다. milk젖라는 말 자체는 PIE의 h₂melǵ로 거슬러 올라가는데, 원래는 '(소의 젖을 짜듯) 문지르다'라는 뜻이었습니다.

코듀로이Corduroy는 고랑처럼 골이 지게 짠 두꺼운 직물입니다. 골이 넓은 종류도 있고 좁은 종류도 있어서 각각 wide-wale, pin-wale이라 하는데, 여기서 wale은 '골짜기vale 또는 valley'를 뜻합니다. 그리고 duroy는 1700년대에 영국에서 만든 거칠거칠한 모직물이라고 합니다. durus = '단단한'이니까 그럴 만하군요.

참고로 corduroy road는 질척이는 땅 위에 통나무를 나란히 죽 깔아놓은 '통나무 길'입니다. 울퉁불퉁하지만 늪지를 걷는 것보다는 훨씬 편하죠.

라이크라Lycra와 달리 특별한 의미가 있는 직물 이름은 우리 주변 곳곳에 퍼져 있습니다.

상표명 벨크로Velcro는 프랑스어 velours croché갈고리 달린 벨벳를 줄인 것입니다.

중세 때 영국 남쪽에 자리한 채널제도의 저지Jersey섬에서는 양모로 옷을 뜨기 시작했는데, 그 옷을 저지jersey라고 했습니다(참고로 knit뜨다은 'knot매듭'을 뜻하는 고대 영어 cnotta에서 왔습니다). 영국의 섬들은 양이 많아서 양모가 흔했고, 옷은 '베틀로 짜는 것weaving'보다 '뜨는 것

knitting'이 쉬웠습니다. 뜨개질은 어두워도 할 수 있으니까요. 더운 나라에서는 햇빛을 피하려고 집의 창을 줄이지만, 북부 지방에서는 추위와 바람을 막으려고 창을 줄이죠. 또 베틀은 공간을 많이 차지하는 반면, 뜨개질은 장소에 구애 없이 간편하게 할 수 있습니다. 베틀을 밖에 들고 나가 coffee klatch커피 모임(독일어 Klatsch＝gossip수다)를 할 수 있겠어요, 해변으로 가지고 가 일할 수 있겠어요?

참고로 gossip은 고대 영어 godsibb에서 왔는데요, sibb은 '친족'이라는 뜻입니다. godsibb은 원래 '대부모godparent'였는데, '참견 많고 수다스러운 여자'를 뜻하게 되었습니다. 이디시어에서 유래한 'yenta'도 같은 뜻이죠. 여성주의 관점에서 반론하고 싶으시겠지만, 이때는 중세 시절이었음을 기억해주세요.

직물woven material은 신축성이 거의 없지만, 편물knit material은 잘 늘어나서 어부들이 작업복으로 입기 좋았습니다. 양모의 또 한 가지 장점이라면 미끌미끌한 라놀린lanolin('양모 기름'이라는 뜻의 조어) 덕택에 어느 정도 방수가 된다는 것이죠.

'-ol'＝oil기름이라는 것 아마 아실 겁니다. petrol석유, 휘발유은 '돌에서 나온 기름'이고요. 멘톨menthol은 'mint oil박하 기름'입니다. 리놀륨linoleum은 'linseed oil아마인유'를 굳혀서 만든 바닥재예요. 바셀린vaseline은 원래 vasoline이었습니다. Wasser(독일어 '물', w가 v로 발음됨)와 oleum을 합친 말이지요. 라틴어 oleum은 '올리브 오일'을 뜻합니다. 뽀빠이Popeye 여자친구의 이름 올리브 오일Olive Oyl도 '올리브 오일olive oil'에서 따왔죠.

petrol과 관련하여, 알아두면 언젠가 쓸모가 있을 petrichor라는 단어가 있습니다. '비가 올 때 마른 땅(돌처럼 굳은 땅)이 젖으면서 나는 흙 냄새'를 뜻합니다. ichor이코르는 그리스신화에서 신들의 몸속에 흐른다고 하는 피입니다.

13세기 독일 문헌에 따르면 아일랜드 서쪽의 애런제도Aran Islands에서 애런 점퍼Aran jumper를 만들었다고 합니다(영국의 점퍼jumper = 미국의 스웨터sweater). 양털색의 두꺼운 실로 떠서 만들었는데, jersey처럼 바닷사람에게 안성맞춤인 옷이었죠. 물론 어느 정도 입다 보면 라놀린의 천연 방수 능력이 사라졌지만, 그래도 요긴했습니다. 옷 무게의 3분의 1에 이르는 물을 흡수하고도 만졌을 때 축축하지 않을 정도였으니까요. jumper의 기원은 차가운 아일랜드 앞바다가 아니라 아랍어 jubba인 것으로 추정됩니다. 애런 점퍼에는 마치 켈트족의 조각 작품처럼 복잡한 문양이 짜여 있습니다. 문양은 대대로 전해 내려오는 것으로, 예컨대 마름모 무늬diamond stitch는 밭을 나타내고 케이블 무늬 cable stitch는 밧줄을 나타냈습니다. 가문마다 특유의 문양이 있어서 애런 점퍼로 바다에서 죽은 어부의 신원을 확인할 수 있었다고 합니다.

영국 귀족 중에는 뜨개옷에 자기 이름을 남긴 사람이 세 명이나 있습니다.

먼저 카디건 경Lord Cardigan이 있습니다. 크림전쟁 중 발라클라바 전투에 참여한 장군으로, 이른바 '경기병 여단의 돌격'을 지휘하여 병사들을 사지로 몰아넣었죠. 시인 알프레드 테니슨의 시에 당시 상황이 잘 묘사되어 있습니다.

반 리그, 반 리그,

반 리그 더 앞으로

죽음의 계곡에서

육백 명의 기병은 달렸네.

…

포탄이 오른쪽에,

포탄이 왼쪽에,

포탄이 그들 앞에

쏟아지고 작렬했네.

크림전쟁 중 병사들이 착용했던 복장에서 유래한 것이 바로 머리와 얼굴에 완전히 덮어 쓰는 털모자 발라클라바balaclava입니다. 오늘날은 강추위 속에 스키 타는 사람이나 신원 노출을 꺼리는 범죄자들이 애용하죠.

카디건 경은 단추를 채워 입는 털 재킷을 애용했는데 그런 옷을 오늘날 카디건cardigan이라고 부릅니다. 카디건의 상관이 래글런 경Lord Raglan이었습니다. 래글런 경이 워털루 전투에서 팔을 잃고 나서 즐겨 입은 재킷이, 소매 재봉선이 목에서 겨드랑이로 이어지는 형태였다고 해요. 그래서 오늘날 래글런 소매Raglan sleeve라고 하면 티셔츠 등의 어깨와 팔 부분이 통으로 되어 몸통 부분과 색이 다른 스타일을 가리키죠.

마지막으로, 수단의 하르툼에서 전투를 지휘한 키치너 경Lord Kitchener이 있습니다. 그가 개발한 뜨개법을 이용해 양말에 발가락 부분을 달면 살이 쓸리지 않아서 좋았는데, 그 뜨개법을 키치너 스티치 Kitchener stitch라고 합니다.

영어에 wool양모이 들어간 비유는 수없이 많지만 몇 개만 살펴보겠습니다. woolgathering부질없는 공상의 유래는 문자 그대로입니다. 깎은 양털이 바람에 날아간 것을 어슬렁거리며 주워 모으는 것인데요, 정신을 딴 데 놓고도 할 수 있는 일이죠. dyed in the wool골수의, 뼛속까지 철저한은 양털 옷감을 뜨거나 짜기 전에 털실 상태로 염색하는 것을 뜻합니다. 그러면 더 빈틈없이 염색할 수 있죠. 누군가의 '눈을 속인다'고 할 때 pull the wool over someone's eyes라고 해요. 예컨대 변호사가 판사의 가발을 아래로 쑥 잡아당겨 얼굴을 가려버리면? 판사를 속여 먹는 것이겠죠.

wool이라는 말 자체는 같은 뜻의 라틴어 vellus가 독일어 Wolle를 거쳐 고대 영어에 wull로 들어온 것입니다. 재미있게도 독일어에서 '면'은 Baumwolle인데, '나무 양모tree-wool'라는 뜻입니다. 또 유명한 독일의 Baum이라면 Tannenbaum, 전나무가 있지요. tannic acid타닌산 와 성씨 Tenenbaum이 거기서 나왔습니다.

살짝 항해 이야기로 빠지면서 옷감 이야기를 마무리 짓겠습니다. Baum에서 나온 말이 명사 boom입니다. '쾅' 하는 소리 말고 '돛의 맨 밑에 댄 가로대'를 말하는 건데요, '하활'이라고 합니다. 처음에는 그냥 가느다란 나무 줄기를 boom으로 썼습니다. 'sail close to the wind'는 맞바람에 가깝게, 바람을 안고 항해하는 것이니 자칫하면 boom이 휙 돌아가면서 선원들의 머리를 후려갈길 수도 있죠. 그러니 '아슬아

슬한 짓을 하다'란 뜻이 됩니다.

돛을 똑바로 세우려면 boom뿐 아니라 mast돛대도 필요하죠. 항해 중에 mast가 부러지면? jury rig임시방편을 세워야 합니다. 여기서 문제가 나갑니다. jury rig의 어원은? 1) '하루'를 뜻하는 프랑스어 jour에서 왔다. 하루밖에 못 가는 해결책이어서. 2) '돕다'를 뜻하는 라틴어 adjutare에서 왔다. 예컨대 암 수술 전에 행하는 화학요법을 'adjuvant therapy보조 요법'라고 하잖아요. 3) 돛대에 가해진 'injury손상'에 대처한다는 뜻에서 유래했다.

정답: 아무도 모릅니다. 아무도 어원을 모르는 단어는 또 있습니다. 일단 jerry-rigged란 말은 jury-rig임시로 만들다와 jerry-built날림으로 지은가 섞여서 만들어진 것으로 추정되는데, 세 단어의 의미는 모두 크게 다르지 않아요. 그런데 jerry-built는 어원이 묘연합니다. jerry-built의 어원에 대해서는 두 가지 설이 있습니다. 1) 옛날 리버풀의 어느 건설 회사 이름에서 왔다는 설. 2) 제가 개인적으로 선호하는 설로, 예리코Jericho의 성벽에서 왔다는 설입니다. 예리코 성을 침공하려던 여호수아가 군인들에게 성벽 둘레를 7일 동안 돌게 한 다음 사제 일곱 명에게 숫양뿔 나팔을 불게 하면서 군인들에게 힘껏 고함을 지르게 했습니다. 그랬더니 하느님이 약속한 대로 성벽이 "무너져 내렸다"고 하죠. 늑대의 입바람에 첫째 돼지와 둘째 돼지의 '엉성하게 지은' 집이 날아간 것처럼 말입니다.

10°

떠도는 말: 유랑

Walk the Talk

집중력이 떨어지셨다고요? 그럼 책에서 잠깐 눈을 떼고 쉬세요. 미국의 시인 롱펠로가 쓴 시에 이런 구절이 있죠. "아랍인들이 천막을 거두고 떠나듯 / 조용히 사라지리다. (fold their tents, like the Arabs / And as silently steal away.)" 여러분이 자리를 비우신 동안 저는 러시아 뱃사람들이 출항 전에 하던 의식처럼 잠깐 조용히 앉아 머릿속을 정리하고 있겠습니다.

롱펠로가 말한 아랍인은 베두인족을 가리킵니다. 사막 위에 자리를 잡았다가 때가 되면 짐을 다시 싸들고 다음 모래언덕을 향해 발길을 옮겼죠. 제가 만약 유랑 생활을 한다면 베두인족보다는 집시가 되고 싶네요. 집시의 정확한 명칭은 롬인Roma입니다. 인도에서 기원해 루마니아를 거쳐 유럽에 들어온 유랑 민족이에요. 옛날에는 이 사람들을 이집트인Egyptian이라고 생각했기에 집시gypsy라는 이름이 붙었습니다.

롬인은 유랑하는 사람들이니 어딜 가나 이방인입니다. 그래서 항상 비방을 받았습니다. 말을 훔치고, 구걸하는 사람들이라고 했죠.

심지어 '사기 치다'라는 뜻의 gyp이라는 동사도 생겼습니다. 그런가 하면 좀 덜 모욕적인 어구도 있습니다. cross someone's palm with silver손에 돈을 쥐어주다라는 표현은 돈 밝히는 집시 점쟁이의 손에 돈을 쥐여주는 것에서 유래했습니다. 나치는 롬인이 인종적으로 열등하다는 이유를 들어 말살하려 했습니다. 나치 치하의 지역과 강제수용소에서 롬인 수만 명이 학살되었죠. 롬인 인구는 대폭 줄었지만, 4분의 3은 살아남은 것으로 추정됩니다.

아일랜드에서 기원한 유랑 민족도 있는데, 영국과 아일랜드에서는 그냥 'Travellers유랑민'라는 이름으로 불립니다. 이들은 대부분 영어를 쓰지만 Irish Traveller Cant아일랜드 유랑민 은어라고 하여 영어와 셸타어Shelta가 섞인 말을 쓰기도 합니다(Shelta는 아일랜드어로 '걷는 사람'이라는 말에서 왔다는 설이 있습니다).

cant은어는 chant읊조리다와 친척뻘입니다. 둘 다 '노래하다'를 뜻하는 라틴어 cantare와 프랑스어 chanter샹테에서 왔죠. 앞서 말씀드린 것처럼 프랑스어는 /k/ 소리를 부드러운 /ʃ/ 소리로 바꾸는 경향이 있습니다. cant는 특정 집단 내에서만 쓰이는 언어예요. 한 예로 옛날 영국에서 도둑들이 쓰던 Thieves' Cant가 있습니다(Rogues' Cant불량배 은어 또는 Peddler's French행상인의 프랑스어라고도 합니다). 오늘날에도 영국의 전과자들이 마약 밀거래를 할 때 쓰는 엘리자베스 은어Elizabethan Cant라는 것이 있어요.

여행자들Travellers은 냄비와 솥을 잘 고치고 다녔기에 tinker땜장이라고도 불렸습니다. 존 르 카레의 소설 『팅커, 테일러, 솔저, 스파이

Tinker, Tailor, Soldier, Spy』의 제목에도 '땜장이'가 등장하죠. 스파이 이야기가 나왔으니 말인데, Traveller와 fellow-traveler는 전혀 다르다는 것을 알고 계시나요? fellow-traveler동조자는 공산당원이 아니지만 공산주의에 동조하는 사람을 가리키는 말입니다.

공산주의의 이상인 '계급 없는 사회'와 관련해, '대중'을 뜻하는 그리스어 hoi polloi라는 말이 있죠. 어찌된 일인지 'the'에 해당하는 그리스어 정관사 hoi를 포함한 채로 영어에 들어왔습니다. 따라서 'the hoi polloi'라고 하면 엄밀히 말해 겹말인 셈이죠. 더 이상한 겹말은 'is'를 습관적으로 겹쳐 말하는 겁니다. 예를 들면 "The reason is is he's a Libra. (갠 천칭자리여서 그래.)"라고 말하는 사람이 많습니다.

유랑민과 프롤레타리아 계급 이야기가 나온 김에 mobile쉽게 움직이는 이야기를 해볼게요.

대중이 체제에 맞서 들고 일어나면 mob폭도가 됩니다. mob는 라틴어 mobile vulgus를 줄인 말인데, 그 뜻은 '쉽게 동요하는 대중'입니다. 베르디 작곡의 아리아 〈라 돈나 에 모빌레La donna è mobile〉는 '여자는 변덕스러워'라는 뜻입니다.한국에서는 〈여자의 마음〉이라는 제목으로 번안되어 유명하다.—옮긴이

mobile 이야기를 하자면 automobile자동차도 짚고 넘어가야겠죠. 여기서 auto는 '자동'이 아니라 '자기self'입니다. autoimmune disease는 자가면역질환, 즉 자신의 면역계가 자기 자신을 공격하여 생기는 질병이에요. autocracy는 권력자 '자신'에 의한 통치, 즉 전제정치입니다. 한편 휴대전화를 미국에서는 cell이라고 부르지만 영국에서는

mobile이라고 부릅니다. 참고로 미국 앨라배마주의 도시 모빌Mobile은 아메리카 원주민 부족의 이름에서 따온 것입니다.

그런데 vulgus가 항상 무질서한 군중을 뜻한 건 아니었습니다. 불가타Vulgate는 4세기에 완성된 성경의 라틴어 번역판입니다. 그때까지 고전 라틴어로 쓰여서 극소수의 교육받은 사람만 읽을 수 있던 성경을 '대중'이 읽을 수 있는 당시의 라틴어로 새롭게 작업한 것이죠.

이왕 mobile 이야기가 나온 김에 3장의 주제였던 이동transport으로 다시 넘어가 조금 더 살펴볼까요. 로마 사람들은 자기들이 쓰던 전치사 trans건너가 미래 세상을 얼마나 크게 바꿔놓았는지 상상도 못 했을 겁니다. 그렇지만 로마인들이 위성통신 기술을 모른다 해도 transmit송신하다과 responder수신기를 합쳐서 만든 혼성어 transponder응답기, 트랜스폰더가 무슨 뜻인지는 대강 이해할 거예요. 로마의 대로에 tramcar노면전차는 다니지 않았지만, tramcar라는 말을 들으면 trans+carrus(수레)라는 것을 눈치채고 '무슨 탈것 종류인가 보다' 하고 짐작할지도 몰라요.

하지만 trans로 시작하는 그 밖의 말을 들으면 '잉?' 하고 고개를 갸웃거릴 겁니다. transfer RNA운반 RNA? Trans-Planckian초플랑크 영역의? 아니 transgender트랜스젠더라니? 그리스인들은 잘해야 hermaphrodite자웅동체 정도까지 이해할 것 같습니다. 헤르메스와 아프로디테 사이에서 태어나 남녀 양성을 지닌 신, 헤르마프로디토스에서 온 말이니까요. 참고로 trans = '건너편'이라면, cis = '같은 편'입니다. cisgender시스젠더는 생물적 성별과 심리적 성별이 일치하는 사람이지요.

train열차은 '끌다'를 뜻하는 라틴어 trahere에서 왔습니다. 열차란 끌려가는 것이니까요. 열차뿐 아니라 신부의 '긴 드레스 자락'을 뜻하는 train도, '훈련하다'를 뜻하는 동사 train도, 모두 물건이나 사람을 끌고 가는 것이지요.

좋은 말 나쁜 말

As Good as Your Word

악담

Speak of the Devil

제가 원시인도유럽어PIE를 간간이 웃음거리로 삼았습니다만, 'evil사악한'이라는 단어는 심지어 PIE 이전부터 존재했습니다. 히타이트어로 huwapp라고 했는데요, 어떻게 huwapp에서 evil이 나왔나 싶지만 중간에 upelo와 ubel을 거쳐왔다고 하면 어느 정도 이해가 되실 겁니다.

사악함을 일컫는 단어로 또 enormity극악무도함가 있죠. 원래는 '규범norm을 벗어난'이라는 뜻이었습니다. enormous거대한도 마찬가지여서, 19세기 초나 되어서야 엄청나게 크다는 쪽으로 의미가 기울었습니다.

666이라고 하면 '짐승의 숫자'로 알려져 있고, 그 짐승은 적그리스도이자 사탄이라고 하죠. 「요한묵시록」에는 사탄이 사는 곳이 페르가몬Pergamum, 오늘날 튀르키예의 도시이라고 적혀 있습니다. 지옥이 너무 더울 때는 그곳으로 피서를 갔던 모양입니다. Pergamum이라면 parchment양피지가 기원한 도시라는 사실을 알아둘 만하죠.

pentagram오각별은 꼭지점 5개로 이루어진 별 모양을 뜻합니다

('다섯'을 뜻하는 pente-는 소리가 꽤 귀여운 PIE의 penkwe에서 왔습니다). 이 pentagram을 로고로 사용하는 종교 단체가 있는데, 바로 '사탄교회 Church of Satan'입니다. 학생들에게 pentagram 로고 착용을 금지한 학교도 있었는데요, 학생들에게 종교의 자유를 제약할 수 없다 하여 결국 금지 조치를 풀어야 했습니다.

사탄교회는 이름과 달리 사탄을 숭배하지 않습니다. 대신 '큰 마술과 작은 마술greater and lesser magic'이라는 의식을 수행하는데, 때로 여성의 몸을 제단으로 사용하기도 합니다. 의식에 참여하는 여성은 도발적인 의상을 입습니다. 의식은 정욕, 파괴, 연민이라는 세 가지 주제로 나뉘고, 각각 오르가슴 도달, 남에게 해코지하기, 눈물 흘리기라는 목표로 진행됩니다.

혹시라도 사탄에 홀린 기분이 들면, 이렇게 외치시면 됩니다. "Vade retro satanas. (사탄아 물러가라.)" 15세기부터 내려오는 유용한 구호입니다. 이렇게 사탄을 내쫓는 구호도 있지만, 교회에서 하는 Commination대참회예배이라는 것을 통해 사탄 추종자들에게 저주를 내리는 방법도 있습니다(Commination은 minatory위협적인, menace위협와 어원이 같습니다). 이를테면 이렇게 하면 됩니다. "이웃집 땅의 경계선을 옮기는 자에게 저주를. (Cursed is he that removeth his neighbor's landmark.)" 경계선 옮기기는 성경에서 간통이나 살육 못지않은 죄로 취급하죠. 참고로 neighbor이웃는 원래 '가까이 사는'이란 뜻이었습니다. 경계 표지를 옮겨서 자기 땅을 넓히는 건 물론 악한 행동이지만 적어도 자기 자신에게는 이롭다는 점에서 이해가 갑니다. 그런데 "소경을 엉뚱한 길로 이끄는 자(he that maketh the blind to go out of his way)"는 일부러 길을 잘못 가르쳐준다는 건데, 반사회적 인격장애 아닌가 싶네요.

Commination을 통해 죄인은 "불과 유황fire and brimstone"에 던져지고 "슬피 울며 이를 갈게 되리라(there shall be weeping and gnashing of teeth)"고 합니다(gnash갈다라는 단어는 수백 년째 오로지 teeth이를 갈 때만 쓰이고 있어서 다른 목적어를 취하는 예를 찾아볼 수 없습니다). 혹시라도 그런 예배에 참여하게 되면 그보다는 좀 더 너그럽고 감성적인 벌을 부탁해보면 어떨까요. 이를테면 이런 것 말이죠. "우슬초로 나를 정결하게 하소서, 이 몸이 깨끗해지리다. 나를 씻어주소서, 눈보다 더 희게 되리라. (Purge me with hyssop, and I shall be clean: wash me, and I shall be whiter than snow.)" brimstone유황이란 '불에 탄 돌'입니다. hyssop우슬초이라는 식물은 어원으로 볼 때 '작은 관목'이 틀림없고요.

접두사 'hex-'가 6을 뜻하긴 하지만 마녀가 내리는 hex저주는 6 또는 666이라는 숫자와 전혀 관계가 없습니다. 마녀의 hex는 hag마귀할멈와 관계가 있죠. 둘 다 고대 독일어의 hagzusa에서 기원했습니다.

그러고 보니 devil악마을 빼놓을 뻔했네요. devil's advocate, '악마의 변호인'이란 찬반 토론을 진행하기 위해 일부러 반대 입장을 취하는 사람이에요. 원래 devil's advocate은 교회에서 성인saint 추대 심사를 할 때 후보자가 성인으로 부적격이라고 주장하는 역할을 맡은 사람이었습니다. 그러려면 후보자가 일으켰다고 하는 '기적'이 가짜임을 밝혀야 했죠. 그런 사람을 어디 forensics응변술, 토론학 팀에 보내면 일을 참 잘했을 것 같습니다. forensics는 forum공공 장소, 법정에서 온 말입니다. '변론술'이란 뜻도 있고, '과학수사'란 뜻도 있죠.

센 말 Strong Language

2020년에 한 어머니 단체에서 햄버거 체인 버거킹Burger King의 광고 문구를 호되게 비판한 일이 있습니다. 문제의 광고 문구는 이거였어요. "Damn, that's good젠장, 맛있네" 제가 어릴 적에 damn젠장은 불경스러운 단어로서 점잖은 사람이 남들 앞에서 쓸 말이 아니었습니다 (다만 점잖은 사람도 damn을 '저주하다'의 뜻으로 쓰는 것은 거슬려 하지 않고요).

damn을 욕으로 외치고 싶을 때는 대안으로 darn된장이 있었습니다. 아니면 "dagnabbit젠장맞을"이나 "doggone it난장맞을"이란 것도 있었죠. 둘 다 "God damn it제기랄"의 자음을 뒤섞은 말장난인데요, 장난기 없이 그런 케케묵은 말을 하는 사람이 있다면 냉큼 자리를 피하는 게 좋습니다. 그런 식의 온건한 비속어라면 놀랐을 때 하는 말, "Jiminy Cricket아이고머니나"도 있네요. "Jesus Christ에구머니"의 완곡어입니다. 어원으로 보면 euphemism완곡어 = '좋게 말하기', blasphemy불경 = '나쁜 말'이 됩니다.

12°

믿음이 가는 말

Speak No Evil

종교는 참 묘합니다. 우리가 쓰는 말 중에는 의외로 종교에서 유래한 것이 많습니다. 특히 기독교는 우리 일상 속에 수두룩한 단어를 남겼죠.

영국에서 많이 쓰는 bloody란 말은 아마 'by Our Lady성모 마리아의 이름으로'를 뭉뚱그려 발음한 데서 연유한 것 같습니다. 예전보다는 덜 불쾌하게 여겨지지만 지금도 점잖은 할머니 입에선 듣기 어려운 말이지요. 설령 종교가 없는 할머니라 해도 그렇습니다.

cretin등신은 'Christian기독교인'을 뜻하는 스위스 지방의 프랑스어 단어가 변형된 것입니다. 산세가 험한 알프스산맥의 마을들은 지리적으로 고립되어 있어 근친혼을 많이 하는 편이었습니다. 18세기에 그곳 사람들은 선천성 장애를 안고 태어난 아이를 crestin이라고 불렀습니다. 하느님의 특별한 가호를 받는 사람이었으니까요.

silly어리석은의 어원은 영혼soul이라는 뜻의 독일어 Seele입니다. 그 말이 네덜란드쯤에서 sillich영혼 같은soul-like가 되어 영국으로 들어왔습니다. 어리석은 사람은 영혼밖에 가진 게 없습니다. 그러니 '영혼 같다'고 할 만하죠.

silich에 들어 있는 접미사 lich가 바로 영어에서 부사를 만드는 접미사 '-ly', 그리고 '-like'의 기원입니다. 여담이지만, 제가 만약 독재자라면 'like'를 접속사로 쓰지 못하게 금지할 겁니다. 대신 'as if'나 'as though'를 쓰게 할 거예요. 하지만 이런 주장을 하는 사람은 이제 영어권을 통틀어 저 혼자밖에 없을 겁니다.

soul은 일반적으로 '사람'을 가리키는 말이 되었죠. 'a ship with twenty-two souls aboard'는 '스물두 명이 탑승한 배'입니다. 그 배에서 SOS Save our souls, 조난 신호라거나 Mayday('도와주세요'를 뜻하는 프랑스어 메데m'aidez를 영어식으로 쓴 것)라는 신호를 보낸다면? 가엾은 스물두 명을 어서 구해줘야겠죠.

불운한 사건 이야기가 나왔으니 말인데요, 동물을 제물로 바치는 풍습은 옛날 토속 신앙의 전유물이 아닙니다. 라틴어 sanctus성스러운에서 이름이 유래한 산테리아Santería는 아프리카와 카리브제도에서 기원한 종교로, 동물을 희생하는 의식 때문에 미국에서 논란을 빚고 있습니다. sacrifice희생하다는 어원상 '성스럽게 만들다'라는 뜻입니다.

그런데 'sacreligious'는 religion종교과 어원적으로 전혀 관계가 없을 뿐더러, 올바른 철자도 아닙니다. sacrilegious신성모독적인가 올바른 철자인데 잘못 쓰는 사람이 많죠. 명사형은 sacrilege신성모독이고, sacrilege = '성스러운sacred'+'앗아가다take away'로 분석됩니다. 한편 religion의 어원은 '묶다'입니다. ligament인대도 뼈와 뼈를 묶어주는 역할을 해요.

신성모독이라면 성경에 나오는 유명한 일화가 있죠. 앞에서 잠깐 언급한 것처럼 오늘날에는 이름이 16리터짜리 와인병의 명칭으로 쓰이는 벨사살Belshazzar왕의 딱한 이야기입니다. 벨사살왕은 잔치를 열고는 성전에서 성스러운 술잔 몇 개를 훔쳐오라고 했습니다. 생각이 없어도 너무 없었죠.

벨사살왕이 거나하게 취해 있는데 웬 손가락이 허공에 나타나 벽에 낙서를 했습니다. 바로 '불길한 조짐', 즉 'writing on the wall'의 원조였죠. 벽에 쓰인 글자가 좋은 일을 예고하는 경우는 드뭅니다. 아니나 다를까, 벨사살왕의 눈앞에 나타난 글자도 좋은 소식이 아니었습니다. "MENE MENE TEKEL UPHARSIN"이라는 문구였는데, 당시 바빌로니아에서 쓰던 언어는 굉장히 함축적이고 효율적이었나 봅니다. 그 짧은 말에 이렇게 많은 정보가 들어 있었다고 하니까요. "네 나라는 금방 망할 것이다. 너를 저울에 달아보니 무게가 모자랐다. 네 나라를 갈라서 메대와 페르시아에게 주겠다."

벨사살의 딸 와스디는 유대교 성경 해설서에 따르면 바빌론의 공중 정원으로 유명한 느부갓네살Nebuchadnezzar(역시 와인병 사이즈의 명칭입니다)왕의 증손녀이기도 했습니다. 와스디는 아버지가 살해당한 후 곧 페르시아의 아하스에로스(크세르크세스)왕과 결혼했는데, 역시 파티광이던 아하스에로스는 어느 날 잔치 중에 와스디에게 손님들 앞에서 (나체로) 춤을 추라고 명했습니다.

와스디는 명에 따르지 않았습니다. 조신한 왕후여서 그랬을 법도 한데, 대신들은 왕후의 몸에 꼬리가 자라서 들킬까 봐 부끄러운 게 틀림없다고 했습니다. 그래서 아하스에로스가 와스디를 폐위하고 새로 맞은 왕후가 에스델입니다. 에스델은 하만의 음모를 저지하여 유대인들이 몰살될 참사를 막아냅니다. 하만은 주사위 비슷한 물체를 던져 점을 침으로써 유대인을 해치울 날을 정했는데요, 그날은 부림절Purim이라는 유대교의 축일이 되었습니다. 히브리어로 purim은 무언가를 던져서 치는 점을 뜻합니다.

여담으로, 벨사살Belshazzar의 그리스어 이름 발타자르Balthazar는 아기 예수를 찾아온 동방 박사 세 사람 중 한 사람의 이름이기도 합니다(다른 두 사람은 카스파르Caspar와 멜키오르Melchior입니다). 동방 박사와 관련하여, 유향frankincense과 같은 향incense을 태우는 도구는 censor검열관도 아니고 sensor감지기도 아닌 censer향로라고 합니다. 동음이의어, 참 쉽지 않지요.

악을 물리치는 이야기를 이어가볼까요. 14세기부터 교황을 경호하고 있는 교황 직속 비밀 부대가 있는데, 스위스 근위대Swiss Guards라고 합니다. 비밀 부대라고 하지만 사실 비밀과는 거리가 멀죠. 노란색과 파란색 줄무늬의 광대 옷을 입고 있거든요. 하지만 만만하게 보면 안 됩니다. 모든 근위병은 만일의 사태에 대비해 창 달린 전투 도끼와 글록 19 권총으로 무장하고 있습니다. 중립국인 스위스 사람들은 예로부터 유럽 이곳저곳에서 용병으로 일하곤 했습니다. 15세기부터 유럽의 왕들은 스위스 군대를 경호 인력으로 고용했지만, 현재 남아 있는 스위스 경호대는 교황의 근위대가 유일합니다.

종교와 무관하지만 역시 동화 속에서 나온 것 같은 차림새를 한 경비대라면, 금빛 장식이 요란하게 들어간 군청색 또는 붉은색 트렌치

코트를 입고 런던탑Tower of London을 지키는 비프이터Beefeaters가 있죠. 그 이름은 어디서 나온 거냐고요? 고기가 귀하던 시절, 런던탑 경비 대원들에게는 특전으로 왕궁에서 고기든 뭐든 양껏 먹을 수 있게 해주었다고 합니다.

종교에서 내세 이야기를 빼놓을 수 없죠. 내세에 도달하려면 아무래도 psychopomp영혼인도자(그리스어 psyche = 영혼, pompos = 인도자)의 도움을 받는 게 제일입니다. 가는 길에 뭉게구름 속을 오르건, 칠흑같이 검은 강여울을 건너건, 우리 영혼을 인도해주는 psychopomp가 있으면 안심이죠. 그리고 psychopomp도 여러 가지 유형이 있습니다.

헤르메스라면 앞에서도 이야기가 많이 나왔죠. 헤르메스가 맡은 임무 중 하나가 바로 영혼을 인도하는 것입니다. 스틱스Styx강의 뱃사공 카론이 헤르메스에게서 영혼을 인계받아 강 건너편으로 건네주는 역할을 합니다. Styx는 '증오'를 뜻합니다. 하긴 저승으로 들어가는 걸 누가 좋아하겠어요?

발키리Valkyrie는 북유럽신화의 주신 오딘을 받드는 여전사들로, 그 이름의 뜻은 '전사자를 고르는 자'입니다. 발키리의 인도를 받아 발할라 궁전으로 가려면 세 가지 조건이 있습니다. 1) 노르드 사람이어야 하고 2) 전투에서 싸우다가 죽었어야 하며 3) 오딘의 눈 밖에 나지 않아야 합니다.

쿠란에는 아즈라엘이라는 죽음의 천사가 등장합니다. 아즈라엘은 죽은 자의 몸에서 영혼을 분리해 바르자흐라는 중간 지대에 데려가고, 심판의 날이 올 때까지 그곳에 머물게 합니다. 악인의 영혼은 몸에서 잘 떨어지지 않는 것인지, 천사 여럿이서 망자의 얼굴과 등을 내리친다고 합니다. 그러면 아마 떨어져 나오나 봐요.

고대 이집트에서는 '새파리bird-fly'라고 하는 사마귀가 영혼을 지하 세계로 인도했습니다.

기독교에서 영혼의 보호자는 성 미카엘St. Michael입니다. 미카엘은 archangel대천사, 즉 '천사의 우두머리'로서 하느님의 직속 부하로 일하고 있는데요, 영혼을 내세로 인도해줄 뿐 아니라 '이스라엘의 수호자'로서 전쟁에도 능합니다. 천사 군단을 이끌고 사탄과 맞서 싸운 것도 미카엘이었습니다.

미카엘Michael이라는 이름은 '누가 하느님 같으랴?'라는 뜻입니다. 미카엘은 아브라함Abraham(여러 나라의 아버지)이 아들 이삭을 제물로 바치려던 찰나에 저지했던 천사이기도 합니다. 또 소돔Sodom(죄악의 도시이자 sodomy남색란 단어의 기원)과 고모라가 멸망하기 직전에 아브라함의 조카 롯Lot('베일'을 뜻하는데, 롯은 눈을 가리고 뒤를 돌아보지 않았죠)을 구해준 것도 미카엘이었습니다. 롯의 아내는 천사들의 경고를 잊고 마치 그리스신화의 오르페우스처럼 뒤를 돌아보다가 소금 기둥이 되었죠. 그런데 롯의 아내는 에디트Edith(히브리 이름으로 아도Ado)라는 이름이 버젓이 있는데도 항상 '롯의 아내'로만 불리니 좀 딱합니다.

소금 기둥pillar of salt 이야기가 나왔으니 말인데요, 스페인에서는 여자아이 세례명을 기둥이란 뜻의 필라르Pilar로 짓기도 합니다. 스페인 사라고사에서 성모 마리아가 '기둥' 위에 출현한 사건을 기리는 이름이에요. 아닌 게 아니라, 스페인의 여자 이름은 성모 마리아의 별명에서 유래한 것이 꽤 많습니다. 루르데스Lourdes 역시 성모가 나타났다고 하는 마을 이름입니다. 돌로레스Dolores는 '슬픔의 성모' 할 때의 '슬픔'입니다. 메르세데스Mercedes는 성모가 베푸는 미덕인 '자비mercy' 고요. 아순시온Asunción은 성모의 '승천Assumption', 콘셉시온Concepción은 성모의 원죄 없는 '잉태conception'를 가리키는 이름입니다. 남자 이름처럼 보이는 로사리오Rosario도 여자 이름인데요, '묵주의 성모' 할 때의 '묵주rosary'를 뜻합니다.

예전에는 성을 제외한 이름first name을 Christian name세례명이라고 했죠. 가톨릭 국가에서는 태어난 아기 이름을 성인saint의 이름으로 짓는 게 거의 철칙이었습니다. saint에 관한 여담 두 가지만 이야기할게요.

1. 혹시 저처럼 Latter-Day Saint후기 성도라는 게 도대체 무슨 뜻인지 늘 궁금하셨던 분 있나요? 정답: 초기 기독교 신자들은 스스로를 saint성도라고 불렀습니다. 그리고 latter-day후기는 초대 교회의 모습을 '회복'했다는 뜻에서 하는 말입니다. 세칭 '모르몬교'로도 불리는 후기 성도 교회의 창시자 조지프 스미스는 처음 모르몬경Book of Mormon을 세상에 공개하면서 Mormon의 뜻을 이렇게 설명했습니다. Mormon = more+mon(이집트어로 'good'). 즉, '더 많은 선'이지요.

2. '성인으로 확정하다', 즉 '시성하다'라는 뜻으로 쓰는 canonize는 더 일반적으로 '공식화하다'를 뜻하고, 그리스어 kanon규준에서 왔습니다.

비슷한 소리의 다른 단어 이야기를 잠깐만 하겠습니다.

canna는 갈대처럼 속이 빈 '대롱'을 뜻하는 라틴어입니다. 거기에서 파생된 말이 몇 가지 있습니다. a) 지소사 '-ul'이 붙어서 몸속에 삽입하는 튜브 캐뉼러cannula가 나왔습니다. b) 스페인어 cañon움푹 들어간 곳을 거쳐 canyon협곡이 나왔습니다. c) canon규준의 동음이의어 cannon대포도 거기서 나왔습니다. cannon은 그냥 '직경이 엄청 큰 대롱'(이탈리아어 cannone)입니다. 참고로 '직경'을 뜻하는 caliber의 어원은 '측정'이에요. 친척뻘인 단어로 calibration눈금 보정이 있죠. 거슬러 올라가면 그리스어의 kalapous가 있는데, 신발 만드는 데 쓰는 발 모형(구두 골)을 뜻했습니다.

곁가지로 딱 한 번만 더 빠지겠습니다. 그리스어 pous = '발'입니다. '부종, 부기'를 뜻하는 (o)edema의 앞부분을 떼어 거기에 pous를 붙이면 오이디푸스Oedipus가 됩니다. '부은 발'이죠. 아기일 때 외딴 산골의 말뚝에 발이 묶여 버려졌는데, 퉁퉁 부은 발 때문에 붙은 이름입니다. 운명을 바꾸려는 시도였지만, 아시다시피 다 부질없는 일이었어요. '외딴 산골'을 뜻하는 boondocks는 미국이 필리핀을 점령하던 시절에서 유래했습니다. 필리핀의 타갈로그어로 bundok산입니다.

종교에 관한 장을 마무리할 때가 됐네요. 신심을 가득 담아 "goodbye"라고 인사 드립니다. "God be with you하느님이 함께 하기를"가 뭉뚱그려진 말이라는 것 아시죠? 그런 작별 인사는 영어에만 있는 게 아니어서, 스페인어 adios, 프랑스어 adieu, 이탈리아어 addio는 '하느님께 (너를 맡긴다)'라는 뜻입니다. 하지만 어느 언어든 신에 기대지 않고도 작별 인사는 할 수 있습니다. 스페인어 hasta la vista, 프랑스어

au revoir, 이탈리아어 arrivederci, 독일어 auf Wiedersehen, 스웨덴어 vi ses…. 다 무슨 뜻이냐고요? "다시 볼 때까지."

13

애들 이야기

Baby Talk

child아이라는 말은 고대 영어의 '자궁'을 뜻하는 cildhama에서 왔습니다.

험한 말 Strictly Speaking

요즘 아이 키우는 부모들은 질병뿐 아니라 정신적으로 해로운 것들 때문에 걱정이 많습니다. 현대 문명은 해악으로 가득하니까요. 액션 영화만 해도 말이 좋아 '액션 영화'지 그 액션이라는 게 사실 유혈이 낭자한 폭력이잖아요. 그런 것을 많이 본다고 해서 아이가 잔혹한 범죄자로 자라진 않겠지만 아무래도 폭력에 더 둔감해질 수는 있겠죠.

여담으로, 이제는 영화 등급 심의 기준에 기존의 노출, 언어, 폭력, 흡연 외에 '참혹한 기상 재난meteorological brutality'도 추가해야 하지 않을까요.

kidnapping유괴(원래는 kid-nabbing, 즉 '아이 붙잡기') 걱정도 놓을 수 없습니다. 최근 수십 년간 pedophile소아성애자에 대한 인식이 확대되면서 우려도 커지고 있습니다. 숭고했던 옛 시절을 그리며 로마의 웅변가 키케로처럼 "O tempora o mores! (아 시류여, 아 세태여!)"라고 호소하고 싶을 정도입니다. 하지만 그리스의 pederasty소년성애(pede아이 +eros성애)를 본받을 수는 없겠지요. pederasty는 pedophilia가 일상화된 형태로, 성인 남자가 소년을 성관계의 대상으로 삼는 것이었습니다 (TMI 주의: 구강이나 항문이 아니라 허벅지 사이를 이용했음). 후에 유럽에서는 동성애를 '그리스식 사랑Greek love'이라고 불렀죠.

여기서 잠깐, 눈썰미 좋은 독자라면 'ped-'라는 어근이 좀 혼란스러울 수도 있습니다. "그거 '발'이란 뜻도 있지 않나? pedestal받침대이나 pedestrian보행자 같은 단어에도 들어 있잖아?" 네, 맞습니다. 그리스어로 '발'을 뜻하는 pous는 podi라는 형태를 취하기도 했지요. 이를테면 pseudopod위족僞足는 아메바에서 볼 수 있는 '가짜 다리'입니다. 아메바가 지구상에 출현하고 훨씬 뒤에야 비로소 '관절 있는 다리'를 가진 arthropod절지동물가 나타났죠. arthritis는 말 그대로 '관절염'입니다. 관절염이 있으면 podiatrist발 전문의에게 진료받는 것이 좋아요.

여기서 한 번만 더 잠깐, 시詩에서 foot이라고 하면 '음보'를 뜻합니다. 시의 운율을 이루는 기본 단위죠. 고대 그리스에서는 시를 항상 낭독했고, 듣는 사람은 운율에 맞춰 발을 굴렸거든요.

pederasty를 처음 도입한 그리스 도시들은 공교롭게도 운동 선수들이 벌거벗고 훈련했던 도시들이었습니다. 그런 훈련장을 김나시온gymnasion이라 했는데, gymno벌거벗은에서 파생된 말입니다. gymnasion은 그러다가 운동과 학문을 모두 가르치는 교육기관으로 발전했어요. 오늘날 서유럽과 중유럽에서 김나시움gymnasium이라고 하면 학업에 중점을 둔 중등교육 기관을 가리킵니다. 영어권에서

gymnasium은 물론 체육관을 뜻하게 되었죠.

아이들 안전을 염려하는 마음은 지당할뿐더러 꼭 필요합니다. 하지만 거기에도 적정선이라는 것은 있기 마련이죠.

일부 대학에서는 다 큰 아이들을 걱정하여 'trigger warning유발 요인 경고'이라는 것을 제공합니다. 앞으로 들을 강의 내용이 post-traumatic stress외상 후 스트레스를 유발할 수 있는 경우 경고해주는 것이죠(trigger의 어원을 한참 거슬러 올라가면 달구지 같은 것을 '끌다'를 뜻하는 네덜란드어 Trek가 있습니다). 트라우마trauma와 trigger유발 요인로 말하자면, '강의 계획서'는 적잖은 학생들이 어릴 때부터 접해온 영화 속 폭력에 비교했을 때 상당히 온건하지 않나 싶습니다.

'o tempora o mores'식 노스탤지어의 사례 하나를 제 경험에서 말씀드리겠습니다. 독자 여러분도 의견이 갈리리라 생각하지만요. 그때가 1970년대였는데, 한 교육 전문가가 옛날 교육 방식을 폄하하면서 이렇게 말하더군요. "예전에는 교육의 역할이 아이들에게 지식을 주입하는 것이라고 생각했죠. 이제는 다릅니다. 우리가 할 일은 사실을 일러주는 게 아니라 학습 능력을 길러주어 아이가 가진 '도구함'을 채워주는 겁니다." 도구 어쩌고 하는 비유는 다 내다 버려야 합니다. 허공에서 뚝 떨어지는 것은 없습니다. 도구만 가지고 무엇을 하겠습니까. 재목감이 있어야 도구로 다듬어서 쓸 만한 물건을 만들 테니까요.

오히려 유치원kindergarten에서 진짜 알맹이 있는 내용을 가르치는 경우가 많습니다. 숫자, 글자, 자연과학 같은 것 말이죠.

Kindergarten = 독일어로 '아이들의 동산children's garden'입니다.

어떤 동화는 너무 무섭다는 이유로 부모들이 아이들에게 못 읽게 하기도 합니다. 그런데 이야기란 게 뭔가요. 현실이 아니라는 것을 뻔히 알기에 짜릿해하며 읽는 것 아닌가요. 콩나무에 흉악한 거인들이 우글거리고, 다리 밑에 괴물이 어슬렁거리고, 엄지소년 톰이 수프 그릇 속에서 허우적거리고, 엄지공주가 두꺼비에게 잡혀가고 하는 이야기가 다 그렇지 않나요. 전처들을 살해해 옷장에 걸어놓은 푸른 수염Bluebeard 이야기를 읽으면 소름이 끼칠지는 몰라도, 아이들이 그런 이야기를 정말 사실로 믿을까요?

그런 의미에서 동화 이야기를 한 문단만 하려고 하는데 괜찮겠죠. 우선, 워낙 옛날에 나온 탓에 기억에서 지워졌지만 생생한 삽화가 담긴 그림책 '스트루브벨터Struwwelpeter'를 아시나요? 영어로 하면 'straw-headed Peter더벅머리 페터'지요. 페터는 머리를 워낙 빗지 않아 곤경에 처합니다. 그 밖에도 등장하는 아이들이 다 무언가 잘못을 해서 섬뜩한 벌을 받는데, 읽다 보면 꼬마 윌리Little Willie(William = '의지의 투구')를 주인공으로 한 오싹한 동시 모음이 떠오릅니다. 윌리에게 닥친 잔혹한 운명 두 가지만 소개할게요.

Little Willie took a mirror,

Licked the mercury right off,

Thinking in his childish folly,

It would cure the whooping cough.

꼬마 윌리가 거울을 들고

수은을 핥아 먹었네.

아이다운 어리석은 생각에

그러면 백일기침이 나을 줄 알고.

Little Willie now is standing

On the golden shore,

For what he thought was H_2O

Was H_2SO_4.

꼬마 윌리가 이제

황금 해변에 서 있네

물인 줄 알고 마신 게

황산이었다지.

여기서 mirror거울에 대해 잠깐 알아보면, 라틴어 admirari감탄하다, 존경하다에서 온 말입니다. 친척뻘인 단어로 miracle기적과 미란다Miranda라는 이름('존경받을 만한 자')이 있습니다. 한편 미란다 권리Miranda rights는 1963년 범죄 용의자로 체포된 에르네스토 미란다Ernesto Miranda가 법적 권리를 고지받지 않아 무죄라고 선고한 판결에서 유래했습니다.

아동에 관한 장을 마무리하면서 조금 색다른 경우를 살펴볼까요. pedophobia소아공포증는 '아기와 어린이를 극도로 두려워하는 심리 상태'를 가리킵니다. 이 공포증의 특별한 경우로 유독 청소년을 두려워하는 ephebiphobia청소년공포증가 있는데, 지극히 정상적인 상태 아닌가 싶습니다.

한편 pedophobia와 pediophobia인형공포증를 혼동하면 안 되겠지요. 건강 정보 사이트 헬스라인Healthline에 따르면, pediophobia가 있는 사람은 "인형을 보거나 생각하면 극도로 불안해져 공포로 얼어붙기도 한다"고 합니다. 인형이란 원래 무서울 때가 많죠. 그렇지만 "일상생활에 지장이 있을 정도"면 전문가의 도움을 받아 "노출 치료나 체계적 둔감화"를 시도해보라고 합니다. pediophobia 치료에 제격인 곳으로 괴기스러운 각종 인형을 소장하고 있는 옴스테드 카운티 역사 박물관History Center of Olmsted County을 추천합니다.

14

주문을 외워보자

What's the Magic Word?

말이야 쉽지만 Talk Is Cheap

앞의 어느 장 첫머리에서 소개했던 집시 중에는 점쟁이가 많다고 알려져 있죠. 점술이라면 어휘가 참 풍부한 분야입니다. 또 몇 가지 특이한 점술 이야기로 이 장을 시작해보겠습니다.

점술 가운데는 그 목표가 구체적인 것도 있습니다. 이를테면 다우징dowsing이 그렇거든요. 탐지봉이라고 하는 Y자 모양 막대기를 들고 돌아다니면서 땅속의 무언가를 찾는 일입니다. 보통은 수맥을 찾지만 석유나 광맥을 찾기도 하지요.

호구는 어디에나 있기 마련입니다. 다 사기라고 일축하실 수도 있겠지만, 한번 영국다우저협회British Society of Dowsers에서 간행하는 전문지《다우징 투데이Dowsing Today》를 구독하면서 생각해보시면 어떨까요. 상품 소개란에는 다양한 사이즈의 구리 및 강철 재질 탐지봉이 망라되어 있고, 심지어 사람의 몸에서 내뿜는 신비한 기운, 아우라aura를 측정하는 '아우라미터Aurameter'까지 완비되어 있습니다. 제가 너무 놀려댔나요? 그래도 다우저dowser들은 바람직한 행동을 규정한 윤리 강령을 따르고 있습니다. 다른 직종에서는 그런 것을 찾아보기 어려운 경우도 많죠. 무엇보다 dowsing은 dousing과 전혀 다르니 헷갈리지 않도록 유의해야겠습니다. dousing도 물과 관련이 있긴 한데, '물 끼얹기'라는 뜻이죠. 철자가 무척 헷갈리는 동음이의어라면 auger(구멍 뚫는 데 쓰는 나사송곳)와 augur전조가 되다도 있습니다.

아우구르augur는 로마의 신관이자 점술가였습니다. 어원은 avis새+garrire이야기하다입니다. 아우스펙스auspex라고도 불렸는데, 그 어원은 avis+specere관찰하다고요. 아우구르는 새가 날아가는 모습을 보고 길흉을 점치는 일을 했습니다. 그때는 점이라고 하면 대다수가 이런 auspice, 즉 '새를 이용한 점'이었습니다. 그러다가 세월이 흐르면서 '짐승 창자 해독가' 하루스펙스haruspex가 득세했죠(haru의 어원은 '창자'를 뜻하는 PIE의 ghere로 거슬러 올라가야 합니다).

앞에서 언급했지만 gelomancy는 웃음을 이용해 치는 점입니다. '온라인 웃음 대학교'라는 곳이 있던데 그곳 졸업생은 이 길로 가봐도 좋을 듯하네요.

그런데 오늘날은 미래를 예측하는 기술이 그 밖에도 정말 수없이 많습니다. 그중엔 아주 고도의 기술을 이용한 방법도 있죠. 하지만 고전 시대의 점술이라고 해서 첨단 과학과 무관했던 건 아닙니다. 두 가지 예를 들어볼까요.

1. 시빌레Sibyl는 고대 그리스의 추앙받던 신녀神女였습니다. 나폴리 부근의 쿠마에에 살면서 인간의 운명에 대한 예언을 참나무 잎

에 적어놓았다고 합니다. 그런데 바람이 불어 잎들이 흩어지면, 점을 들으러 간 사람은 퍼즐 맞추듯 잎을 이리저리 맞추면서 그 난해한 메시지를 추론하는 수밖에 없었습니다.

2. 고대 그리스의 델포이에도 아폴론과 접신하는 여사제가 있었습니다. 다리가 세 개 달린 삼발이 의자에 앉아 무아지경에 빠져들면서 난해한 소리를 뱉어냈는데, 그것을 아폴론의 신탁으로 여겼습니다. 다른 신관이 그 말을 해석해서 사람들에게 전했는데, 그냥 느낌 가는 대로 해석했다고 보면 될 것 같습니다.

이 여사제가 무아지경ecstasy에 빠져든 원인에 대해서는 몇 가지 설이 있습니다(ecstasy의 어원상 뜻은 '자신의 바깥에 서기'). 한 가지 설은 화산 활동으로 갈라진 땅 틈에서 에틸렌 가스가 흘러나왔다는 겁니다. 아니면 간질 비슷한 발작을 유발하는 협죽도oleander라고 하는 독성 식물의 잎을 씹었거나 그 연기를 마셨다고도 합니다. oleander는 올리브나무olea와 생김새가 살짝 닮았다고 해서 붙은 이름입니다.

이렇게 알 수 없는 소리를 늘어놓았던 고대의 여사제가 있었는가 하면, 소리로 앞날을 점치는 '올롤리그맨시ololygmancy'라는 것도 있었습니다. 구체적으로 개의 울음 소리를 이용했는데요, oloygmancy라는 이름은 그 소리를 흉내 낸 의성어에서 유래했습니다. 도시가 발달하기 전, 동물과 늘 마주쳤던 옛날 사람들 눈에 동물은 당연히 앞날을 암시하는 존재였거든요. 해석 방법이 문제이긴 합니다만.

혹시 삶은 당나귀 머리 있으세요? 그러면 집에서 간편하게 점을 칠 수 있습니다. '세펄로노맨시cephalonomancy'라고 하는 점입니다. 동물로 치는 점이라면 그 밖에도 이용할 수 있는 게 많습니다. 거북이 배딱지가 갈라진 모양을 보며 치는 점을 '플래스트로맨시plastromancy'라고 합니다. 딱정벌레가 지나간 길을 보며 치는 점은 '스캐새로맨시skatharomancy'입니다. 동물의 똥으로 치는 점을 '스퍼틸로맨시spatilomancy'라고 하는데요, 세부 전공으로 '스터커맨시stercomancy'가 있습니다. 새똥 속의 씨를 보고 치는 점입니다(초콜릿 이야기를 할 때 언급했던 대변의 신, 스테르쿨리우스Sterculius 기억나시나요?). 설치류의 행동을 보고 치는 점 '마이어맨시myomancy'도 빼놓을 수 없겠죠. 오늘날 아무래도 더 편리하게 칠 수 있는 점으로는 '어팬터맨시apantomancy'가 있습니다. 동물과의 우연한 조우를 이용해 치는 점입니다.

하긴 굳이 동물을 찾을 필요도 없습니다. 사람으로 치는 점이 더 간편하니까요.

가려운 곳을 가지고 치는 점, '어티캐리어맨시urticaraomancy'는 어떨까요. 핏방울을 떨어뜨려 치는 점 '드리리맨시dririmancy'도 있습니다. '스타이러맨시styramancy'도 언제 어디서나 칠 수 있습니다. 씹은 껌의 모양을 보고 치는 점입니다(styrax는 천연수지의 원료가 되는 식물입니다). 같은 어원에서 온 제품명이 스티로폼styrofoam으로, '스티렌 단량체를 중합하여 만드는 합성 방향족 탄화수소 고분자'입니다. 거의 영원히 썩지 않는다는 무시무시한 특징이 있죠.

안타까운 점이라면 아무리 껌을 씹어서 들여다본들, 아니 위의 '-mancy' 중 무엇을 하더라도, 비전문가의 눈으로는 아무것도 알 수 없다는 겁니다. 해석해줄 전문가가 없으면 소용없습니다. 쉽게 돈 버는 일의 냄새가 풍기는데 한번 알아볼 만한 것 같네요.

여러분도 점술가가 되어보면 어떨까요? 점술업은 차리는 데 비용도 들지 않고, 자격도 면허도 교육도 필요 없으니까요. 일단 간단한 '레트로맨시retromancy'부터 시작하세요. 자기 어깨 너머를 보고 앞날을 점치는 방법입니다. 저는 만약 점쟁이가 된다면 앞서 말씀드린 것처럼 진주로 점치는 마거리토맨시margaritomancy를 할 생각입니다만, 가끔은 '오타typo'를 통해 앞날을 읽는 방법을 궁리해본 적도 있습니다. 여러분도 가끔 오타를 낸다면 한번 도전해보시길 권해요.

15

마지막 한마디

The Last Word

아이는 죽음에 대해 생각할 일이 거의 없죠. 도무지 남의 일처럼 생각되기 마련입니다. 하지만 어른은 이따금씩 죽음을 상기시키는 사물, 메멘토 모리memento mori(직역하면 '죽음을 기억하라')를 마주치기 마련입니다(우리가 언젠가 죽는다는 사실은 잊고 살기 너무 쉽죠. 그러니 다이어리나 수첩에 꼭 적어둡시다. 'momento'라고 잘못 적지 않도록 주의하시고요).

죽음에 관한 짧은 장을 준비했는데요, 어원 이야기는 별로 하지 않고 불경스러운 이야기를 많이 할 예정입니다. 참고로 chapter장章는 앞에서 알아본 chef요리사와 마찬가지로 '머리'를 뜻하는 라틴어 caput 또는 capitis에서 왔습니다. 같은 어원에서 온 단어로 머리에 쓰는 cap모자, '첫머리부터 다시 연주하라'는 뜻의 음악 용어 다 카포da capo, 참수형을 비롯한 '극형'을 뜻하는 capital punishment 등이 있습니다. 철자가 헷갈리기 쉬운 capital수도과 Capitol국회의사당도 어원이 같습니다.

안타깝게도 정치계나 문화계의 거물들은 불명예스러운 죽음을 맞는 경우가 많습니다. 훈족의 왕 아틸라는 453년 코피가 나서 죽었습니다. 아틸라와 '신의 채찍Scourge of God' 칭호를 놓고 경쟁한 몽골 제국의 후예 티무르는 코감기에 걸려 죽었습니다. 굳이 소문을 퍼뜨릴 생각은 없습니다만, 엘비스 프레슬리는 약물 부작용으로 인한 변비로 죽었다는 설이 있습니다. 아시리아의 왕 산혜립은 거대한 황소 조각상에 깔려 죽었습니다.

동물 이야기는 이다음 두 장에 걸쳐 다루려고 하지만, 여기선 반려동물의 죽음에 대해 알아볼까요.

수많은 사람이 동물의 죽음으로 아픔을 겪습니다. 무지개를 상징물로 쓰는 국제 단체가 두 개 있는데, 하나는 잘 아시는 것처럼 성소수자를 대변하는 LGBTQ 운동이에요. 그런데 반려동물을 하늘나라로 보낸 반려인들을 위한 '무지개다리 공조회Rainbow Bridge Support Community'라는 단체가 있다는 것 아셨나요? "털 동물, 깃털 동물, 비늘 동물 할 것 없이 모두 환영"이라고 합니다.

이 단체의 '무지개 추모 공간Rainbow Residency Memorial'이라는 서비스에 가입하면 가상 공간에 묘지를 만들어 장난감과 꽃을 놓아주고 추모 문구와 사진, 음악 등을 곁들일 수 있습니다. 미국 동부 표준시로 매주 월요일 오후 9시에는 '촛불 추도식'을 열고 무지개다리를 건넌 반려동물들을 추모하는 시간을 갖는다고 합니다. 이 단체는 동물용 수의, 맞춤제작 추모 촛대 같은 상품 등을 판매하면서 수익금 일부를 동물 보호소에 기부한다고 하네요.

제가 빈정거리듯 이야기한 것 같지만, 저도 반려동물 여럿을 하늘나라로 떠나보낸 경험이 있고, 무척 가슴이 아팠습니다.

동물의 죽음을 기독교의 관점에서 이야기해보면, 동물의 수호성인 아시시의 성 프란치스코St. Francis of Assisi에게서 이름을 따온 프란치스코 교황Pope Francis은 동물의 내세를 믿는다고 합니다. 방금 무지개다리 이야기를 했는데, 우연인지 몰라도 pontiff교황의 어원은 pontifex, '다리 짓는 사람'입니다. 복음서에 따르면 참새 한 마리도 하느님이 허락하지 않으면 땅에 떨어지지 않는다고 하죠(참고로 Gospel 복음서은 독일어 gut-spiel이 영어에 들어와 변형된 것으로, 그 뜻은 '좋은 이야기'였습니다. 현대 독일어에서 Spiel = '놀이'이지만, 이디시어에서 '긴 낭송'을 뜻하는 spiel은 고지 독일어 spellon, '이야기하다'에서 유래했을 가능성이 있습니다. Spiel은 예전에 '이야기'라는 뜻이 있었던 영어의 spell과 친척뻘입니다). 새와 교황 이야기가 나온 김에, 칠면조 고기에서 pope's nose, 직역하자면 '교황의 코'라는 부위는 칠면조 엉덩이 부위를 가리킵니다. 전문용어로는 pygostyle미좌골尾坐骨이라고 해요. 관련하여 steatopygia는 '살찐 엉덩이'를 이르는 전문용어입니다.

potter's field, 즉 '옹기장이의 밭'은 가난한 이들의 묘지를 뜻하는 말입니다. 진흙 땅은 옹기 만들기엔 좋지만 농사는 지을 수 없었기에 묘지로 활용됐거든요. 그 표현은 이스카리옷 유다에게서 비롯됐습니다. 유다는 예수를 넘기는 대가로 은전 서른 닢을 받았는데, 나중에 뉘우치면서 핏값을 도로 내놓았고, 대사제들은 그 돈으로 옹기장이의 밭을 사서 예수의 묘지로 사용했습니다.

장사 지내는 일을 맡은 사람을 17세기부터는 funeral-undertaker라고 불렀습니다. undertaker라고 하면 그냥 무엇이든 '맡아서 하는 사람'이었는데, 그 말이 점차 '장의사'라는 뜻으로 바뀌어갔습니다. 관련하여 이런 옛 속담도 있어요. "It's not the cough that carries you off; it's the coffin they carry you off in.(기침으로 죽는 게 아니라 관으로 실려 간다.)"

interment매장라는 단어가 있지요. 그런데 무덤에 잠시만 머무르기를 바라는 마음인지 internment억류라고 잘못 말하는 사람도 있습니다.

취향의 문제겠지만, 사실 저는 고상한 완곡어 pass on세상을 떠나다 이 별로 마음에 들지 않습니다. pass떠나다라고만 하는 것은 더욱 별로고요. 물론 제 개인적 생각입니다. 반대로 '죽다'를 속되게 이르는 표현 kick the bucket은 스스로 목을 맬 때 양동이를 딛고 선 다음 발로 차는 것에서 유래했다고 보기도 합니다. 한층 더 섬뜩한 표현으로는 take a dirt nap이 있네요. '흙에서 낮잠 자다'라는 말이니 결국 '땅에 묻히다'라는 뜻입니다.

동물의 세계

Talk the Hind Leg
off a Donkey

16

고양이 소리

Cat Got Your Tongue?

우리는 반려동물을 사랑하죠. 그런데 관용구 속에서는 그렇지 않습니다. 특히 고양이는 온갖 박해를 당합니다. 앞에 나왔던 무지개다리 회원을 만나면 하지 말아야 할 말인데, 복권 당첨은 '지옥의 밀랍 고양이만큼_{as a wax cat in hell}' 가망이 희박하다고들 하죠. 그뿐만이 아닙니다. 직역하자면 '뜨거운 양철 지붕 위의 고양이'인 a cat on a hot tin roof는 안절부절못하는 사람이라는 뜻인데, 얼마나 불쌍합니까. '고양이 발' 즉, cat's paw앞잡이라고 하면 남의 부담스러운 일을 대신 떠맡아 처리하는 호구를 가리킵니다. 심지어 일하는 방법은 많다고 말할 때 '고양이 가죽 벗기는 방법은 하나가 아니다there's more than one way to skin a cat'라고도 하죠. 이 지경이니 고양이들이 벌벌 떠는 것도 당연합니다. 그래서 아이들이 서로를 겁쟁이라고 놀릴 때 '겁먹은 고양이 scaredy-cat, fraidy-cat'라고 하잖아요.

고양이는 게다가 굉장히 밉살스러운 존재인가 봅니다. 고양이가 무책임하게 집을 비우면 어떻게 되나요? 집이 온통 쥐들 천국이 되겠죠(when the cat's away, the mice will play호랑이 없는 골에 토끼가 왕 노릇 한다). 고양이는 발을 소심하게 내딛습니다(pussyfoot around몸을 사리다). 카나리아를 잡아먹고 씩 웃기도 해요(like the cat that ate the canary은밀히 흡족해하는). 심지어 우리 혀를 훔쳐갑니다(cat got your tongue꿀 먹은 벙어리가 되다). 자루에서 빠져나가지 않게 잘 감시해야 할 비밀덩어리이기도 해요(let the cat out of the bag비밀을 누설하다). 톰이라는 별명을 달고 골목에서 난봉꾼 노릇을 하죠(tomcat여자 꽁무니를 쫓아다니다). 호기심에 이곳저곳 들추다가 죽음을 맞이하고요(curiosity killed the cat너무 알려고 들면 다친다). 게다가 얄밉게 굽니다(catty심술궂은).

그런가 하면 또 굉장히 으스스한 게 고양이입니다. 술수에 능해서 나무 위에 올라가 입만 둥둥 띄운 채 씩 웃는가 하면(『이상한 나라의 앨리스』에 나오는 체셔 고양이Cheshire Cat) 상자 속에 갇혀 양자론의 역설을 일으키기도 하죠(Schrödinger's cat슈뢰딩거의 고양이).

그런데 고양이가 옷은 진짜 잘 입습니다. 고양이가 입고 자는 파자마, cat's pajamas는 '최고로 근사한 물건'을 뜻해요. 그리고 새끼 고양이는 좋은 역할을 도맡습니다. '헬로키티Hello Kitty'는 소녀들의 취향을 겨냥해 대박을 쳤잖아요. 어른들이 신는 뾰족구두가 너무 높다고 느끼는 소녀들을 위해 굽이 낮게 나온 '새끼 고양이 힐kitten heel'이 있습니다. 그런가 하면 성적 매력을 발산하는 sex kitten귀여운 요부이 있죠. 음흉하면서 천진한, 이름 자체가 모순인 존재예요.

이 정도면 고양이 이야기는 충분히 한 것 같네요.

17

개 짖는 소리

Tongues Wag

그럼 사람의 가장 친한 친구, 개에 관해 알아볼까요.

'개의'라는 뜻의 형용사 canine과 '냉소주의자' cynic은 어원이 같습니다. 둘 다 라틴어 cynicus에서 왔고, 더 거슬러 올라가면 그리스어 kunikos가 있는데, 일상에서 '개와 같은', '성질이 사나운'의 뜻으로 쓰던 말이었습니다. 우리가 cynic이라고 하면 보통 남의 의도를 나쁘게 보는 사람을 칭하잖아요. 고대 그리스에서는 키니코스 학파, 즉 견유학파에 속한 사람을 뜻했습니다. 견유학자Cynic들은 인간이 typhus 즉, 연기smoke에서 자유로워져야 한다고 믿었는데요, 여기서 typhus 란 '무지몽매함으로 인한 안개'를 가리켰습니다. 견유학파Cynicism는 자연스럽고 단순한 삶을 추구하는 사상이었죠.

canine은 우리 입 안의 송곳니eye tooth를 뜻하기도 해요. 눈eye 바로 밑에 있는 이입니다. '송곳니도 내주겠다(someone would give their eye teeth for something)'는 말은 목표를 위해서라면 무척 소중한 것도 잃을 각오가 되어 있다는 뜻이에요. 옷감 무늬 중에 houndstooth라는 것이 있습니다. 격자무늬의 일종인데 흑백의 패턴이 이빨 모양으로 맞물렸다 하여 말 그대로 '사냥개 이빨'이라는 이름이 붙었습니다.

dog개가 동사로 쓰일 경우 '끈질기게 쫓아 다니다'는 뜻이 되고요, 독일어의 hund개가 어원인 동사 hound는 '집요하게 쫓아 다니다'라는 뜻입니다. 미국 개척자들은 변변한 가죽을 구하기 어렵던 시절에 부를 과시하기 위해 개 가죽으로 장갑이나 구두를 만들어 착용했는데, 여기서 put on the dog한껏 있는 척하다라는 표현이 유래했습니다. hair of the dog는 '해장술'입니다. 미친 개의 털로 광견병을 치료하던 민간요법에서 유래한 표현이죠. 해장술도 '이열치열'의 정신이니까요. 한편 영국 치하의 인도에 갓 파견된 흰 피부의 영국 장교는 강한 햇볕의 위력을 알 턱이 없었겠죠. 그래서 '한낮 땡볕에 나돌아다니는 건 미친개 아니면 영국인(Mad dogs and Englishmen go out in the noonday sun)'이라는 말이 나왔습니다.

미친 개 이야기를 한 김에, 광견병을 뜻하는 rabies는 같은 철자의 라틴어를 그대로 들여온 것이고, 그 뜻은 '광분rage'이었습니다. 그리고 더운 날씨 이야기가 나온 김에, 여름 더위가 기승을 부리는 dog days삼복더위 시기는 '개의 별' 시리우스Sirius가 태양과 함께 떠오르는 시기입니다. 한편 북극에서 three-dog-night이라고 하면 '개 세 마리는 끌어안고 자야 버틸 수 있는 추운 밤'입니다. Arctic북극은 철자를 틀리기 쉽죠. 큰곰자리와 작은곰자리 밑에 있다 하여 붙은 이름입니다. 그리스어 arktos가 '곰'입니다.

이왕 곰이 나왔으니 몇 문단만 곰 이야기를 할게요. 버나드Bernard라는 이름은 Bernhard, '곰처럼 튼튼한'에서 왔습니다. 그렇지만 곰이

'하락장bear market'을 의미하는 금융가 그리고 곰 세 마리가 사는 동화 속 오두막집을 제외하면, 곰은 어디서나 푸대접입니다. 프랑스에서는 막돼먹은 사람을 ours mal léché, '제대로 핥아주지 않은 곰'이라고 부릅니다. 무언가를 핥는 곰의 이미지는 고대 로마에서 기원한 것으로 추측되는데요, 중세 시대까지도 새끼 곰은 특별한 형태가 없는 덩어리로 태어나서 어미 곰이 핥아주어야만 곰의 형태를 갖추게 된다고 믿었습니다.

역시 또 여담의 여담으로, '김칫국부터 마신다'는 말을 영어로는 '알도 까기 전에 병아리 수부터 센다(count your chickens before they are hatched)'고 하죠. 이 이야기를 꺼낸 이유는 같은 뜻의 속담으로 덴마크, 네덜란드, 폴란드에서는 '곰 잡기 전에 가죽부터 판다(sell the fur before the bear is shot)'고 하기 때문입니다. 독일에서는 너구리를 '씻는 곰Waschbär'이라고 부릅니다. 스웨덴에서도 똑같이 부르고요 (tvättbjorn). 영어의 raccoon너구리은 북미 알곤킨족 말의 arahkunem에서 왔는데요, '양손으로 긁는 자'라는 뜻입니다.

봉제 곰 인형의 대표 주자 테디베어teddy bear는 시어도어 루스벨트 Theodore Roosevelt 덕분에 탄생했습니다. 1902년 루스벨트가 사냥을 나갔는데 동료들이 곰 한 마리를 때려잡았습니다. 동료들은 곰 사냥의 공로를 루스벨트에게 주기 위해 죽어가는 곰을 총으로 쏘라고 종용했습니다. 루스벨트는 처음엔 완강히 거절했지만 고통스러워하는 곰의 모습을 보고 결국 고통을 끝내주기 위해 방아쇠를 당겼다고 합니다. 이 일화를 접한 어느 업자가 시어도어의 별명 테디Teddy를 붙여 곰 인형을 팔기 시작했지요.

참고로, 섹시한 여성 속옷 teddy테디는 루스벨트와 관련이 없습니다. 1950~1960년대 영국에서는 에드워드 시대Edwardian period의 복식에 착안한 테디 보이Teddy boy 스타일이 유행했는데, 그 이름은 에드워드왕의 애칭 테디Teddy에서 따온 것입니다. Teddy boy는 멋쟁이 수트 차림에 앞머리를 기름으로 굳힌 패션을 뽐냈습니다. 앞서 1940년대 미국에서 유행했던 주트 수트zoot suit라는 것은 한층 더 우스꽝스러웠는데, 한번 보면 무슨 말인지 이해하실 겁니다. 다리는 헐렁하고 발목은 조인 패션이에요. zoot는 suit가 변형된 말입니다.

이 정도면 곰에 대한 여담도 충분히 한 것 같네요. 다시 개로 돌아가서, 프랑스 개 이야기를 해볼까요.

푸들poodle은 원래 독일의 Pudelhund였습니다. '웅덩이 사냥개 puddle-hound', 즉 물새를 잡아오는 사냥개였어요(반대로 테리어terrier의 기원인 프랑스의 chien terrier는 말 그대로 '땅 개', 즉 땅굴 속에서 사냥감을 잡아오는 개였습니다). 푸들은 프랑스의 국견입니다만, 프랑스에서 독일어 계통의 이름을 쏠까요? 그럴 리가 없죠. 프랑스에서는 푸들을 '오리 canard 사냥개'라는 뜻에서 caniche라고 부릅니다. 아닌 게 아니라, 두 나라 간에는 이 문제를 놓고 논쟁이 그치지 않는데요, 프랑스에서는 푸들의 원조가 자국의 바르베barbet라고 주장합니다. 수수하고 투박한 외모의 희귀 품종인데요, 수염barbe이 많이 나서 그런 이름이 붙었습니다.

프랑스에서는 순종 개의 이름을 지을 때 특이한 관행을 따르게 되어 있습니다. 키우는 개를 '프랑스 혈통 등록부Livre des origines françaises'

에 공식적으로 올리려면 개의 이름을 출생 년도에 해당하는 문자에 맞게 지어야 합니다. 가령 B의 해에 태어난 개는 이름이 B로 시작해야 합니다. 2020년은 R의 해였습니다.

개에 관한 관용어 중 가장 재미있는 것은 poodle-faking, 즉 '푸들 흉내 내기'입니다. poodle-faker란 남성적인 스포츠나 활동에 참여하기보다 여자들과 시간 보내기를 좋아하는 남자를 가리킵니다. 그렇다고 꼭 여자에게 추근거린다는 것도 아니고, 동성애자라는 것도 아닙니다. 굳이 말하자면 아첨꾼에 가깝습니다.

개의 품종은 지역 이름을 딴 것들이 있는데요, 이를테면 스페인이 원산지인 스패니얼Spaniel 등입니다. 독일어권 사람들은 개 품종 개량에 아주 열심이었어요. 로트바일러Rottweiler는 원래 독일에서 Rottweiler Metzgerhund라고 했는데, '로트바일 푸줏간 개'라는 뜻입니다. 독일 로트바일Rottweil이 원산지로, 도축한 고기를 시장에 싣고 가는 일을 했다고 하여 붙은 이름이죠. 사냥을 비롯한 주특기에서 따온 이름도 많습니다. 슈나우저Schnauzer = 'snouter코로 들쑤시면서 찾는 자'입니다(이디시어에서 유래한 schnoz라는 단어도 있지요). 닥스훈트Dachshund는 앞에서 설명한 것처럼 '오소리 개'입니다. 시추Shih Tzu는 '사자 개'입니다. 獅子狗사자구(스쯔거우)의 앞 두 음절이 영어권에서 부르는 이름이 됐습니다. 용맹스럽게 사자를 사냥해서는 아니고, 사자의 갈기를 닮은 털 때문에 붙은 이름이에요. 차우차우Chow Chow는 17세기에 중국과 관련된 것이라면 뭐든 부르던 말이었습니다.

그런가 하면 개속Canis의 다른 종들은 어째 명성이 보잘것없습니다.

자칼jackal을 예로 들어볼까요. 유약하고 게을러서 먹이를 직접 잡지는 않고 시체를 주워 먹기만 하는 동물이지요. 동물계의 청소꾼이라고 할까요. 그래서 jackal이라고 하면 대장이 시키는 대로 하찮고 지저분한 일을 하는 '하수인'을 뜻하기도 합니다(대개 범죄의 공범 노릇을 하죠). 기품 있는 jackal은 찾아볼 수 없습니다. 어원은 산스크리트어의 srgala입니다.

코요테coyote는 도시 외곽 지역에서 '암살자assassin'로 매도되곤 하죠. 참고로 assassin은 마약의 일종인 해시시hashish를 피우고 힘을 얻어서 암살에 나섰다는 아랍의 암살단에서 비롯된 말입니다. 코요테는 한밤중에 섬뜩한 소리로 울부짖는 습관이 있는데요, 아기 사냥에 나서기 전에 전의를 북돋우려고 노래를 하는 것이라고 오해하는 사람이 많습니다. 저는 개인적으로 코요테의 능력이 감탄스러운데요, 한 마리 혼자서 마치 한 무리처럼 울음소리를 낼 수 있다는 점이 놀랍습니다(참고로 'band'는 합주단이라는 뜻도 있지만 코요테 무리를 가리키는 공식 집합명사이기도 합니다. 물고기 떼를 'a shoal of fish', 까마귀 떼를 'a murder of crows'라고 하는 것처럼 코요테 무리는 'a band of coyotes'라고 합니다).

늑대는 어떠냐고요? werewolf늑대인간는 참으로 변화무쌍한protean 존재죠. 모습을 자유자재로 바꿀 수 있는 바다의 신 프로테우스Proteus처럼, protean한 배우는 다양한 역할을 소화해냅니다. 늑대는 변신의 귀재입니다. 1) 양의 탈을 쓰고 변장할 수 있습니다. 2) 빨간 두건을 쓴 소녀의 할머니 흉내를 낼 수 있습니다. 3) 늑대 인간은 인간 → 늑대 → 인간을 왔다 갔다 할 수 있습니다. 웨어울프werewolf의 '웨어were'

는 '인간'을 뜻합니다.

'were'가 들어간 단어로는 weregild라는 것도 있지요. weregild는 앵글로색슨어로 사람의 목숨을 돈으로 환산한 '몸값'을 뜻했습니다. 사회적 지위에 따라 결정되는 값이었지요. 여기서 'gild'는 gilt도금나 gold금처럼 '돈, 값'을 뜻했으니, weregild는 '사람값'이라는 뜻이 됩니다. 11세기에는 술에 취해 주먹다짐을 하다가 사람을 죽이면 유족에게 그 값을 치러야 했습니다. 치르지 않으면 '눈에는 눈' 식의 보복이 기다리고 있었죠.

참고로 오늘날도 살육의 대가를 차등적으로 치러야 하는 경우가 있습니다. 사냥이 금지된 동물을 새총으로 쏘아 죽인 사람에게 위스콘신주 천연자원보호청에서는 죽은 동물의 가치에 해당하는 벌금을 물리는데요, 금액이 적게는 다람쥐의 8.75달러에서 많게는 와피티사슴의 2000달러에 이릅니다.

gold 이야기로 돌아가서, '돈'을 뜻하는 독일어 Geld에서 유래한 말이 유대교 명절 하누카에 아이들에게 선물로 주는 돈 또는 금박 동전, 겔트gelt입니다. 길더guilder는 유로 시절 이전에 네덜란드에서 쓰던 화폐 단위였죠(네덜란드 표기는 Gulden휠던). Geld는 '값을 내다, 수익을 내다'를 뜻하는 yield와 어원상 친척입니다. gild the lily라고 하면 '백합을 도금하다', 즉 이미 예쁜 것에 불필요한 치장을 더했다는 뜻이에요.

'늑대가 문앞에 왔다(the wolf is at the door)'는 표현은 극심한 가난의 위기가 닥쳤다는 뜻입니다. 돼지 삼형제의 실험에 따르면 혹시 실제로 늑대가 해코지를 하러 왔을 때, 주거 안전이 보장될 확률이 33.3퍼센트에 불과하니 역시 위기가 맞습니다.

돼지 관련 여담 두 가지만 하겠습니다. 1) porpoise쇠돌고래는 어원상 '돼지 물고기'입니다. 주둥이가 돼지 코를 닮았거든요. 2) 프랑스 돼지는 꿀꿀거릴 때 oink라고 하지 않고 groin그루앵이라고 합니다. 그런가 하면 스웨덴 돼지는 nöff뇌프라고 하니 실로 각양각색입니다(코 이야기가 나왔으니 말인데요, '못생긴 동물 콘테스트'를 연다면 코주부원숭이 proboscis monkey에게 1등상, 별코두더지star-nosed mole에게 2등상을 주려고 했는데, 다시 생각해보니 별코두더지가 '한 코 차이로 이길win by a nose' 만하네요. 마음의 준비 단단히 하시고 구글에서 한번 검색해보세요).

음악 동화 〈피터와 늑대〉에서 늑대는 오리를 산 채로 삼킵니다. 작곡가 프로코피예프는 늑대를 입이 넓은 악기인 '호른French horn'으로 나타냈으니 영리한 선택이죠. 이 작품에서는 등장하는 캐릭터마다 leitmotif주도동기가 배정되어 있는데요, leitmotif란 '주도적인leading' 선율을 뜻합니다. 주인공 피터는 양치기 소년처럼 cry wolf거짓 경보를 울리다 하지 않고 현명하게 대처해서 다행입니다.

반면 아주 숭고한 늑대로는 '작은 로마'라는 뜻을 가진 쌍둥이 형제 로물루스Romulus와 레무스에게 젖을 물려 키운 암컷 늑대가 있습니다. 레무스가 살해된 후 로물루스는 로마를 건국했지요. 로마의 전설에 등장하는 쌍둥이 형제. 로마 건국신화에 따르면 로물로스와 레무스는 팔라티노 언덕에서 늑대가 길렀다고 한다.—옮긴이

그런가 하면 아기 돼지들을 공격한 늑대처럼 공포 분위기를 조장한 늑대로, 영화 〈닥터 지바고〉에서 줄리 크리스티와 오마 샤리프가

뜨거운 사랑을 나누던 별장 주위에서 울부짖던 늑대가 있습니다.

개과 동물canid 중 마지막으로 이야기할 동물은 여우입니다. fox의 기원인 독일어 Fuchs는 원래 '꼬리'라는 뜻이었습니다. 사냥꾼들은 풍성한 여우 꼬리를 전리품으로 챙기곤 하죠. 제가 들었던 우스꽝스러운 발언 하나를 소개하겠습니다. 동물 무리의 '우두머리'를 alpha라고 하잖아요. 그야말로 top dog대장로서 무리의 유일한 존재입니다. 그런데 일전에 한 경찰관이 "a den of alpha foxes우두머리 여우들의 소굴"이 있으니 가까이 가지 말라고 제게 경고하더군요.

18°

말발굽 소리

The Horse's Mouth

'포유강 기제목에 속하는 단제동물solidungulate perissodactyl mammal'. 바로 '말horse'입니다. 말은 인류사에서 워낙 중요했던 동물이라 한 장을 오 롯이 할애하려고 합니다. 거짓말 같은 이야기tall tale 한두 가지도 들려 드릴게요. 라디오에서 어느 평론가가 했던 말이 생각나네요. "a tall-tale sign터무니없는 신호"를 포착한 덕분에 뭔가를 찾아냈다고 했는데, 그 것도 아주 불가능하진 않겠지만 아마 "a tell-tale sign명백한 신호"을 말 하려고 했겠죠.

말은 참 여러 용도로 쓰입니다. 농사, 전투, 승마, 그리고 경마에도 쓰이지요. 경마장에서 쓰는 용어로 펄롱furlong이 있는데요, 털이 긴 동물 이름 같지만 고대 영어의 'furrow밭고랑'와 'long긴'을 뜻하는 단어 가 합쳐진 것입니다(참고로 전혀 관계없는 단어 furlough임시 휴가는 '허락'을 뜻하는 네덜란드어 verlof, 즉 'for leave'에서 왔습니다). furlong은 '밭고랑의 길이'였습니다. 상당히 애매한 길이의 단위였지만 표준화한 뒤에는 8분의 1마일, 약 200미터로 정해졌어요. 영어권 국가의 경마장에서 는 지금도 경주로race course의 길이를 furlong 단위로 잽니다. course경기장는 '달리기'를 뜻하는 라틴어 cursus에서 왔습니다. 컴퓨터 화면의 커서cursor와 current흐르는, cursory대충 훑는는 모두 친척이에요.

밭갈이를 하는 동물은 방향을 민첩하게 틀기 어려웠습니다. 게다가 말보다는 둔중한 황소가 많이 쓰였어요. 그래서 될 수 있으면 방향을 적게 틀려고 밭고랑을 아주 길게 만들었습니다. 눈을 돌리면 보이던 풍경이 늘 밭이던 시절, 글줄은 꼭 밭고랑처럼 보였죠. 그러다 보니 글줄을 바꾸는 것은 소가 방향을 돌리는 동작처럼 생각되었고, '돌린'이라는 뜻의 라틴어 versus가 결국 verse운문가 되었습니다. 그리스 사람들도 생각이 똑같아서, 그리스어로 '돌기'는 strophe였는데 그것이 그대로 시의 '연'을 뜻하는 영어 단어가 됐습니다. 아닌 게 아니라 고대 문헌과 관련해 상식적으로 알아둘 만한 단어가 있는데, 그리스어에서 온 boustrophedon좌우 교대 서법입니다. bous황소+strophe로 분석되는데요, '우경식 서법牛耕式書法'이라고 하여 소가 밭을 갈듯이 한 줄은 왼쪽에서 오른쪽으로, 그다음 줄은 오른쪽에서 왼쪽으로 글을 쓰는 방식을 가리킵니다.

영국 집배원들도 boustrophedon이라는 말을 쓰는데요, 길 끝까지 갔다가 길을 건너 다시 돌아오는 배달 경로를 가리킵니다. 또 혹시 아나요, 여러분이 수학을 많이 공부하다 보면 부스트러피던 변환boustrophedon transform이라는 것을 배울지도 모르죠. 그 의미는 너무 복잡하니 생략하겠습니다.

어쨌든 황소가 밭을 갈면 하루에 1에이커acre(라틴어 ager밭), 약 4제곱미터 정도 갈 수 있었습니다. 사람은 걸음이 더 빨라서 한 시간에 한 리그league 정도 걸을 수 있었죠. 4분의 3마일, 즉 1.2킬로미터입니다. 옛날 도량형 이야기가 나온 김에, 부피의 단위 파인트pint는 맥주 용기에 '칠해진painted(라틴어 picta)' 눈금을 가리키는 말이었습니다. pint 의 가까운 친척으로는 여러 가지 '칠해진' 사물들이 있는데요, 이를테면 얼룩무늬 강낭콩pinto bean, 얼룩무늬 말 pinto horse, 콜럼버스의 배 중 가장 빨랐던 핀타Pinta호 등입니다. 포드의 자동차 핀토Pinto는 설계 결함으로 인한 폭발 및 화재 사고로 악명이 높았죠.

불 이야기가 나왔으니 말인데요, 옛날 목장에서는 달궈진 brand(앞에서 나왔듯이 '벌건 숯덩이'를 뜻합니다)를 가지고 소에 brand낙인를 찍었습니다. 상품에 brand상표를 붙이는 것처럼 말이죠. brand-new는 '대장간 화로에서 갓 꺼내 아직 벌겋게 달아 있는'이라는 뜻에서 '갓 새로 나온'이라는 뜻이 되었습니다. 브랜드를 바꾸는 작업을 rebranding이라고 하죠. 뉴욕의 루스벨트 병원Roosevelt Hospital은 사이나이 웨스트Sinai West로 이름을 바꾸면서 "계열 의료 기관 간의 명칭 통일"을 위한 "리브랜딩 작업의 일환"이라고 설명했습니다. 그런 이유도 있지만 보통은 거액의 기부자 이름을 따서 기관 이름을 바꾸는 경우가 많습니다. 링컨 센터 내의 에이버리 피셔 홀Avery Fisher Hall 이 데이비드 게펀 홀David Geffen Hall로 이름을 바꾼 것은 영화 제작자 게펀이 1억 달러를 기부하면서 요청한 데 따른 것입니다. 하버드 보건대학원은 하버드 T.H. 챈 보건대학원Harvard T.H. Chan School of Public Health으로 이름을 바꾸는 조건으로 3억 5000만 달러를 기부받았습니다.

그러고 보니 주제에서 한참 벗어난 것 같네요. 말 이야기를 하고 있었는데 말이죠.

중고차를 사려면 주행거리 확인은 필수겠죠. 악덕 중고차 판매자가 주행거리계를 조작하는 것처럼 말을 파는 사람도 '뻔뻔하게 거짓말하는(lie through one's teeth)' 경우가 있습니다. '나이를 먹을 만큼 먹은(long in the tooth)' 말의 나이를 속이는 거죠. 이가 길다는 게 무슨 말이냐고요? 나이 들어 잇몸이 내려앉은 분은 무슨 뜻인지 이해하실 겁니다. 어쨌거나 말의 나이를 가늠하려면 입 안을 들여다봐야 합니다. 그래서 '선물로 받은 말의 입 안을 들여다보지 말라(Don't look a gift horse in the mouth)'고 하잖아요. 공짜 선물을 받고 그런 행동을 하면 실례니까요.

그런데 이tooth는 참 불쌍합니다. 항상 좋은 얘기를 못 들어요. 셰익스피어 작품 속의 리어왕은 배은망덕한 딸 고네릴에게 "독사의 이빨보다 더 매서운(sharper than a serpent's tooth)" 자식이라고 비난합니다. 구약성경은 보복을 많이 강조하죠. "눈은 눈으로, 이는 이로(an eye for an eye, a tooth for a tooth)"라고 합니다. 온갖 고생을 하는 것으로 유명한 욥은 자기가 "잇몸으로 겨우(by the skin of my teeth)" 연명하는 신세라고 한탄합니다. 이가 빠져 잇몸만 남았다는 뜻으로, '가까스로, 간신히'라는 뜻의 관용구가 되었어요.

상상 속의 말 이야기를 해보겠습니다.

2015년은 완구업계에서 정한 '유니콘unicorn의 해'였습니다. 완구업체 하스브로는 '퍼리얼 프렌드FurReal Friend'라는 봉제 인형 시리즈 중 한 제품으로 유니콘을 팔고 있습니다. 물론 전설에 따르면 유니콘을 붙잡을 수 있는 건 숫처녀뿐이지요. 그래서인지 이 유니콘 인형의 이름은 순결의 상징인 lily^{백합}가 들어간 'StarLily'라고 합니다. 게다가 봉제 인형이니 무지개다리를 건널 일이 없다는 장점도 있네요. 값이 150달러인데 당연히 그래야겠죠. 한편 실리콘밸리에서 unicorn이라고 하면 기업 가치가 10억 달러 이상인 신생 벤처기업을 뜻하는 말입니다. 유니콘처럼 희귀하다는 의미죠.

상상 속의 네 발 짐승이라면 기아스쿠투스^{gyascutus}라는 것도 있습니다. 네 다리 중 한쪽 두 다리가 더 길어서 산비탈을 걷는 데 특화된 동물입니다. 그야말로 진화의 기적이네요.

기아스쿠투스보다 더 유명한 존재로 켄타우로스^{centaur}가 있습니다. 상체는 인간이고 허리 아래부터는 말인 괴상한 종족이죠. 전해지는 말에 따르면 아즈텍인들은 평생 말 탄 사람을 본 적이 없었기에 스페인 정복자들을 보고 네 다리를 가진 인간이 질주하는 것으로 생각해 공포에 떨었다고 합니다.

말싸움 Talking to a Brick Wall

말은 그리스신화 곳곳에 등장합니다. 트로이의 신관 라오콘은 트로이 목마^{Trojan Horse}를 성안에 들이지 말아야 한다고 경고했습니다. 선물을 들고 온다 해도 그리스 사람은 경계해야 한다면서요. 하긴 선물로 받은 말도 입 안을 들여다봐야 할 때가 있죠. 저는 이 트로이 목마의 전설이 일말의 진실을 바탕으로 했다고 봅니다. 정말로 군인 서른 명이 목마의 배 속에 숨어 있었다는 것은 아니지만, '말'이라는 이름으로 불린 어떤 병기가 공성전에 쓰였던 것은 틀림없어 보입니다. 물론 저도 '거대한 목마에 병력을 숨겨 적진에 침투한 위장 전술' 이야기가 더 마음에 듭니다.

오늘날 트로이의 목마는 컴퓨터를 감염시키는 악성 프로그램의 일종이죠. 유용한 프로그램으로 가장해 사용자가 의심 없이 다운로드하고 나면 못된 기능을 수행합니다.

역시 그리스신화에 등장하는 아마존족the Amazons의 여왕 히폴리테 Hippolyta의 이름도 말에서 유래했습니다. hippo는 '말', lysis는 앞에서 알아본 것처럼 '풀다'이니 이름 뜻이 '말 풀어주기'가 됩니다(저희 동네의 어느 상점 간판은 "Hyppolita"라고 적어놓아 어원의 중요성을 일깨워주고 있습니다. 하긴 저도 사람 이름인 시빌Sybil과 Sibyl신녀神女이 종종 헷갈린답니다). 그리스 설화에 따르면 이 여전사들은 활을 더 잘 쏘려고 한쪽 가슴을 제거했기 때문에 아마존으로 불렸다고 합니다(a-mazos한쪽 가슴이 없는). 나머지 한쪽 가슴은 활을 고정하는 데 필요했다네요. 물론 아기에게 젖을 물리는 데도 쓸 수 있었겠지만, 어차피 아마존들은 어머니 역할에 별 관심이 없었고, 아기에게는 암말의 젖을 물렸습니다.

아마존들이 신경 쓰는 paraphernalia장구裝具는 오로지 활과 화살, 말과 전차뿐이었습니다. 그런데 'paraphernalia'는 여기서 적절한 표현이 못 되겠네요. 원래 '결혼한 여자의 소유물'을 뜻하는 말이거든요. 아마존은 결혼은커녕 남자에 관심이 없었습니다. 그럼 아기는 어떻게 낳았냐고요? 대를 잇는 데 필요한 만큼만 남자 종들과 성관계를 했다고 합니다.

전설이란 역시 눈곱만큼의 사실에 근거한 경우가 많습니다. 아마 실제로 스키티아 또는 오늘날의 튀르키예 땅에 남자를 미워하는 여자들의 부족이 있었던 것 같습니다. 그런데 아마존강Amazon River은 어디서 온 이름일까요? 그리스에서 멀어도 너무 먼데요. 아마존강은 이전에 Rio Santa Maria de la Mar Dolce달콤한 바다의 산타마리아강라고 불렸습니다. 그러다가 스페인 탐험가들이 그곳에서 호전적인 원주민 여자들과 마주치고는 아마존이라는 이름을 가져다 붙인 거예요.

한편 아마존닷컴Amazon.com이라는 이름은 말을 잘못 알아들은 사건에서 비롯됐습니다. 원래 회사 이름은 마술 주문 '아브라카다브라abracadabra'를 줄인 카다브라Cadabra였는데, 어떤 사람이 머릿속에서 b/v 변환을 일으켜 '카다브라'를 '커대버'로 알아들었다고 합니다. cadaver는 '해부용 시체'라는 뜻이에요. 창업자 베조스가 그 이름은 아무래도 안 되겠다 싶어 세계에서 가장 큰 강 이름으로 회사 이름을 바꿨습니다. 그리하여 아마존족 여전사들은 후세에 이름을 길이 남기게 됐죠.

구글Google 역시 '큰 것'으로 이름을 지었습니다. 방대한 검색 엔진을 꿈꾸던 창업자들이 구골googol이라는 어마어마하게 큰 수 이름을 따서 Google이라고 회사 이름을 지었거든요. googol은 어느 수학자의 여덟 살짜리 조카가 만들어낸 말로, 숫자 1 뒤에 질릴 때까지 0을 적으면 그 수가 된다고 했습니다. 터무니없이 큰 수를 가리키는 터무니없는 이름이었죠. googol은 10^{100}입니다. 10^{99}의 10배라는 뜻에서 '10 duotrigintillion'으로 나타낼 수도 있습니다.

어쨌든 그리스신화의 히폴리테는 워낙 무서운 존재였기에 헤라클레스에게 내려진 열두 가지 과업 중 하나가 바로 그녀의 girdle을 훔치는 것이었습니다. 옛날에 girdle은 '허리띠'를 뜻했으니, 여자용 속옷 '거들'을 생각하면 안 됩니다. 이를테면 여러분의 할머니께서 입으시던 '플레이텍스 리빙 거들Playtex Living Girdle'과 같은 것은 전혀 다른 물건입니다. "당신과 함께 숨 쉬며 살아 있다"고 선전한 고무 제품이었는데요, 잠깐, 고무가 숨을 쉰다고요? 요즘은 신축성 소재 spandex스판덱스를 이용한 속옷 브랜드 스팽스Spanx가 있습니다. spandex는 'expand팽창하다'를 변형한 말입니다. 스팽스는 'spanks엉덩이를 때린다'의 동음이의어여서 그런지 엉덩이를 연상시키고 어쩐지 야한 느낌이 나죠.

속옷 브랜드 '플레이텍스Playtex'는 'play'와 'latex'의 혼성어인데, 한 방에 세 마리 토끼를 잡았다고 할까요. 'tex'는 textile직물을 연상시키고, 'play'는 일종의 스포츠웨어임을 알려주고 있습니다. 그런데 좀 이상하긴 합니다. 그 거들은 그다지 신축성이 없는 제품이었거든요. 게다가 허벅지 중간쯤 철제 가터가 달려서 뻣뻣한 스타킹을 잡아주게 되어 있었습니다(그렇게 스타킹 신고 무릎이라도 굽혔다 하면 무릎 부위의 나일론이 뜯어져서 올이 시원하게 나갑니다. 그런 '올 나감'을 미국에서는 run이라 하고, 영국에서는 사다리 모양이라고 해서 ladder라 하죠).

이런, 말 이야기에서 너무 옆길로 샜네요.

어머니가 누구신가 Mum's the Word
아마존 여왕 히폴리테의 아들이 히폴리토스Hippolytus였는데요, 새어머니 파이드라의 유혹을 받습니다. 그 결말은 매우 좋지 않았습니다. 아버지 테세우스의 저주를 받은 히폴리토스는 말을 타고 달아났는데, 어머니를 닮아 말 타는 솜씨가 빼어났건만 말들이 바다 괴물 히포캄포스hippokampos에 놀라는 바람에 바다에 빠져 죽었습니다. 로마인들은 말처럼 생긴 물고기 '해마seahorse'를 hippocampus라 불렀고, 그 이름은 지금도 생물 분류의 '해마속'을 지칭합니다. 후에 해마와 닮은 대뇌의 부위도 hippocampus해마체라고 부르게 되었습니다.

제안 하나 드릴까요. 남자아이 이름을 지으려고 하는데 히폴리토스Hippolytus는 너무 사연이 기구하다면 필립Philip은 어떠세요? phil사랑과 hipp말이 합쳐진 이름으로서 '말을 좋아하는'이란 뜻입니다.

말보다 덩치가 큰 hippopotamus하마는 '물말'이라는 뜻입니다. 앞에서 potamos = '강'이라고 말씀드렸죠. 메소포타미아Mesopotamia는 티그리스강과 유프라테스강 '사이mesos'의 땅이었습니다. 오늘날의 이라크 땅이에요.

참고로 river delta삼각주는 그리스 문자 delta(Δ)처럼 삼각형 모양이어서 그런 이름이 붙었습니다. 그리스 문자 이름 delta는 '천막 문'을 뜻하는 페니키아어 daleth에서 왔습니다. 이참에 그리스 문자를 죽살펴보면 좋겠지만 시간과 지면도 부족하고 여러분이 궁금해하실지도 잘 모르겠으니 생략하겠습니다.

말과 관련된 또 다른 신화라면 히포다메이아Hippodamia, '말을 길들이는 여자' 이야기가 있습니다. 히포다메이아는 뭇 남자들에게 인기가 높았는데, 아버지인 왕이 구혼자들에게 까다로운 조건을 내걸었습니다. "나와 전차 경주를 해서 이기면 딸을 주지. 대신 지면 넌 죽는다"라는 것이었습니다. 그런데 이 경주는 공평하지 않았습니다. 왕은 전쟁의 신 아레스에게서 받은 말을 타고 있었거든요. 그래서 히포다메이아는(신화에 따라서는 구혼자 펠롭스가) 왕의 마부를 매수하여 아버지가 탈 전차 바퀴의 쐐기를 밀랍으로 바꿔놓게 합니다. 확실히 매수하기 위해 마부에게 자신과 하룻밤을 지내게 해주겠다는 약속까지 했죠.

그녀의 남편이 되는 펠롭스는 식인 행위로 물든 끔찍한 가족사의 주인공입니다. 펠롭스의 아버지 탄탈로스Tantalus는 어린 아들을 토막 내어 신들에게 대접하는 만행을 저지릅니다. 다행히 신들은 곧바로 알아차렸지만, 한 여신이 무심코 펠롭스의 어깨 일부를 먹어버립니다. 신들은 펠롭스를 다시 살려내면서 어깨는 대장장이 신 헤파이스토스가 만든 상아로 대체합니다. 제우스는 탄탈로스를 저승으로 추방하고 형벌을 내렸는데, 음식과 물을 줄 것처럼 하면서 감질나게 계속 주지 않았습니다. '애태운다'는 뜻의 동사 tantalize는 탄탈로스가 받은 이 형벌에서 유래했지요.

펠롭스의 아들 아트레우스와 티에스테스는 반역, 겁탈, 근친상간, 살인 등으로 얼룩진 파란만장한 삶을 삽니다. 게다가 할아버지 탄탈로스의 식인 유전자를 물려받았는지, 아트레우스는 동생 티에스테스의 아들들을 죽인 후 동생을 속여서 먹게 합니다. 요즘 말로 하면 그야말로 '역기능 가족dysfunctional family'이네요(쓸모가 많은 단어 function 기능은 '실행된'을 뜻하는 라틴어 functus에서 왔습니다).

한편 아트레우스의 아들 메넬라오스는 천하 제일의 미녀 헬레네와 결혼했습니다. 헬레네는 스파르타 왕비 레다가 백조로 변신한 제우스와 관계하여 낳은 딸이죠. 시인 예이츠는 제우스가 레다를 겁탈

하는 광경을 "허리의 전율a shudder in the loins"이라는 표현으로 묘사했습니다. 헬레네는 아버지 제우스에게서 천상의 미를 물려받았죠.

트로이 왕자 파리스가 헬레네를 납치하자 메넬라오스가 아내를 되찾으러 그리스 연합군을 이끌고 나서면서 트로이 전쟁이 시작됩니다. 파리스의 과거 이야기는 너무 '비잔틴byzantine'하니 생략하겠습니다. Byzantine Empire비잔티움 제국의 수도 콘스탄티노폴리스의 정치처럼 '복잡하다'는 뜻이랍니다. 트로이가 바로 고대 도시 비잔티움Byzantine 부근에 있었으니, byzantine이라는 표현이 안성맞춤이네요.

어쨌거나 헬레네는 심심하던 그리스인들에게 derring-do하고 daring deed을 할 구실을 안겨 주었습니다. 둘 다 '용감무쌍한 행동'이라는 뜻이에요.

신화 속의 말이라면 날개 달린 말 페가수스Pegasus도 있죠. 페가수스의 도움으로 영웅 벨레로폰은 괴물 키메라Chimera를 처치할 수 있었습니다. 머리는 사자, 몸통은 염소, 꼬리는 뱀의 모습을 하고 입에서 불을 내뿜는 괴물이었죠(참고로 스핑크스Sphinx도 다소 비슷한 생김새였습니다. 여자의 얼굴에 날개 달린 사자의 몸을 한 괴물이었다고 하네요. 상대의 목을 졸라 죽이는 게 장기였고, 그 이름은 '조이다'를 뜻하는 그리스어에서 온 것 같습니다. 물론 sphincter괄약근도 같은 어원에서 왔고요).

페가수스도 그랬지만, 말이 주인보다 능력이 뛰어난 경우가 있죠. 성경에 나오는 발람의 나귀Balaam's ass도 그랬습니다. 발람을 태운 나귀가 천사와 부딪치지 않으려고 길가로 몸을 피했는데, 천사가 눈에 보이지 않던 발람은 짜증을 내며 나귀를 채찍으로 때립니다. 그러자 갑자기 나귀의 말문이 트였는데요, 발람은 나귀의 항의를 듣고 잘못을 깨달으면서 비로소 천사를 보게 되었다고 해요(참고로 천사란 본래 여자가 아니라 남자입니다).

여담으로 Bible성경은 bibliography서지학와 마찬가지로 '책'을 뜻하는 그리스어 biblion에서 왔습니다. biblion의 복수형 byblos는 형태로 보아 papyrus종이의 친척임을 짐작할 수 있습니다.

네 발 동물 이야기를 마무리하기 전에, 당나귀donkey란 정확히 어떤 동물일까요? 노새와는 다른가요? 노새는 어떤 동물의 새끼인가요? 노새는 번식을 못 하는 게 맞나요? 헷갈리는 질문들이죠.

이참에 한번 확실히 정리하고 가죠. 조사해보니 노새mule는 암말과 수탕나귀 사이에서 난 새끼입니다. 드물게 수말과 암탕나귀jenny사이에서 난 새끼는 버새hinny라고 합니다. 그리고 수노새는 번식 능력이 없습니다. 드물게 번식 능력이 있는 암노새의 경우는 molly라고 부릅니다.

옛날에 ass로 불리던 donkey는 말과 '완전히 다릅니다it's a horse of a different color'. 이야기가 조금 복잡하니 잘 들어주세요. 아니면 pons asinorum당나귀의 다리이라는 개념을 알아두시는 것도 좋겠네요. '초심자가 이해하기 어려운 수준'을 뜻합니다. 두 손 들고 포기하는 지점이죠. 수학자 유클리드가 만든 말로, 원래는 진정한 학자와 멍청이를 구분하는 문제를 뜻했습니다. 발람의 나귀는 비록 ass이지만 절대 dumbass멍청이는 아닙니다. 기민한 데다 말도 잘했으니까요(물론 '당나귀의 다리'를 건너지 못하는 학자라고 해서 꼭 한심한 멍청이는 아닙니다).

당나귀는 아프리카야생나귀African wild ass와 친척이라 볼 수 있어요.

donkey라는 단어는 dun회갈색과 monkey원숭이가 합쳐진 혼성어로 추측된다고 합니다. 영어에서 ass는 멍청하거나 고집 센 사람을 욕하는 말로 워낙 많이 쓰이니 당나귀들은 발람을 변호사로 선임해 명예훼손 소송이라도 제기해야 하지 않을까요.

문자 그대로 '색이 다른 말' 이야기로 넘어갈게요. 말의 색은 부르는 단어가 따로 있습니다(사람의 머리색도 그렇잖아요. 물론 가구를 가리켜 blond wood밝은색 목재라고 하기는 하지만, 집의 색을 auburn적갈색(머리)이라고 하지는 않고, 자동차의 색을 brunette갈색(머리)이라고 하지도 않죠). 웨딩 스타일리스트에게 가서 신부 들러리들에게 piebald얼룩무늬 드레스를 입혀달라고 하면 표정이 어떨까요. piebald는 pied얼룩덜룩한에서 왔습니다. 하멜른의 Pied Piper피리 부는 사나이도 얼룩 옷을 입어서 그런 이름이 붙었지요. magpie까치도 검은색과 흰색을 띠고 있고요.

팔로미노palomino는 갈기와 꼬리가 상아색인 말을 가리킵니다. 역시 같은 색의 새 이름을 따온 것인데요, '어린 비둘기'라는 뜻입니다(이탈리아어 palumbo는 '숲비둘기'). 경찰이 용의자를 수배하는 무전 교신을 할 때 "30대의 키 180센티미터 정도 되는 팔로미노palomino 남성"이라고 하지는 않을 것 같습니다. 미용실에 가서 머리를 brindle호랑무늬로 해달라고 하면 미용사가 당황하겠죠(brindle은 '갈색'을 뜻하는 게르만어 bren에서 왔는데 그 기원은 '불태우다'를 뜻하는 brennen입니다. 하긴 호랑무늬 동물은 석쇠에 그을린 것 같은 색이죠). brindle horse는 온몸에 불규칙한 줄무늬가 나 있는데요, 이는 chimerism키메라 현상에 따른 것입니다. 한 개체에 유전자가 서로 다른 세포가 혼재하고 있는 드문 현상이에요. 어원은 물론 앞에 나왔던 Chimera키메라입니다.

마지막으로 말에 관해 중요한 이야기를 하나 하겠습니다. '지gee'와 '호haw'라고 들어보셨나요? 짐 끄는 동물에게 두루 쓰이는 방향 지시 신호입니다. 썰매 개도 마찬가지니 개 썰매 라이더라면 꼭 알아두세요. gee는 우회전, haw는 좌회전을 뜻합니다. 단, 영국에서는 그 반대랍니다. 가수 처비 체커Chubby Checker도 영국식으로 노래했습니다. 여러분은 너무 어려서 모르실 수도 있겠지만, 1961년에 〈포니Pony〉라는 새 춤을 선보인 노래에 이런 가사가 있었답니다.

Now you turn to the left when I say gee,
You turn to the right when I say haw …
Boogety, boogety, boogety, boogety shoo.
내가 gee 하면 왼쪽으로 돌아요.
내가 haw 하면 오른쪽으로 돌아요…
부게티, 부게티, 부게티, 부게티 슈.

처비 체커는 이미 1960년에 〈트위스트The Twist〉라는 곡으로 전 세계에 트위스트 열풍을 몰고 온 슈퍼스타였습니다. 〈트위스트〉는 빌보드 차트 1위에 오른 후 차트에 16주간 머물렀고, 2013년에는 빌보드 역대 톱 100 히트곡 중 1위로 선정됐습니다. 미국 의회도서관도 "문화적, 예술적, 역사적 중요성"을 높이 평가하여 음반을 영구 보관하고 있습니다.

최고의 자리에 오른 처비 체커는 너무나 기뻤을 것 같죠. 그런데 그렇지 않았는지, 이렇게 말합니다. "나이트클럽 가수로 성공 가도를 달리고 있었는데, 〈트위스트〉 때문에 다 수포가 됐어요. … 너무 한쪽으로 치우쳐버렸거든요. 아무도 저를 재능 있는 가수로 생각하지 않아요No one ever believes I have talent."

talent재능는 고대 그리스에서 무게의 단위 또는 특정 무게의 동전을 가리키는 말이었습니다. 「마태오복음」에는 talent달란트를 '땅에 묻지 말고 활용해야 할 귀중한 것'에 비유하는 이야기가 나옵니다.

처비 체커가 재능을 인정받지 못했다니, 엄살처럼 들리네요. 하지만 비교적 최근에 이 가수가 겪은 수난은 충분히 공감이 됩니다. 2006년, 휴렛팩커드HP와 팜Palm은 남성의 신발 치수를 가지고 성기 크기를 가늠하는 모바일용 앱을 선보였는데, 앱의 이름이 'Chubby Checker포동포동 검사기'였습니다. 처비 체커는 두 회사를 상대로 소송을 걸어 이겼습니다. 자신의 '브랜드와 가치'가 훼손됐다고 주장했는데요, 일리 있는 주장이었죠.

무엇이라 부르랴

Name-Calling

성씨의 기원

In Name Only

성씨surname 이야기를 해볼까요. 영국에는 희한한 성이 참 많습니다. 가령 고토베드Gotobed라는 성도 있습니다. 중세 문헌에서도 보이고 오늘날도 엄연히 현존하는 성인데요, 사람이라면 누구나 날마다 하는 '잠자리에 들기'라는 동작을 성으로 삼은 건 무슨 이유였을지 궁금합니다. 그리고 드링크워터Drinkwater란 성은 왜 그리 흔할까요? 프랑스의 부알로Boileau와 이탈리아의 베빌라쿠아Bevilaqua도 똑같은 뜻의 성입니다. 물 마시는 게 그 가문의 특권도 아니었을 텐데 말이에요. 아니면 술은 입에도 안 대는 가문이라는 뜻이었을까요?

가족 이야기가 나온 김에, '피는 물보다 진하다blood is thicker than water'라는 건 어떻게 나온 말일까요? 제가 화학 시간에 배운 바로는 사실이 아니라고 합니다. 그 말뜻은 피에 물을 타면 용액은커녕 콜로이드도 형성되지 않고 서로 섞이지 않는 현탁액에 머문다는 것입니다. 다시 말해 혈육의 끈끈한 정은 '묽힐' 수 없다, 즉 약하게 만들 수 없다는 거죠.

성씨는 특정 지역에서 유래한 것이 많습니다. 웨일스 쪽을 한번 볼까요. 잉글랜드와 붙어 있는 웨일스에서 비롯된 성이 영국에는 흔합니다. 이를테면 토머스Thomas, 윌리엄Williams, 데이비스Davies, 휴Hughes 등이죠. 심지어 켈트족 시절로 거슬러 올라가는 것도 있어서, 예를 들면 에번스Evans, 모건Morgan, 존스Jones, 오언스Owens 등입니다. 'ap Rhys', 다시 말해 '리스Rhys의 아들'이라는 켈트족 성은 프라이스Price로 모습을 바꾸었습니다.

웨일스와 관련해 바로 뒷장에서 다룰 '이름first name' 이야기를 미리 조금 하자면, 웨일스 이름은 철자가 특이합니다. 가령 글라디스Gwladys, 르웰린Llewelyn 같은 식이지요. 웨일스 이름을 흉내 내려면 철자 곳곳에 w, l, y를 넣어주면 됩니다.

웨일스의 국가國歌는 〈Hen Wlad Fy Nhadau〉인데요, 웨일스 사람은 이걸 발음하고 심지어 부를 수도 있는 모양입니다. 웨일스 사람 노래 솜씨와 웨일스 특유의 멜로디는 유명하잖아요.

1600년에서 1800년 사이에 스웨덴 사람들은 자연에서 성을 많이 따왔습니다. 이를테면 '산속 시냇물'이라는 뜻의 베리스트룀Bergström, '피나무 가지'라는 뜻의 린드퀴스트Lindquist 등이었죠. 독일어로 '새'가 Vogel인데요, 제가 알고 지내던 어느 여성의 성씨는 새소리라는 뜻의 포겔게장Vogelgesang이었습니다. 그런가 하면 사회적, 문화적 이유로 이른바 'ornamental name꾸밈이름'이라는 것을 채택하는 집안도 있었습니다. ornamental name이란 서정적인 느낌의 성을 일컫는 용어입니다. 예컨대 유대계 독일인들은 '장미나무'라는 뜻의 로즌바움Rosenbaum, '진주 어머니'라는 뜻의 펄머터Perlmutter, '녹색 잎'이라는 뜻의 그륀블라트Grünblatt 같은 성을 지었습니다. 또 아인슈타인Einstein 은 '하나의 돌'이라는 뜻입니다. 번스타인Bernstein은 영어의 brimstone 유황과 어원적으로 사촌이고 뜻은 '불탄 돌'입니다. 모르겐슈테른 Morgenstern은 '샛별'이고요.

여담으로, 한때 사람들은 샛별Morning Star과 저녁샛별Evening Star 이 서로 다른 별이라고 생각했습니다. 사실은 둘 다 금성입니다. 태양 주위를 도는 금성이 밤하늘을 가로질러 위치를 바꾸는 것이죠. planet행성이란 원래 그런 것입니다. 어원적으로 '떠돌이 별'이거든요. 다만 스스로 빛을 내지 못하니 별은 아니죠. 참고로 기호 '＊'의 이름 asterisk는 '작은 별'이란 뜻입니다.

일도 많네 Talking Shop

한편 앵글로색슨 계통의 이름은 좀 따분하지만 그 속에 산업과 문화 의 역사가 담겨 있습니다.

뭔가를 '만들었던' 조상에서 비롯된 성들은 다음과 같습니다. '장인' 라이트Wright, '수레공' 카트라이트Cartwright, '쟁기공' 플로라이트 Plowright, '짐마차공' 웨인라이트Wainwright, '바퀴공' 휠러Wheeler, '도공' 포터Potter, '선반공' 터너Turner, '목수' 카펜터Carpenter, '통장이' 쿠퍼Cooper, '유약공' 글레이저Glazer, '마구공' 새들러Saddler, '제빵사' 베이커Baker, '칼장이' 커틀러Cutler, '양조업자' 브루어Brewer, '이엉장이' 대처Thatcher, '도장공' 페인터Painter, '방아꾼' 밀러Miller, '석공' 메이슨 Mason… 등 정말 많습니다. 그중에서도 가장 유명한 성이라면 '대장장이' 스미스Smith겠죠. 독일의 슈미트Schmidt와는 사촌이 됩니다.

쇠붙이 이야기가 나온 김에 이어가자면, plumber배관공는 옛날에 라틴어 plumbum납을 가지고 작업했습니다. 납이 몸에 해로운 것을 모르던 시절 이야기죠. 그 밖의 직업에서 유래한 성도 많습니다. 예컨대 '짐마차꾼' 카터Carter, '톱질할 나무의 껍질을 벗기는 사람' 바커Barker, '양초공' 캔들러Chandler(candle-maker), '매사냥꾼' 포크너Faulkner(falconer), '하프 연주자' 하퍼Harper, '사냥꾼' 헌터Hunter, '농부' 파머Farmer, '어부' 피셔Fisher, '새 사냥꾼' 파울러Fowler, '양치기' 셰퍼드Shepherd, '목동' 드라이버Driver 혹은 드로버Drover, '기와공' 타일러Tyler(roof-tiler), '필경사' 클라크Clark(clerk), '집사' 버틀러Butler 등입니다.

hooker가 어떤 직업인지 아세요? 네, 요즘은 성매매 여성을 뜻하지만 예전에는 낫reaping-hook을 가지고 작물을 수확하는 사람이었습니다. 참고로 성매매 여성 또는 '헤픈 여자'를 뜻하는 tart는 sweetheart연인 또는 'sweet tart달콤한 타르트'에서 온 말로 추측됩니다.

탄수화물 얘기가 나온 김에 시리얼로 가서, 켈로그Kellogg는 돼지 도축업자kill-hog였습니다. 그리고 돼지와 관련해서, 스튜어트Stewart/Stuart가 'steward관리인'에서 나왔다는 건 아마 짐작하셨을 겁니다. 그런데 steward가 원래 'sty-guard돼지우리 감시원'였다는 것 아셨어요?

직물업 관련해서는 몇 문단 정도 설명이 필요할 것 같습니다. 이미 앞의 어느 장에서 옷과 직물의 어원을 다루며 여러 가지 이야기를 했죠. 여기서는 직물과 관련된 '직업'을 중심으로 살펴보겠습니다.

material옷감의 어원은 '어머니'를 뜻하는 라틴어 mater로 추측됩니다. matter물질도 모든 물체를 이루는 바탕이죠. 라틴어 materia는 '나무'라는 뜻이 있었고, 포르투갈의 마데이라Madeira제도는 '나무가 우거진'이라는 뜻입니다.

꽉꽉 채우기 Full Term

material도 그렇지만 stuff도 원래는 '직물' 또는 '옷감'만을 가리켰다고 앞서 말씀드린 적이 있죠. 말 나온 김에, stuffing속 채우기 관련해 프랑스에서 유래한 단어 두 가지만 알아보겠습니다. 1) 파르시farci는 속 재료를 다른 음식으로 채운 음식을 가리킵니다. 2) 파르스farce, 소극笑劇은 중세 시대 종교극의 막간에 '채워넣은' 우스운 풍자극이었습니다. 영어의 fill채우다은 독일어 füllen에서 왔습니다. 그 과거분사 gefüllte에서 유대인 요리 게필테gefilte가 유래하기도 했습니다. 생선 속을 파낸 자리에 으깬 생선 살을 채운 요리랍니다.

fulling축융縮絨은 옛날에 모직물을 가공하던 과정입니다. 한마디로 양모 등의 기름때를 씻어내고 조직을 치밀하게 만드는 것인데요, 한 가지 방법은 몽둥이로 두들겨 패는 것이었습니다. 로마에서는 소변이 담긴 큰 통에 넣고 작업자들이 발로 밟았습니다. 철학자 세네카는 그 동작을 가리켜 "saltus fullonicus"라고 표현했습니다(saltus는 '껑충 뛰기', somersault공중제비는 '위로 껑충 뛰다'). 고양이 배변 통이나 아이의 기저귀를 처리해본 경험이 있는 분은 소변에서 암모니아 냄새가 나는 것을 잘 아실 겁니다. 암모니아의 세척력은 익히 알려져 있죠. 주의하실 점은 암모니아와 표백제를 섞으면 유독 가스가 발생해 사망 사고가 날 수도 있다는 것입니다. 식초도 세척력이 강하지만 옛날 작업자들은 냄새가 덜한 소변을 선호했습니다.

fulling을 스코틀랜드에서는 walking이라고 했기에, 스코틀랜드에는 워커Walker라는 성이 흔합니다(예컨대 조니 워커Johnnie Walker라는 유명한 스카치 위스키 상표가 있죠). 여기서 동사 walk는 그냥 '이리저리 움직이다'라는 뜻이었습니다. walker들은 지루함을 달래기 위해 '워킹 송 waulking song'이라는 것을 불렀고, 양모가 부드러워질수록 박자를 빠르게 했습니다. waulking song은 한 사람이 가사 한 절을 부르면 나머지 사람들이 후렴구를 부르는 형태였습니다. 같은 절의 가사를 반복하면 안 된다는 미신이 있었지만, 후렴구는 예외였습니다. 노래는 보통 아주 길었죠(중세 시대 음유시인들이 불렀던 발라드ballad도 마찬가지였죠. 참고로 ballad는 음보가 일정하다고 하여 '춤추다'를 뜻하는 ballare에서 유래된 이름입니다). walking 작업은 20세기까지 이어졌습니다.

직물 이야기에서 잠깐 옆으로 빠져서, 스코틀랜드에 관해 세 가지 사실만 알아보겠습니다.

1. 스카치테이프Scotch tape: 예전에 나온 제품은 접착제가 테이프의 가장자리에만 발라져 있었다고 합니다. 떼어서 재사용하기 쉽게 하기 위해서였죠. 그래서 붙은 이름입니다. 스카치Scotch는 당시 '인색한'이라는 뜻이 있었습니다.

2. 위스키 이야기가 아니라면 스코틀랜드의 형용사를 말할 때 스카치Scotch보다는 대개 스코티시Scottish라고 하는 것이 좋습니다. 스코틀랜드의 고유한 언어는 Scots스코트어라고 합니다.

3. Scots스코트인는 스코틀랜드인의 선조로, 서기 3세기부터 문헌에 등장합니다. Scot은 'shot쏘기'이라는 뜻의 단어에서 나온 말로,

사납기로 이름난 민족이었음을 짐작게 합니다. 로마 사람들은 스코트인을 Picts픽트인라고 불렀는데, 문신을 했다 하여 'pictured tribe색칠한 부족'라는 뜻으로 그렇게 부른 것 같습니다.

fulling을 거친 옷감은 텐터tenter라는 나무틀에 펴서 걸었는데, 이때 고정하는 데 쓰던 갈고리못이 tenterhook입니다(어원은 '펼친'이라는 뜻의 라틴어 tentus이고, 거기서 tent천막도 유래했습니다). be on tenterhooks라는 관용구는 '안절부절못하다'라는 뜻이죠.

양모의 경우는 펠팅felting이라는 작업을 하기도 했습니다. 팽팽하게 펴면서 압축하여 방수성을 갖게 하는 작업입니다. 한번 직접 해보고 싶으시다고요? 찾아보면 집에서 할 수 있는 felting 방법을 소개한 자료가 많이 있습니다. 한번은 뜨개질하는 제 친구가 길이 40센티미터짜리 엄지장갑을 보여주더군요. 공룡에게 줄 선물인가 했는데 삶고 줄여서 펠트로 만들려는 거였어요.

그다음은 '염색공' 다이어Dyer가 옷감을 염색할 차례였습니다. 그렇게 만든 옷감을 판 사람이 '직물상' 드레이퍼Draper, 마지막으로 마름질한 사람이 '재단사' 테일러Taylor(tailor)였죠. '장갑 제작자' 글러버Glover에게 바로 가는 옷감도 있었는데, 이 장갑 제작자Glover는 Gloving Donkey라고 하는 재봉용 고정대를 사용했습니다. 펠트의 경우는 milliner모자 제작자 등에게 갔습니다. milliner의 어원은 Milaner, '밀라노Milan 사람'입니다.

모자 이야기 Talking Through Your Hat!

그런데 펠트 모자felt hat를 만드는 공장에서는 수은을 사용했습니다. 그러다 보니 작업자들이 수은 중독에 걸려 정신 장애 증상을 보였는데, 이를 '매드 해터 증후군mad hatter syndrome'이라고 불렀습니다. 루이스 캐럴의『이상한 나라의 앨리스』에도 모자장수Hatter라는 엉뚱스러운 인물이 나오죠.

여담이지만 루이스 캐럴Lewis Carroll이라는 필명은 자신의 본명 찰스 럿위지 도지슨Charles Lutwidge Dodgson을 라틴어식으로 바꾼 '카롤루스 루도비쿠스Carolus Ludovicus'를 다시 변형한 것입니다. 필명pen name은 다른 말로 nom de plume(프랑스어 nom = '이름', plume = '깃펜')이라고도 하죠. 작가 새뮤얼 클레멘스Samuel Clemens가 증기선 시절 뱃사람들이 쓰던 용어를 필명으로 삼은 것도 유명합니다. 마크 트웨인Mark Twain은 강의 수심을 측정하는 줄의 '두 번째 눈금'을 뜻했습니다. twain은 two둘의 옛말이고, 사촌으로 twin쌍둥이 중 한 명도 있습니다.

모자는 비버(또는 토끼) 모피로 많이 만들었습니다. 대표적인 브랜드가 스텟슨Stetson이었죠. 원래는 비버 모피를 낙타 오줌에 담가 펠팅 작업을 하다가 나중에 인간 소변으로 대체했습니다. 모피는 캐러팅carroting이라는 공정을 거치기도 했는데, 털가죽에 수은을 입힌 다음 증기로 가열해 당근을 닮은 주황빛이 나게 했어요. 그러나 후에 펠트 모자는 양모로 만들게 되었죠. 중절모라고도 하는 펠트 모자는 스타일에 따라 독일 소도시 이름을 딴 홈부르크homburg나 프랑스 연극의 제목이자 주인공이기도 한 러시아 공주 페도라Fédora에서 따온 페도라fedora 등의 이름으로 불렸습니다.

매독 환자를 수은으로 치료하는 경우 최상급의 소변을 얻을 수 있었다고 합니다. 그러나 염화수은은 앞에 소개한 동시 〈리틀 윌리Little Willie〉에도 나왔듯이 인체에 해로운 물질이죠. 일찍이 1860년에 뉴저지주의 프리먼이라는 의사가 "수은으로 인한 질병이 모자 작업자들에게 발생"하고 있다고 지적했지만, 아무도 주목하지 않았습니다. 비버 모피 중절모가 만인의 필수품이던 시절이었거든요. 1941년이 되어서야 보건당국은 수은을 이용한 펠팅 작업을 법으로 금지합니다.

참고로 doctor는 원래 의학을 특별히 공부한 사람이 아니라 박사 학위doctoral degree 소지자를 두루 가리키는 말이었습니다. 이탈리아에서는 '공부한 사람'을 다 dottore라는 호칭으로 불렀습니다. 이탈리아의 유명한 메디치Medici 가문은 선조들이 의사였던 데서 그 이름이 유래했다고 해요.

이참에 다른 호칭도 알아보면, 우선 석사 학위master's degree 소지자가 있죠. master주인와 mister미스터(Mr)는 둘 다 라틴어 magister에서 왔습니다. 미세스Mrs.는 mistress여주인의 준말이고, mistress는 프랑스어 maîtresse에서 왔습니다. 더 지위가 낮은 여성, 즉 미혼 여성은 mistress라고 발음하는 것도 길다 하여 Miss로 줄였습니다. 참고로 spinster나이 든 미혼 여성는 원래 '나이 든' 미혼 여성만을 가리키는 말이 아니었습니다. spinster는 '실 잣는 여자'라는 뜻으로, 독신 여성이 생계를 꾸리기 위해 흔히 갖는 직업이었죠. 그런데 그것이 나이와 관계없이 '미혼 여성'을 가리키는 법률 용어가 되기에 이릅니다. 교회에서 부부의 혼인을 공표할 때도 신부를 "spinster of this parish이 교구의 미혼 여성"라고 지칭했습니다.

의미가 많이 바뀐 경칭으로는 미국 변호사들이 누구나 이름 뒤에 쓰는 Esquire귀하, ~씨가 있습니다. 영국에는 solicitor사무 변호사가 아닌 barrister법정 변호사만 그 경칭을 붙이던 관습이 아직 남아 있습니다.

한편 기독교에서 유래한 성도 많습니다. 파머Palmer는 예수의 예루살렘 입성을 상징하는 종려나무 잎palm leaf을 성지 순례의 증명으로 가지고 돌아온 순례자를 이르던 이름입니다. 애벗Abbot은 말 그대로 수도원장, 즉 수도원abbey의 장이었죠. 워터게이트 사건에 연루된 존 딘John Dean의 선조는 decanus, 즉 '열 명의 수도사를 거느린 사람'이었습니다. 할리우드 최초의 인기 가십 칼럼니스트 루엘라 파슨스Louella Parsons는 교구 목사parson를 선조로 두었습니다. 시인 앤 섹스턴Anne Sexton은 조상 중에 교회지기sexton가 있었습니다.

코언Cohen과 칸Khan은 '제사장'을 뜻하는 히브리어 kohein이 어원이며, 모세의 형 아론을 시조로 하는 가문에서 쓰는 성입니다. 레비Levy와 러바인Levine의 기원은 야곱의 아들 레위를 시조로 하는 레위족Tribe of Levi입니다. 예루살렘 성전 시대에 레위인Levite은 제사장을 돕는 일에 종사했죠.

이름의 시조 You Name It

가문의 성씨를 특별히 자랑스러워할 만한 사람도 있습니다. 자기 이름이 흔히 쓰는 단어가 되어 'eponym이름의 시조'의 영예를 얻은 사람입니다. 진정한 eponym이라면 소문자로 적혀야죠.

한 예로 mesmerize홀리다가 있습니다. 프란츠 메스머Franz Mesmer는

1734년 독일 이츠낭에서 태어났지만, 어쩌다 보니 오스트리아 빈으로 흘러들어 왔습니다. 빈은 약에 취한 듯한 사람들이 죄다 모여들던 흥미진진한 도시였죠. 메스머는 'animal magnetism동물자기론'이라는 이론을 주창했습니다(magnet자석은 원래 그리스 동쪽 해안의 마그네시아 Magnesia 지역에서 나던 돌입니다).

메스머는 환자에게 일단 철을 삼키게 했습니다. 철분을 함유한 음식이 아니라 그냥 쇠붙이 말이죠. 그런 다음 자석을 환자 몸에 대고 문지르면서 최면을 유도했습니다(자기암시의 힘을 이용한 것이었는지 뭔지 모르겠습니다만). 나중에는 신체 접촉이 필요없는 기법을 개발했는데, 쇠막대기가 여러 개 꽂힌 통 앞에 환자를 앉혀놓고 그 옆에서 손짓과 눈짓을 동원해 상상의 유동체를 환자에게 '전달'한다고 하는 방식이었습니다. 메스머는 여러 제자를 두었는데, 참고로 가장 열렬히 따랐던 사람은 막시밀리안 헬Maximilian Hell이라는 엄청난 이름의 예수회 수도사였습니다.

자동차 광택용 왁스를 발명한 조지 사이먼스George Simons는 '왁스로 광내다'라는 뜻의 동사 simonize를 남겼습니다. 샌퍼드 클루엣Sanford Cluett은 옷이 세탁 후 줄어드는 것을 막아주는 sanforization 공법의 특허를 받았습니다. hoover가 '진공청소기로 청소하다'를 뜻하게 된 것은 윌리엄 후버William Hoover가 당시 suction sweeper흡입 청소기라 불리던 기계의 특허를 구매한 덕분입니다(미국의 31대 대통령 후버Hoover와 헷갈리면 안 되겠죠). 루이지 갈바니Luigi Galvani는 동물 실험을 통해 '생물 전기'를 발견하여 동사 galvanize전기 충격을 주다, 의욕을 불어넣다를 남겼습니다.

논란이 많은 개념도 있습니다. 소아과 의사 리처드 퍼버Richard Ferber가 권고한 ferberization 기법은 우는 아기를 달래주기 전에 기다리는 시간을 점점 늘려서 아기가 적응하게 하는 방법입니다. 셰익스피어의 작품에서 불건전한 부분을 모두 삭제해 출간했던 토머스 보들러Thomas Bowdler의 이름에서 유래한 동사 bowdlerize검열하여 순화하다도 있죠.

안타깝게도 접미사 '-ize'(영국식 철자로 -ise)는 남용되는 경향이 있습니다. 물론 편리한 것은 사실이지만, 'incentive인센티브를 부여하다'의 뜻으로 쓰는 'incentivize'에 이르면 과하다는 생각을 지울 수 없습니다(그나마도 도무지 입에서 나오지 않는 동의어 'incent'에 비하면 낫지만요).

이름이 모멸적인 단어가 되어버린 사람도 있습니다. 노르웨이의 나치 부역자 비드쿤 크비슬링Vidkun Quisling이 그 예입니다. quisling은 '부역자'를 뜻하는 말이 되었지요. 비슷한 개념인 fifth-columnist제5열분자는 '내통하는 자'를 뜻합니다. 부대 네 개를 이끌고 스페인 마드리드를 공격한 어느 장군이 시내에 자기가 심어놓은 부대가 하나 더 있다고 말한 데서 비롯됐습니다(Madrid는 '어머니'를 뜻하는 스페인어 madre에서 왔다는 것이 제 주장입니다).

유다Judas는 두말할 것 없이 배신자의 전형이죠. judas tree서양박태기나무가 그런 이름이 된 이유는 유다가 목을 맨 나무여서라고도 하고, 그 꽃 때문이라고도 합니다. 꽃에 벌들을 속여 가루받이를 하게 만드는 어떤 독소가 있다고 하네요. judas window감시창는 염탐하기 위해 낸

창문입니다.

Judas goat유다 염소는 양치기가 목장에 심어놓은 '첩자' 동물입니다. 양들과 친하게 지내면서 양들을 도살 구역으로 이끌고 가는 역할을 하죠. 그와 반대로 bellwether길잡이 양는 목에 방울을 달고 다른 양들을 이끌어 아늑한 우리로 귀가시키는 양입니다. 그래서 bellwether는 어떤 추세의 향방을 보여주는 지표indicator를 뜻하게 되었습니다. indicator는 index finger집게손가락처럼 무언가를 가리키는 구실을 하죠.

그런가 하면 유용하지만 건강에 좋지 않은 eponym도 있습니다. 병이름으로라도 후세에 이름을 남길 수 있다면 영광이라고 봐야겠죠? 한센Hansen은 나병leprosy의 다른 명칭인 한센병Hansen's disease으로 이름을 남겼습니다. 대니얼 새먼Daniel Salmon은 식중독을 일으키는 살모넬라균salmonella을 남겼고요. 마찬가지 예로 파킨슨병Parkinson's disease, 아스퍼거 증후군Asperger syndrome, 알츠하이머병Alzheimer's disease 등이 있습니다. '마찬가지로'를 뜻하는 ditto의 어원은 뭐냐고요? 이탈리아어로 '(이미) 말한'입니다.

이름의 기원

On a First-Name Basis

앞에서 마거릿Margaret이 '진주'라는 이야기는 했죠. 그런데 버터의 대용품 마가린margarine과 사촌인 건 모르셨을 겁니다. margarine은 진주 같은 광택이 난다 하여 붙은 이름입니다.

영 예뻐 보이지 않는 이름도 뜻을 알고 나면 달라 보일 수 있습니다. 바버라Barbara는 아기가 옹알거리는babble 소리처럼 들리죠. 맞습니다. 그 기원은 '더듬거리는 소리'를 뜻하는 의성어였거든요. 그렇게 말하는 사람이 barbarian야만인이었고요. Barbara는 '이국적인, 이방인의, 야만적인'이라는 뜻을 갖게 되면서 어느 정도 명예를 회복합니다. 모두 바비Barbie 인형에도 적용되는 속성이에요. 어쨌든 제가 알고지내는 바버라가 대여섯 명이 있는데 미련한 사람은 한 명도 없던데요. 뭐, 솔직히 말하면 한 명쯤 있긴 한데 그렇게 심하진 않습니다. 다른 이야기지만 '미늘(낚싯바늘 끝이나 화살촉에 역방향으로 나 있는 가시)'을 뜻하는 barb는 라틴어 barba수염에서 왔습니다.

과거에는 참 끔찍한 Christian name(일부 문화권에서 성 앞의 이름을 일컫던 말)도 있었습니다. 제 조상 중에는 참을성이 아주 좋을 듯한 페이션스Patience라는 사람이 수두룩했고, 우아하게 뼈를 부러뜨릴 것 같은 그레이스 크랙본Grace Crackbone이라는 사람도 있었습니다. 그뿐 아니라 웨이트 심슨Wait Simpson, 웨이팅 로빈슨Waiting Robinson이라는 사람도 있었고요(뭘 그렇게 기다릴까요, 괴로운 이승의 삶을 마치고 어서 하늘나라로 갈 날을?). 게다가 늘 고마워하며 살아야 할 것 같은 생크풀 로빈슨Thankful Robinson이라는 사람도 있었습니다.

성경에서 유래하여 오늘날 흔히 쓰이는 이름 중에는 의미가 좀 아쉬운 것들도 있습니다. 예컨대 영원히 의문을 던지는 마이클Michael이 있죠. 고대 히브리어에서 미카엘Michael은 의문형으로, '누가 하느님 같으랴?'라는 뜻입니다. 이름이 질문이라니 난감하네요. 역시 히브리어에서 온 이름 제임스James는 '발뒤꿈치'입니다. '밑바탕을 흔드는 자'라는 뜻도 있지만 딱히 더 나아 보이진 않네요. 조지프Joseph는 '그가 더하리라'입니다(빼는 것보다는 낫겠지요).

시어도어Theodore는 '신이 내린'입니다. 그리스어 theo = '신'이죠. 라틴어로 가면 deus가 됩니다. 그래서 '신의 사랑'을 뜻하는 라틴어 이름 아마데우스Amadeus가 그리스어로는 테오필로스Theophilus였습니다. 모차르트의 세례명은 요하네스 크리소스토무스 볼프강구스 테오필루스 모차르트Johannes Chrysostomus Wolfgangus Theophilus Mozart였는데요, 참으로 여러 언어가 뒤범벅된 이름입니다. 요하네스Johannes와 볼프강Wolfgang은 '늑대의 여행길'이라는 뜻으로 독일어입니다. 그리스어에서 온 크리소스토무스Chrysostomus는 '황금의 입을 가진'이라는 뜻이니 작곡가에게 걸맞는 단어네요(stoma가 '입'으로, stomach위의 어원입니다).

그런데 이름에 꼭 뜻이 있어야 한다는 법이 있나요? 그냥 마음대로 만들어도 됩니다. 예컨대 제이든Jayden과 케이든Caden은 2014년에 인기 남아 이름 상위 11위 안에 든 이름입니다. 표기를 다르게 한 케이든Kayden과 제이든Zayden은 각각 57위와 75위를 차지했습니다. 오랫동안 인기를 누리고 있는 에이든Aidan(게일어로 '불타는')의 영향으로 만들어진 이름들이죠. 에이든Aidan은 2020년 순위에서 4위 또는 5위에 올라 있습니다. 그렇다고 새로 만들어진 이름만 상위권에 있는 건 아니어서, 같은 해 100위권 안에는 세인트Saint, 애틀러스Atlas, 테너시Tennessee, 듄Dune, 케일Kale처럼 익숙한 단어도 눈에 띕니다.

남자 이름에 케일Kale이 있다면 여자 이름에는 역시 채소 이름인 로메인Romaine(63위)이 있습니다. 지명으로는 브루클린Brooklyn(9위)과 아일랜드Ireland(76위)의 인기가 꽤 높습니다. 첼시Chelsea와 브리터니Brittany도 오래전부터 인기였죠. 소리 나는 대로 온갖 희한한 철자로 적히곤 하는 매켄지McKenzie도 최근 4년간 여아 이름 상위 60위에 들 정도로 잘 나가고 있습니다.

다행히 현대에 들어 영어권 이름의 다양화가 이루어졌습니다. 왜 다행이냐면, 예전에는 이름의 가짓수가 상당히 적었거든요. 한동안(사실 수백 년 동안) 엘리자베스Elizabeth와 메리Mary를 집중적으로 썼고, 메리Mary는 흔히 몰리Molly나 폴리Polly로 줄여 불렀는데 그 원리는 마거릿Margaret이 메그Meg나 페그Peg가 된 것처럼 도무지 알 수가 없습니다(그런 식이면 엘리자베스Elizabeth는 에그Egg라고 해야 하는 게 아닌지…). 남자 이름도 마찬가지여서 리처드Richard는 리치Rich를 거쳐 딕Dick이 되고, 로버트Robert는 롭Rob을 거쳐 밥Bob이 되죠. 그런데 에드워드Edward

는 왜 네드Ned나 테드Ted가 될까요? 데드Ded는 안 되나요?

앞의 종교 이야기에서도 나왔던 메리Mary는 오랜 세월 부동의 1위를 차지했던 이름이에요. 그래서인지 '머더 구스Mother Goose'가 지었다고 하는 영국 전래 동요들을 보면 메리Mary가 정말 많이 나오는데, 각운을 맞추다 보니 성격이 '청개구리contrary'라고도 하고 '낙농장 일을 한다mind the dairy'고도 합니다. 키우는 양이 학교까지 따라와서 교실을 웃음바다로 만들기도 하죠.

혹시 머더 구스의 노래영국의 전승 동요집, 어린이를 위하여 만든 노래 이외에도 고대 의식에서 기도할 때 부르던 노래, 속담, 군가 등이 뒤섞여 잔인하거나 기괴한 가사의 노래도 다수 포함되어 있다.—옮긴이가 뭐냐고 하시는 분들이 있을까 봐 몇 가지를 더 소개하자면, 메리Mary처럼 자주 등장하는 남자 주인공이 존John인데 어째서인지 밤마다 "한쪽 발은 신을 벗고 한쪽 발은 신은 채(one shoe off and one shoe on)" 잔다고 합니다. 그런가 하면 같은 인물로 추정되는 조니Johnnie는 장터에서 혼자 돌아다녀 여자친구가 "Oh, dear, what can the matter be?(자기 도대체 무슨 일이 있는 거야?)" 하고 한탄하게 만들기도 하죠(그냥 Dear John letter절교 편지를 쓰는 게 좋을 텐데요). 한편 조니Johnnie는 비디오게임이 없던 시절이라 그런지 밖에서 놀고 싶다며 "Rain, rain, go away.(비야 비야 어서 가라.)"라고 구슬프게 외치기도 합니다.

잭Jack은 John의 별명인데요, 역시 머더 구스 동요에 심심치 않게 등장합니다. 일단 파이에서 건포도만 골라 먹으며 "What a good boy am I!(난 정말 너무 착한 것 같아!)"라고 외치는 밉살스러운 아이의 이름이 잭이고요(〈Little Jack Horner〉), 그런가 하면 뚱보 아내와 식성이 정반대였다는 말라깽이도 잭입니다.

어쨌거나 여자아이 이름은 뭔가 달콤한(mellifluous = '꿀처럼 흐르는') 것으로 붙이는 게 좋겠죠. 아예 '꿀'을 뜻하는 멀리사Melissa는 어떨까요? 꿀을 쫓아 날아다니는 '벌'이라는 뜻의 데버라Deborah도 나쁘지 않지만 멀리사Melissa처럼 우아하게 흐르는 느낌은 없네요.

이름은 이름일 뿐, 뭐가 그리 중요하냐고요?

제 경험으로 볼 때는 많이 중요합니다. 제 이름 데버라Deborah를 데브라Debra라고 적으면 지옥에 떨어지실 겁니다. 그것도 꽤 깊숙한 지옥으로요. psychopomp영혼인도자가 도착할 새도 없이요. 뎁Deb이라고 줄여 부르는 건 데비Debbie보다는 그나마 살짝 낫긴 한데, 저에게 자동차를 팔려던 판매원 입에서 듣는 건 영 아니더군요.

$$21°$$

족보와 정치

Talk of Many Things:
Cabbages — and Kings

루이스 캐럴의 『거울 나라의 앨리스』에 등장하는 바다코끼리는 이렇게 말합니다. "The time has come to talk of many things: … Of cabbages—and kings. (이제 여러 가지 것들을 이야기해볼 때가 됐구나. … 양배추라거나, 왕이라거나.)" 이 장에서도 여러 가지 것들, 특히 나라 다스리는 일을 이야기하려고 하는데요, 말 나온 김에 양배추에 관해서도 세 가지만 언급하겠습니다. 1) 양배추는 '탈모의 특효약'으로 여겨졌습니다. 2) 가장 무거운 양배추는 56킬로그램이었습니다(1865년). 3) 1970년대 말에는 Cabbage Patch Kid양배추밭 아이라는 특이한 생김새의 인형이 등장했는데요, "개별 제작된 연성 조각 작품"이라고 했습니다. 이 '양배추 인형'의 인기가 절정에 이르면서 매장에서는 추첨으로 구매자를 정해야 했고, 손님들 사이에 인형을 사려고 주먹다짐이 벌어지기도 했으며, "폭동의 조짐"을 막기 위해 경찰까지 동원됐다고 해요. 경쟁은 말 그대로 숨 막혔습니다. 텍사스의 한 구매자는 "다른 쇼핑객의 핸드백 끈이 목에 칭칭 감겨 있었다"고 합니다.

지금까지 가문 이름과 사람 이름을 살펴봤다면, 이제 친족 관계를

무엇이라 부르랴

일컫는 말들을 알아보겠습니다.

pedigree족보의 어원은 프랑스어 pied de gru이고, 그 뜻은 '두루미의 발'입니다. 좀 의아할 수 있지만, 가계도에서 나뭇가지처럼 갈라져 나온 선들의 모양에 착안해 중세 때 그렇게 불렀습니다.

요즘 대다수 사람은 가문에 눈곱만큼도 관심이 없습니다. 과거에도 항상 그랬던 건 아닙니다. 여러 문화권에서는 혈통이 곧 개인의 정체성이었고, 지금도 그렇습니다.

중세 유럽에서 땅을 물려받은 귀족은 땅 이름을 자기 이름으로 삼았습니다. 가령 'Richard of Southmorland사우스몰랜드의 리처드'라고 하거나 그냥 간단히 'Southmorland사우스몰랜드'라고 하는 식이었습니다. 셰익스피어의 작품 속 대화에서 사람들은 심지어 왕을 그냥 '프랑스France'라거나 '노르웨이Norway'로 지칭하곤 합니다. 이를테면 "Norway, uncle of young Fortinbras(포틴브라스 왕자의 숙부인 노르웨이 왕)"처럼 말이죠.

그런가 하면 선조의 외양을 가리키는 성들도 있습니다. 예컨대 '검정'의 블랙Black, '흰색'의 화이트White, '회색'의 그레이Gray 등입니다. 출판사 리틀 브라운 앤드 컴퍼니Little, Brown and Company의 두 창업자 '작은' 리틀Little과 '갈색' 브라운Brown의 성도 마찬가지고요.

사람을 부르는 이름에는 선조의 자취가 많이 담겨 있었습니다. 땅, 마을, 직업, 외양을 가리키는 성을 갖지 않은 사람은 '그 아버지의 아들'로 부르는 게 제일 간편했을 겁니다. 이를테면 이런 식으로요. 페터슨Peterson, 매클라우드MacLeod, 오브라이언O'Brien, 피츠패트릭Fitzpatrick···. 'Fitz'는 라틴어 filius아들에서 왔습니다.

친족 관계를 유달리 더 중요시하는 문화권도 있는데, 쓰는 단어부터 남다릅니다.

라틴어는 '혼인에 의해 맺어진 친척in-law'을 뭉뚱그리지 않고, 형제자매의 배우자와 배우자의 형제자매를 구분하여 부릅니다. 부모의 형제자매는 아버지 쪽과 어머니 쪽을 구분해서, '고모'는 amita(영어 aunt의 어원), '이모'는 matertera라고 했습니다. '삼촌'은 patruus, '외삼촌'은 avunculus('작은 조상', 영어 uncle의 어원)입니다. 영어에서 '사촌'을 두루 부르는 말 cousin의 어원은 라틴어 consobrinus이고, 그 뜻은 '이모의 아들'입니다(soror = sister).

영어는 섬세한 구별이 상대적으로 부족한 경우가 있습니다. 영어의 man은 맥락에 따라 조금씩 다른 의미를 갖죠. 라틴어에는 man에 해당하는 단어가 둘 있습니다. vir는 '존경할 만한 품성 또는 덕성을 갖추었거나 남자다운 사람', homo는 '생물학적 인간'을 가리킵니다. 창세기에 등장하는 최초의 인간은 아담Adam이죠. '흙으로 빚은'이라는 뜻의 히브리어랍니다.

토론할 때 논리가 아니라 사람을 공격하는 발언을 가리켜 ad hominem인신공격성의이라는 말을 쓰지요. 말 나온 김에 라틴어 약어 몇 가지만 알아보겠습니다.

　i.e. = id est (다시 말해that is)

　etc. = et cetera (… 등and other things)

　e.g. = exempli gratia (예를 들어for example)

　et al. = et alii (그 외 다른 사람들and other people) 또는 et alia (그

외 다른 것들and other things)

ad lib = ad libitum (즉흥적으로however you desire)

ad hoc = 임시로for this (specific reason)

그런데 유의해야 할 것이 homosexual동성애자에서처럼 '동일한'을 뜻하는 'homo-'입니다. homogeneous동질적인, homonym동음이의어를 비롯해 수많은 과학 용어에 들어 있는 접두사죠.

친족 관계 용어로 말하자면 라틴어는 러시아어에 명함도 못 내밉니다. 영어로는 다 같은 'great uncle'이어도 러시아어에서는 예컨대 할아버지의 형이냐 동생이냐에 따라 '큰할아버지'와 '작은할아버지'를 구분합니다. 러시아인은 patronymic부칭父稱을 쓰는 것으로도 유명하지요. patronymic은 아버지의 이름을 딴 이름으로, 가운데 이름으로 쓰입니다. 이를테면 (본인의 성별에 따라 접미사를 달리 하여) 여자는 페트로바Petrova, 남자는 페트로비치Petrovich라고 하는 식입니다.

프랑크 왕국에서 카롤루스Carolingian 왕가의 시조는 카롤루스 마르텔루스Charles Martel이었습니다(Martel은 '망치'를 뜻합니다). 이 가문에 속한 왕들의 이름을 훑어보면 이렇습니다. Charles the Fat비만왕 카롤루스, Charles the Bald대머리왕 카롤루스, Pepin the Short단신왕 피피누스, Pepin the Middle중中 피피누스, Pepin the Hunchback곱사등이왕 피피누스, Childebert the Adopted양자왕 킬데베르투스···. 이 정도면 절대 서로 헷갈릴 일이 없겠지요.

민주국가 미국에서도 '정치 명문가'는 계속 탄생합니다(케네디 Kennedy, 클린턴Clinton, 부시Bush 등). 그러니 우리도 같은 가문 사람들을 손쉽게 구분할 별명이 있어야 하겠습니다. 부시 1세Bush I, 부시 2세 Bush II는 너무 밋밋하고, 조지 허버트 워커 부시George H.W. Bush와 조지 워커 부시George W. Bush도 명료하지 못합니다. 아들 부시가 썼던 소탈한 별명 '더브야Dubya'(W의 남부 발음을 나타낸 것)도 기품이 떨어지고요. 대안이 없는 것도 아닙니다. 참고할 예는 많거든요.

1. 로마의 역사가 대大 플리니우스Pliny the Elder, 소小 플리니우스Pliny the Younger

2. 프랑스의 부자父子 작가 뒤마 페르Dumas père, 뒤마 피스Dumas fils(père = 아버지, fils = 아들)

3. 마피아 망가노 가문처럼 별명을 가운데 이름으로 넣어 구분하는 경우. Venero "Benny Eggs"달걀 장수 베니 Mangano, Vincent "Ace"에이스 Mangano, Lawrence "Dago"이탈리아 놈 Mangano, Philip "The Rat"쥐새끼 Mangano.

4. 영국 학교에서처럼 예컨대 형 스미스Smith Major, 동생 스미스 Smith Minor로 형제를 구분하는 방법

5. 카롤루스 왕가 방식. 신성로마제국의 프리드리히 1세 황제는 Frederick Barbarossa('붉은 수염')로 불렸습니다. William the Conqueror정복왕 윌리엄의 아들 William Rufus('붉은 얼굴')를 필두로 이 왕가의 윌리엄들은 다양한 색깔을 뽐냈습니다. 예컨대 윌리엄 3세는 William of Orange('오렌지빛 윌리엄')로 불렸습니다.

여담이지만, 왕가의 외양적 특징이라면 오스트리아 합스부르

크 왕가의 주걱턱jutting chin을 빼놓을 수 없습니다. 전문용어로는 prognathism턱나옴증이라고 하는데, 다른 말로 '합스부르크의 턱'이란 뜻으로 Habsburg jaw 또는 '오스트리아의 입술'이라는 뜻의 Austrian lip이라고 할 정도입니다. 유럽 왕실에서는 근친혼이 성행했기에 유전자의 결함이 고착되는 경우가 많았죠.

hemophilia혈우병도 마찬가지여서, 한때 'the royal disease왕실병'로 불리기도 했습니다(중세에 왕의 손길이 닿으면 낫는다는 뜻으로 King's Evil왕의 병이라 했던 scrofula연주창와 혼동하지 말아 주세요). 빅토리아 여왕이 이 혈우병 인자를 보유했기 때문에 그 자손들을 통해 유럽 각국의 왕실에 혈우병 유전자가 퍼졌고, 특히 러시아에도 전해졌습니다. hemophilia는 문자 그대로 해석하면 '피를 좋아함'이라는 뜻입니다. 서유럽은 러시아에 czar차르(또는 tsar)라는 황제의 명칭도 제공해주었죠. 그 어원은 다름 아닌 로마 정치가 카이사르Caesar입니다. 독일의 카이저 Kaiser도 거기에서 왔고요.

빅토리아 시대보다 훨씬 더 옛날로 거슬러 올라가면 유전병을 떠나 문제가 많았던 왕이 있었죠. 1215년 잉글랜드의 존왕은 귀족들의 압박에 밀려 국왕의 권리를 제약하는 마그나 카르타Magna Carta, '대헌장'에 서명했습니다. 존왕은 노르망디 공국을 프랑스에 빼앗기는 등무능하기 짝이 없었어요. 그래서 노르만인들에게는 Johan sanz terre, 영국에서는 John Lackland로 불렸습니다. '땅 없는 존'이라는 뜻입니다.

존왕이 만약 민원 조사관 옴부즈맨ombudsman을 두었다면 귀족들에게 협박받는 지경까지는 이르지 않았을지도 모르겠네요.

ombudsman은 스웨덴에서 국민의 민원을 직접 듣고 처리하던 justitieombudsmannen이라는 직책에서 유래한 말입니다.

여하튼 마그나 카르타에 의해 귀족들은 몇 가지 권리들rights를 보장받았습니다.

오른쪽right은 항상 좋은 쪽입니다. 인간 세상은 오른손잡이가 대부분이니 어쩔 수 없죠. 늦어도 후기 구석기시대(Upper Paleolithic, Paleolithic = '옛 돌')에는 이미 오른손잡이가 주종이 되었다고 합니다. 어떤 이유에선지 오른손잡이가 오래 살아서 그 특성을 자손에게 물려주는 경우가 왼손잡이보다 많아진 겁니다.

손 이야기를 하자면, 최초의 인간 homo habilis호모 하빌리스('능숙한 사람')는 그전까지 종일 나뭇가지에만 매달려 있다가 지상으로 내려왔더니 손을 쓸 일이 많아졌습니다. 그래서 물건을 쉽게 다루기 위해 엄지손가락을 진화시켰고, 그 결과 '손재주가 좋은(dextrous 또는 dexterous)' 동물이 되었지요. 여기서 dexter = '오른, 오른손'입니다.

라틴어 dexter는 프랑스어의 droit를 거쳐 영어의 adroit능숙한가 되기도 했습니다. right는 '오른'이면서 '옳은'이기도 하죠. 영국 왕실의 문장紋章에는 "Dieu et mon droit (God and my right신과 나의 권리)"라는 표어가 적혀 있는데, 여기서 right는 마땅히 가져야 할 '권리'입니다. right가 정치적 '우파'를 가리키게 된 것은 프랑스 의회(Parlement = '말하는 곳')의 자리에서 비롯되었습니다. 프랑스 혁명 당시 앙시앵레짐Ancien Régime 구체제을 옹호하는 파가 오른쪽에 앉았던 데에서 유래합니다.

냉소적으로 보면 '힘이 곧 정의might makes right'죠. 한 예로, 중세 영주는 이른바 '영주의 권리droit du seigneur' 또는 '초야권jus primae noctis'이라는 특권을 누렸다고 합니다. 자신의 영지에서 결혼한 신부를 신랑보다 먼저 취할 수 있는 권리입니다.

이 초야 행위는 흔한 풍습은 아니었지만 산업혁명기까지 이어졌습니다. 대개는 '법적으로de jure' 행해진 것이 아니라 '실질적으로de facto' 행해졌는데, 이를테면 귀족이 하녀를 꼬셔서 관계하고, 그러다가 임신한 하녀는 같은 하류층 남자와 결혼하는 식이었습니다. 실질적으로 '힘이 곧 정의'임을 보여주는 전형적 사례는 군주들이 내세운 '왕권신수설the divine right of kings'이죠. 한마디로 '내가 지금 왕좌에 앉아 있는 것은 신이 나를 이 자리에 앉혔기 때문'이라는 주장입니다.

오른쪽과 관련된 단어를 마지막으로 하나만 더 알아보겠습니다. 뱃사람들은 꼭 배에서 유래한 말들을 쓰죠. 옛날 노 젓는 배는 뒷자리에 앉은 사람이 오른손으로 노를 저었습니다. 배는 계속 발달했지만, '노 젓는 뱃전'이라는 뜻의 steer-board는 starboard로 형태를 바꾸어 '우현'을 뜻하게 되었습니다.

왼쪽은 무조건 나쁜 쪽입니다. sinister음험한는 원래 라틴어로 '왼쪽'을 뜻했습니다. gauche어색한도 프랑스어로 '왼쪽'입니다. 교회 건물을 '시계 반대 방향으로widdershins' 돌면 불길하다고 했습니다. widdershins의 어원은 옛 독일어 wedder반대로와 sinnen/sind('가다', 영어의 send와 친척뻘)입니다(한편 불교에서는 시계 방향으로 걸음으로써 존경의 마음을 표시합니다).

가문의 문장紋章에 대각선 띠가 들어 있는 경우, 보통 왼쪽 위에서 오른쪽 아래로 그어집니다. 그 반대 방향, 즉 오른쪽 위에서 왼쪽 아래로 그어진 경우를 bend sinister좌경선라고 하는데요, 서출庶出 가문을 의미합니다. 귀족이 농노의 딸을 마음대로 취하면 사생아가 나오기 마련이죠. 물론 귀족 부인이 아들을 낳지 못하면 상속권이 서자에게 넘어갈 수도 있습니다. 가문의 혈통을 잇기 위해 서자는 왕에게 자신을 적자로 인정해줄 것을 요청하여 '진정한genuine' 귀족 신분을 얻기도 했습니다. 여기서 genuine은 적절하게도 라틴어 genu, '무릎'에서 온 말인데, 옛날에 남자가 아기의 아버지임을 인정할 때 아기를 자기 무릎 위에 올려놓은 데서 유래했다고 합니다.

그런가 하면 left-handed marriage신분이 맞지 않는 결혼도 있었죠. 결혼을 서약할 때 신랑이 신부에게 오른손이 아닌 왼손을 내주었던 데서 유래한 표현입니다. 너무 굴욕적이죠. 이런 결혼을 morganatic marriage귀천상혼貴賤相婚라고도 했습니다. 어원은 결혼식 이튿날 아침에 신랑이 신부에게 주던 '아침 선물morning-gift', 독일어로 Morgengabe입니다. 관습상 왕족의 혈통에 지체 낮은 집안의 피가 섞이는 것은 허용되지 않았습니다. 신분이 높은 남편이 신분이 낮은 아내를 맞는 morganatic marriage를 하는 경우 아내와 그 자녀는 남편의 지위와 재산을 물려받을 수 없었습니다. 주어지는 것은 '아침 선물', 즉 신랑의 지참금이 전부였거든요.모든 상속은 남편이 다른 결혼으로 얻은 적자에게 돌아갔다.―옮긴이

동성결혼 Straight Talk

문명화된 오늘날에도 결혼 제도의 한계를 지적하는 의견이 있죠. 그

런가 하면 동성결혼same-sex marriage이 결혼 제도의 근간을 흔든다고 생각하는 사람도 있습니다. 동성애자 부부가 쏟아져나와 '전통적' 가족을 무너뜨리도록 놓아둘 수 없다는 거겠죠.

싸우자는 말 Fighting Words

이 정도면 이 장의 제목에 들어간 '족보'에 관해서는 충분히 이야기한 것 같네요. 그럼 정치 이야기도 해야겠지요. 그런데 다른 마땅한 자리가 없어서 '전쟁' 이야기를 여기에 끼워넣을까 합니다.

징고이즘jingoism은 '맹목적 애국주의, 저돌적 주전론'을 가리키는 용어입니다. 그 유래는 19세기 말 영국에서 유행하던 노래의 가사입니다. "We don't want to fight but by Jingo if we do, we've got the ships, we've got the men, we've got the money too. (싸우고 싶진 않지만 싸웠다 하면 볼 것도 없지. 우리에겐 배도 있고, 군대도 있고, 돈도 있으니.)" 'by jingo'는 'by Jesus맹세코'의 완곡한 표현입니다.

징고이스트jingoist가 잘하는 행동이 saber-rattling검 흔들기, 무력의 과시이죠. 최근에 제가 라디오에서 재미있는 말라프로피즘malapropism(발음이 비슷한 엉뚱한 말을 쓰는 실수)을 하나 들었는데요, sable-rattling검은담비 흔들기이었습니다. 동물보호단체가 들고 일어날 뻔했죠.

징고이스트jingoist는 오늘날 hawk매파派의 전신입니다. 주전론자들은 항상 casus beli를 잘 찾아내지요. '전쟁의 명분' 말이에요. 예를 들어볼까요.

1. 스페인 사람들이 영국 젱킨스Jenkins 선장의 배에 올라타 그의 귀

를 베었습니다. 베인 귀는 의회에 증거로 제출되어 casus beli 구실을 했고(1739년), 그로 인해 일어난 것이 War of Jenkins' Ear젱킨스의 귀 전쟁입니다.

2. 이라크의 사담 후세인이 '대량살상무기'를 보유하고 있다는 주장은 Operation Desert Fox사막의 여우 작전의 casus beli가 되었습니다. 유독한 화학 물질과도 관련이 있는 이야기인데, 원래 'Desert Fox'는 북아프리카에서 활약한 독일 육군 원수 에르빈 롬멜Erwin Rommel의 별명입니다. 롬멜은 히틀러의 명령에 따라 청산가리를 먹고 자살하는 최후를 택했죠.

상처를 남긴 말들 At a Loss for Words

Pyrrhic victory는 '상처뿐인 승리'입니다. 3세기 그리스의 왕 피로스 Pyrrhus가 로마군과의 전쟁에서 큰 희생을 치르고 승리한 것에서 기원한 표현이에요. Pyrrhic victory의 또 다른 예를 들면, 러시아 원정에 나선 나폴레옹은 1812년 보로디노 전투Battle of Borodino에서 병력의 3분의 2를 잃었습니다. 1916년 솜 전투Battle of the Somme에서 프랑스와 영국은 약 10킬로미터를 전진하는 동안 15만 명에 이르는 전사자를 냈고, 전투 첫날에만 영국군 1만 9000명이 전사했습니다. 1775년 벙커힐 전투Battle of Bunker Hill에서 영국군은 미국 독립군을 상대로 완승을 거두었지만, 독립군에 비해 대략 두 배 많은 사상자를 냈습니다. 이 전투에서 미국의 한 지휘관은 "Don't shoot till you see the whites of their eyes. (적의 눈 흰자위가 보이기 전에는 쏘지 말라.)"라고 명령했다고 해요.

스포츠와 마찬가지로 전쟁은 수많은 비유적 표현을 낳았습니다. vanguard선봉, 전위는 원래 avant-garde였고, 프랑스어로 '부대의 선두에 선 병력'을 뜻했습니다. 오늘날 '전위 예술, 아방가르드'를 뜻하는 그 avant-garde가 맞습니다. bullet총알만 해도 민간인들의 일상에 완전히 흡수되었죠. 누구나 sweat bullets땀을 뻘뻘 흘리다, bite the bullet이를 악물고 하다, dodge a bullet가까스로 최악을 면하다 같은 행동을 아무렇지도 않게 하잖아요. 파워포인트 발표 자료에도 bullet글머리표을 항상 넣고요. 한편 영국 작가 에드워드 불워리턴Edward Bulwer-Lytton은 "The pen is mightier than the sword.(펜은 칼보다 강하다.)"라고 했죠. 그걸 "the penis, mightier than the sword.(남근은 칼보다 강하다.)"라고 비튼 사람도 있습니다만. 그런 의미에서, 이제 칼 이야기가 아닌 또 그 밖의 단어 이야기로 넘어가보겠습니다.

22

장안의 화제: 지명

Talk of the Town

도시의 이름은 그 역사를 말해주는 경우가 많습니다. 이탈리아의 나폴리Napoli는 원래 그리스의 '새 도시'를 뜻하는 Neapolis였습니다. 그리스는 한때 마그나 그라이키아Magna Graecia 대그리스라는 이름으로 이탈리아 남부를 식민화했죠. 그리스어 polis에서 라틴어 politicus('정치의')도 유래했습니다. '콘스탄티누스 황제의 도시', 콘스탄티노폴리스Constantinopolis는 원래 그리스에서 '시내inside the city'라는 뜻으로 eis tan polin이라 부르던 도시입니다. 거기에서 이스탄불Istanbul이라는 오늘날의 이름이 유래했죠. 그리스 도시국가의 언덕을 부르던 이름 아크로폴리스acropolis는 '높은 도시'라는 뜻입니다. 슈퍼맨의 활동 무대인 가상의 대도시 메트로폴리스Metropolis는 '어머니 도시'이고요(그리스어 meter = '어머니').

나폴리 이야기가 나온 김에, 영어로 나폴리의 형용사형인 나폴리탄Neapolitan은 20세기 중반에 유행했던 아이스크림 형태를 가리키는데, 바닐라, 초콜릿, 딸기의 세 가지 맛이 나란히 붙어 있는 조합입니다. 나폴레옹 보나파르트Napoleon Buonaparte는 '나폴리의 큰 사람'이라는 뜻이 됩니다. 나폴레옹의 이름이 게르만족 전설에 나오는 난쟁이 니벨룽Nibelung에서 유래했다고 주장하는 사람도 있는데요, 글쎄요. 부모가 아들이 키가 작을 줄 미리 알고 그렇게 지었다는 걸까요?

러시아의 도시 이름은 정치 지도자에 따라 이렇게 저렇게 바뀌곤 했습니다. 상트페테르부르크St. Petersburg는 1914년에 독일어 'burg'를 떼고 페트로그라드Petrograd가 되었습니다. 그러다가 1924년에 레닌그라드Leningrad가 되었다가 1991년에 상트페테르부르크St. Petersburg로 다시 돌아왔습니다. 볼고그라드Volgograd는 원래 이름이 차리친Tsaritsyn이었는데, 차르tsar를 연상시키는 이름을 용납할 수 없던 스탈린 시절에 스탈린그라드Stalingrad로 바뀌었습니다. 그러다가 1961년에 흐루쇼프가 볼고그라드Volgograd로 되돌렸습니다('-grad'는 '주변 땅'을 의미하며 영어의 yard마당, garden뜰과 친척뻘입니다. 산업 도시 볼고그라드Volgograd에 썩 어울리는 이름은 아니지요).

파리Paris의 기원이 궁금하시다고요? 프랑스 작가 라블레의 소설 속 주인공인 거인 가르강튀아는 파리에 갔다가 군중이 너무 짜증스럽게 굴어서 소변으로 홍수를 일으키고, 26만 418명을 익사시킵니다. 여기서 살아남은 사람들이 어찌나 많이 웃었는지 도시 이름이 '재미로in fun'라는 뜻의 'Par ris'로 바뀌었다고 해요.

상당히 충격적인 가설이지만, Paris는 로마인들이 그곳에 살던 파리시Parisii 부족의 이름을 따서 Lutetia Parisiorum이라 부른 데서 유래한 이름입니다. Lutetia는 어디서 나온 말인지 알 수가 없는데요, 어쨌든 주기율표의 71번 원소 루테튬lutetium은 파리에서 발견되었기에 그렇게 명명되었습니다.

아테네Athens의 창건 신화에 따르면 그리스신화의 바다의 신 포세이돈과 지혜의 여신 아테나가 도시의 수호신 자리를 놓고 경쟁을 벌였다고 합니다. 포세이돈이 삼지창으로 땅을 찌르자 물이 콸콸 솟아올랐고, 가뭄에 시달리던 도시 주민들은 탄복했습니다. 그런데 한 가지 snafu착오가 있었습니다(snafu는 원래 'situation normal, all fucked up상황 이상무, 전부 개판임' 또는 점잖게 표현하면 '…fouled up'의 약어). 쓸모없는 소금물이었던 거죠. 아테나는 올리브나무를 심어 주민들에게 열매와 기름, 목재를 얻게 해주었고, 당당히 승자가 되었습니다.

섬나라 영국 사람들은 해외의 지명을 자기 멋대로 바꿔 불렀습니다. 한 예로, 이탈리아에 리보르노Livorno라는 항구도시가 있습니다. 영국 사람들은 일단 '레그오르노Legorno'라 부르곤 했습니다. 그런데 모음으로 끝나는 이름은 아무래도 이질적이었기에, '레그혼Leghorn'이라는 이름을 창작해냈죠. leg horn이 도대체 무엇일까요? 발목에 차는 족쇄일까요? 라틴어 tibia('정강이뼈' 또는 정강이뼈로 만든 관악기)를 영어로 옮긴 것일까요? 아닙니다. 그냥 영어스럽게 자음이 덕지덕지 겹쳐진 음절 두 개를 만든 것뿐이죠. 레그혼leghorn은 오늘날도 1) 닭의 품종과 2) 이탈리아 토스카나에서 만든 밀짚모자를 가리키는 이름으로 쓰이고 있습니다.

영국인들은 그 밖에도 여러 이탈리아 지명에서 느끼한 기름기를 뺐습니다. 이를테면 나폴리Napoli를 네이플스Naples라고 했습니다. 토리노Torino와 베네치아Venezia의 모음을 깔끔하게 날려버리고 투린Turin과 베니스Venice로 만들었습니다. 이탈리아어의 'z'가 몹시 이질적으로 느껴졌나 봐요. 피렌체Firenze도 영 입에 붙지 않아서 플로렌스 Florence로 바꿔 불렀습니다. 그래도 그 이름은 꽃 향기가 나는 듯한 옛날 이름 Florentia(라틴어)나 Fiorenze(옛 이탈리아어)와 비슷해서 그나마 다행인 셈이죠.

사람 이름과 음식 이름도 영어식으로 탈바꿈하곤 했습니다. 로마의 웅변가 마르쿠스 툴리우스 키케로Marcus Tullius Cicero는 정답게 툴리 Tully가 되었고, 과자 종류인 마르지판marzipan은 마치팬marchpane이 되었습니다.

아랍 쪽 이름은 어떻게 되었냐고요? 말해 뭐하겠습니까. 로제타 석Rosetta Stone이 왜 그런 이름인지 아세요? 이집트 라시드Rashid에서 발견됐기 때문입니다. 로제타 석은 18세기 말에 나폴레옹의 이집트 원정군이 발견한 비석으로 기원전 2세기 이집트 왕의 공덕을 기리는 내용이며, 고대 이집트 문자 해독의 열쇠가 되었다.—옮긴이

미국으로 넘어가볼까요.

미국 북서부 영토를 다스리던 지사는 Society of the Cincinnati신시내티 협회라는 단체의 회원이었습니다. 미국독립전쟁 참전 장교들의 남자 후손들로 이루어진 단체였는데요, 그 이름은 군을 떠나 평화주의자가 된 로마 장군 킹킨나투스Cincinnatus곱슬머리에서 따온 것입니다. 그렇게 이름이 정해진 오하이오주 신시내티Cincinnati의 원래 이름은 로잔티빌Losantiville로, 리킹강Licking River 하구os의 맞은편anti에 있다는 뜻이었습니다. 이렇듯 고상한 라틴어 이름을 자랑하는 신시내티지만, 돈육업이 번성하여 돈육 도시라는 뜻의 포코폴리스Porkopolis라는

별명을 얻기도 했죠.

애리조나주 피닉스Phoenix의 이름을 지은 사람은 두파 경Lord Duppa 이라고 자칭한 19세기 프랑스인 탐험가 대럴 두파Darrell Duppa였습니다. 피닉스Phoenix는 자기 몸을 불태운 다음 그 재에서 새로 태어나는 (그래서 항상 한 마리만 존재합니다) 전설 속의 새입니다. 고전 애호가였던 두파는 피닉스 근처의 도시 이름을 템피Tempe라 짓기도 했는데, 아폴론과 뮤즈들이 자주 찾았던 그리스 테살리아의 Vale of Tempe템페 계곡에서 따온 이름입니다.

미국의 주들은 라틴어 이름을 택하기도 했는데, 예컨대 펜실베니아Pennsylvania는 '펜Penn의 숲'이라는 뜻입니다. 군주의 이름을 따온 곳도 있어서, 예컨대 조지아Georgia는 조지 2세George II, 버지니아Virginia는 엘리자베스 1세의 별명 'Virgin Queen처녀 여왕'에서 따왔습니다. 노스캐롤라이나North Carolina와 사우스캐롤라이나South Carolina의 캐롤라이나Carolina는 찰스Charles의 라틴어식 표기입니다. 루이지애나Louisiana는 프랑스 루이 14세Louis XIV에서 유래했습니다. 그리고 플로리다Florida는 스페인어로 '꽃이 만발한'이라는 뜻이에요. 한편 미국 서부의 주들은 스페인어로 된 지형 이름을 차용했습니다. 몬태나Montana는 '산이 많은mountainous'의 뜻입니다. 콜로라도Colorado는 '(붉은색으로) 칠해진colored'이고, 네바다Nevada는 '눈 덮인'입니다. 참고로 시에라네바다산맥Sierra Nevada는 '눈 덮인 산맥'이라는 뜻으로, sierra와 serrated톱니 모양의는 둘 다 라틴어 serra톱에서 왔습니다.

다시 유럽으로 가봅시다.

현란한 이탈리아어가 점잔 빼는 영국인을 불편하게 했다면, 라틴어는 영국 땅에 저항 없이 뿌리 내렸습니다. 로마군이 주둔했던 '진지'를 castra라고 했기에, 영국의 도시는 이름 끝에 '-caster', '-chester', '-cester'가 붙은 것이 많습니다. '작은 진지'를 뜻했던 castellum은 castle성이 되었습니다.

여담으로, 12세기에서 16세기 사이에는 성을 지으려면 국왕에게서 License to Crenellate축성 허가라는 것을 받아야 했습니다. 그래야 성곽을 세우고 활 쏘는 틈새를 톱니 모양으로 낼 수 있었죠. 국왕은 야심 찬 봉신들이 요새를 짓고 들어앉는 것이 달갑지 않았지만, 귀족들이 경계하는 적은 사실 따로 있었습니다. 약탈꾼들의 접근도 물론 막아야 했지만, 저마다 가진 땅을 넓히려 하는 다른 귀족들의 공격을 차단해야 했거든요.

나라마다 '새 성new castle'이란 곳이 많습니다. 프랑스에는 뇌샤텔Neufchâtel이 곳곳에 널려 있고, 이탈리아에는 카스텔누오보Castelnuovo라는 소도시가 수백 개는 됩니다. 하지만 그중에서도 으뜸은 동화 속에 나올 것 같은 모습을 한 독일의 노이슈반타인성Neuschwanstein Castle인데요, 이름부터가 상상력을 자극하는 '새로운 돌 백조'입니다. 잉글랜드 북부의 뉴캐슬Newcastle은 로마 시대의 요새가 있던 자리에 노르만인들이 '새 성'을 지어서 붙은 이름입니다. 물류 수송에 편리한 타인강 덕분에 뉴캐슬Newcastle은 탄광업 중심지로 번성했고, 'carry coals to Newcastle', 즉, '뉴캐슬에 석탄 가져간다'는 말은 '물건이 남아도는 곳에 쓸데없이 더 가져간다'는 뜻의 관용구가 되었습니다.

로마의 '시골 저택, 농장'을 뜻하던 villa는 영어의 village마을뿐 아니라 세계 곳곳의 '-ville'로 끝나는 마을 이름의 기원이 되었습니다. 중세 봉건 사회에서는 villa에 예속된 농민을 villein농노 또는 peasant소작농(어원은 '시골'을 뜻하는 pays)라고 했습니다. peasant를 pheasant꿩라고 잘못 쓰는 학생이 가끔 있지요.

로마 시대에 요새 인근의 작은 민간인 마을을 vicus라고 했는데, 같은 뿌리에서 나온 앵글로색슨어 접미사 wick, wyck, wich는 잉글랜드 동부 해안 등지에 스칸디나비아 출신 정착민들이 세웠던 마을의 이름에 많이 들어 있습니다. 한편 노르드어로 vik는 '작은 만'을 뜻했고, Viking은 '협만(피오르)에서 온 사람'을 뜻했습니다. 아이슬란드의 수도 레이캬비크Reykjavik는 노르드인이 처음 세웠는데 "연기의 만"이라는 뜻입니다(reyk는 reek연기, 냄새를 풍기다와 친척뻘). 잉글랜드의 노리치Norwich는 '북쪽 마을'입니다. 미국 작가 존 업다이크는 마녀들이 사는 마을 이스트윅Eastwick을 배경으로 한 소설, 『이스트윅의 마녀들』을 썼죠. 샌드위치Sandwich는 '모래 덮인 만'으로, 샌드위치를 발명한 샌드위치 백작Earl of Sandwich의 가문이 유래한 지방입니다. bailiwick는 원래 '관할 구역'이었는데 오늘날 '전문 분야'의 뜻으로 쓰입니다.

앵글로색슨어에서 유래한 또 다른 접미사로는 dorp, dorf(예컨대 Waldorf='숲속 촌락'), 그리고 잉글랜드의 지명에 흔한 thorpe, throp가 있습니다(노스럽Northrop='북쪽 마을', 윈스럽Winthrop='와인 마을'). 잉글랜드 요크셔에는 '-thwaite'(옛 덴마크어로 thveit='숲 없는 지대')로 끝나는 이름의 소도시가 몇 개 있는데, 바이킹이 쳐들어와 '날뛰기go berserk' 딱 좋은 곳들이었죠. 노르드어 berserker는 '곰 가죽을 입은 전사'라는 뜻으로, 흉포한 바이킹을 듣기 좋게 표현한 말이었습니다.

9세기에는 Ivar the Boneless뼈 없는 이바르가 이끄는 바이킹들이 영국 땅을 점령했습니다. 실제로 뼈가 없진 않았을 테니 '발기부전'을 빗댄 별명이라는 설이 있어요. 요즘 의사들이 봤으면 골다공증이 일찍 왔다는 진단을 내렸을지도 모르겠습니다.

이바르와 할프단 형제가 이끄는 이교도 대군세Great Heathen Army는 동생인 '뱀눈' 시구르드Sigurd Snake-in-the-Eye의 도움 없이 영국 북동부를 정복했습니다. 로마의 요새 에보라쿰Eboracum을 앵글로색슨인들은 '멧돼지 마을'이란 뜻의 Eoforwic라고 불렀고, 이것을 바이킹들은 'Jorvik'라고 발음했는데, 그 말이 결국 잉글랜드의 도시 요크York가 되었습니다. 뉴요커New Yorker들은 Ivar the Boneless를 기리는 축배를 가끔 들어도 좋겠죠.

town은 독일어 Zaun울타리과 뿌리가 같은 말로, village보다 한층 더 큰 지역 단위를 가리킵니다. '-ton'으로 끝나는 수많은 지명은 town에서 온 것이죠(참고로 '장물아비'가 영어로 'fence울타리'로 불리는 이유는 거래가 들키지 않도록 하는 defence방비책 역할을 하기 때문입니다).

haver＝harbor항구 또는 haven안식처입니다. 덴마크의 수도 코펜하겐 Copenhagen은 덴마크어 표기로 København쾨벤하운이고, '상인køber의 안식처'를 뜻합니다. 역시 haver에서 나온 지명으로 네덜란드의 헤이그Hague와 프랑스의 르아브르Le Havre가 있습니다. 한편 비슷한 뜻의 shelter피난처는 '방패shield'를 뜻하는 고대 영어에서 기원했습니다.

지금까지 살펴본 지명들은 모두 종교와 무관했지만, 유럽의 종교 중심지 부근에서 생겨난 마을과 도시도 수없이 많습니다.

monastery수도원의 어원은 라틴어 monasterium입니다. 이 말이 독일어의 münster가 되었다가 영국에 들어와 minster대성당가 되면서 이름이 '-minster'로 끝나는 도시가 수두룩하게 생겨났습니다. 영어권에서 뮤닉Munich이라고 부르는 독일 뮌헨München은 12세기에 수도사 Mönch(영어로 'monk')들이 세운 도시로, 바이에른주의 주도州都이자 맥주와 lederhosen레더호젠(가죽 바지)의 도시랍니다. 참고로 이탈리아어로는 뮌헨München을 모나코Monaco라고 부릅니다. 이탈리아에서 프랑스 남부의 작은 나라 모나코Monaco에 갈 때는 주의하세요. 기차를 잘못 타면 엉뚱하게 독일로 가는 수가 있으니까요.

영국에는 '-church'로 끝나는 이름의 소도시가 많습니다. church교회와 스코틀랜드어 kirk, 독일어 Kirche는 모두 사촌입니다. 나치 독일에서는 모름지기 여성의 (유일한) 역할은 Kinder아이, Küche요리, Kirche교회라고 했죠. 전쟁과 교회 이야기가 나왔으니 말인데요, 제2차세계대전 중에 유명한 철수 작전이 있었던 프랑스 도시 됭케르크 Dunkirk의 의미는 '모래언덕 교회dune-church'입니다. 참고로 영국해협 English Channel을 프랑스에서는 La Manche, 즉 '소매The Sleeve'라고 부르고, 독일에서도 '소매 해협'을 뜻하는 Ärmelkanal이라고 부릅니다. 소맷부리에 해당하는 부분은 도버와 칼레 사이의 좁은 바다고요, 어깨에 해당하는 부분은 콘월과 브르타뉴 사이의 바다입니다.

스톡홀름Stockholm 등의 지명에 들어 있는 holm은 '섬'인데요, 영어의 home집과는 아무 관계가 없습니다. home은 독일어 Heim과 형제뻘입니다. 또 Heim에서 유래한 말로 '-ham'과 hamlet촌락이 있습니다. 참고로 셰익스피어의 비극 주인공 햄릿Hamlet의 모델은 덴마크의 암레스Amleth라는 인물입니다. 문헌에 따라서는 암레스Amleth라는 이름이 '얼간이'를 뜻하는 노르드어 Amlóði에서 유래했다고 하는데, 그렇다면 죽느냐 사느냐를 고민했던 덴마크 왕자의 이름으로 안성맞춤인 것 같습니다. 저는 암레스Amleth가 노르드어 이름 올라프Olaf에서 기원한 게일어 이름이라는 설이 마음에 듭니다.

혼동하기 쉬운데 berg는 '산'이고(iceberg빙산는 '얼음 산'), burg는 '요새'입니다. 영국 해군 제독 마운트배튼Mountbatten은 원래 성이 바텐베르크Battenberg였습니다. 제1차세계대전 중 독일계의 흔적을 지워내기 위해 성을 영어식으로 바꿨죠.

burg의 기원은 '탑'을 뜻하는 그리스어 pyrgos로 거슬러 올라갑니다. 미국에는 '-burg'라는 지명이 곳곳에 널려 있어요. 영국은 대신 그 파생형인 bourgh, burgh, borough, boro, bury를 택했고, 미국에도 전파했습니다. 이탈리아에서는 borghetto가 시 경계선 밖의 작은 마을을 뜻했고, 그것을 줄인 말이 ghetto게토였는데 유대인 거주 지역을 뜻하게 되었습니다. 프랑스에서는 부르bourg라는 말을 썼고, 부르주아지bourgeoisie는 중세 시절 새로 생겨난 소도시의 중산층 시민burgher을 가리키는 말이었습니다.

유럽과 아메리카 대륙에서는 산 이름은 가만히 보면 A로 시작하는 경우가 유독 많습니다. 아틀라스Atlas, 알프스Alps, 안데스Andes, 아펜니노Apennines, 애팔래치아Appalachians, 앨러게니Alleghenies, 애디론댁Adirondacks처럼 말이죠. 참고로 산에 관해서라면 유용한 속담이 하나 있습니다. "산이 무함마드에게 오지 않으면 무함마드가 산으로 갈 수밖에. (If the mountain won't come to Mahomet, Mahomet must go to the mountain.)"라는 것인데요, 무함마드가 어느 산에게 오라고 명령했더니 산은 멀뚱히 그 자리에 있었다고 합니다. 꼭 저희 집 개처럼 말이죠. 그러자 무함마드는 흔쾌히 자기가 산으로 갔다네요. 성격 한번 시원시원합니다.

덴마크의 크누트 대왕도 비슷한 시도를 했습니다. 바닷가에 옥좌를 놓고 앉아서 밀물에게 밀려오지 말라고 명령했다고 하네요. 왕들은 자연을 상대로 늘 엉뚱한 짓을 합니다. 크세르크세스왕은 앞에서 언급한 와스디 왕비에게 민망한 요구를 했다는 구약의 아하스에로스왕과 동일 인물로 추정되는데요, 이름이 무엇이건 비호감인 건 틀림없고, 제가 보기엔 제정신이 아닌 듯합니다. 한번은 크세르크세스왕이 헬레스폰투스 해협에 군대를 이끌고 갔는데, 해협을 가로질러 놓은 다리가 거친 파도에 부서지자 파도에 채찍질 300대라는 형벌을 내렸다고 합니다.

샛길로 빠진 김에 이야기 하나만 더 하자면, 야심가들은 섣불리 판단했다가 큰코다치는 일이 많습니다. 다모클레스라는 사람은 감히 왕의 자리에 앉아보겠다고 자청했는데, 자리에 앉아 고개를 들어보니 머리카락 한 올에 칼이 매달려 있었습니다. 권력에는 절박한 위험이 따른다는 교훈을 주는 '다모클레스의 칼the sword of Damocles' 고사입니다.

그러고 보니 산 이야기를 하고 있었죠. 아틀라스산맥은 아프리카 북서부에 있습니다. 그곳에서 활동하던 거신 아틀라스Atlas가 뱀 머리카락을 가진 메두사를 보고 돌로 변했는데, 워낙 몸집이 큰 거인이었기에 아틀라스산맥이 생겨났다고 합니다. 말 그대로 석화되어petrified 산이 되어버린 것이죠. 참고로, 라틴어 petra가 '돌'입니다. 그래서 예수가 시몬 베드로Simon Peter를 초대 교황으로 임명하면서 구사한 언어 유희는 라틴어로 이렇게 됩니다. "Tu es Petrus et super hanc petram aedificabo ecclesiam meam.(너는 베드로이다. 내가 이 반석 위에 내 교회를 세울 터인즉….)"

아틀라스산맥 서쪽 어딘가에 있었다고 하는 전설의 대륙 아틀란티스Atlantis도 거신 아틀라스Atlas에서 유래한 이름입니다. 한번은 헤라클레스가 이 산맥에 당도해서는 산 하나를 둘로 쪼개고, 지브롤터 해협Strait of Gibraltar 양쪽에 하나씩 갖다놓았습니다. 그렇게 생겨난 두 산을 옛사람들은 '헤라클레스의 기둥Pillars of Hercules'이라고 불렀습니다. 달러 기호는 원래 'S'에 세로선 두 개가 그어진 형태($)였습니다. 그 기호는 스페인 은화 모양에서 유래했다고 합니다. 은화에 '헤라클레스의 기둥'이 새겨져 있었는데 그 모습이 달러 기호와 닮았다는 것이죠. 그러나 다른 설도 있어서, US의 U에서 밑부분을 지우고 거기에 S를 겹친 것이라고도 합니다. 세로선 한 개만 그어진 형태($)는 스페인 화폐 단위 '페소peso'를 줄여 쓴 데서 비롯됐다고도 합니다.

지브롤터Gibraltar는 원래 Jabal Tariq, '타리크의 산'이었습니다. 무슬림 장군 타리크가 점령한 이래 1492년까지 이슬람 국가가 지배한 땅이었거든요. 스페인에는 고대 페니키아 무역상들이 세운 도시도 두 곳 있습니다. 세비야Seville(sefela평원)와 코르도바Cordoba(qorteb기름틀)입니다.

이 정도면 산 이야기는 충분히 한 것 같네요.

주변에 성姓이 '-ström'으로 끝나는 사람이 있나요? 조상이 수백 년 전에 stream시내 근처에 살았을 겁니다. brook개울은 독일어로 Bach 이고 영어로는 beck이라고 했습니다. 그래서 소설가 존 스타인벡John Steinbeck의 성은 '돌 많은 개울'이라는 뜻입니다. Bach의 가장자리는 beach물가라고 했습니다.

pond연못는 원래 사람이 쌓은 둔덕으로 둘러싸인 땅을 뜻했습니다. 그래서 물이 차 있는 연못뿐 아니라 가축이 들어 있는 우리도 pond라고 했습니다. pond가 모양을 바꾸어 dog pound유기견 보호소라 는 표현도 나왔죠.

미국 땅의 물 이야기도 하자면, 너무 까다롭게 따지는 것 같지만 미니애폴리스Minneapolis는 두 언어가 뒤섞인 지명입니다. 북미 원주 민 다코타족 말로 '물'을 뜻하는 minne와 그리스어로 '도시'를 뜻하는 polis가 합쳐졌습니다. 잡탕 단어의 예를 하나 더 들자면, octopus문어 의 복수형을 라틴어식으로 'octopi'라고 하는 경우가 있습니다. 그리 스어 oktopous에서 온 말인데 말이죠(Oedipus오이디푸스의 '부은 발' 생각나 세요?). 올바른 복수형은 octopuses 또는 좀 어색하지만 octopodes입 니다. 둘 다 마음에 안 드신다고요? 저도 그렇지만 어쩔 수 없잖아요.

이제 숲속으로 가보겠습니다.

forest숲는 '(문명의) 바깥'이란 뜻이었습니다. foreign외부의과는 친척 뻘이지요. wood숲의 독일어 사촌은 Wald입니다. 나치 강제수용소가 있던 부헨발트Buchenwald는 '너도밤나무 숲beech wood'이고요. 딴 얘기지만 book책이란 단어가 바로 Buch, 너도밤나무에서 왔습니다. 처음엔 너도밤나무 목판에 글자를 새겼거든요.

라틴어 buxus가 형태를 바꾸어 만들어진 말들이 boxwood회양목, bush관목, 아이다호주의 주도 보이시Boise 등입니다(boisé＝프랑스어로 '나무가 우거진'). buxus는 그리스어 pyxis나무 상자와 친척뻘이고요. 그런데 말이죠, 판도라의 상자Pandora's box에 대한 오해를 하나 짚고 넘어가야겠어요. 사실은 상자가 아니라 엄청나게 큰 '항아리'였거든요. 이모든 게 에라스뮈스라는 르네상스 시대의 학자가 번역을 잘못한 탓입니다. pithos항아리를 pyxis로 착각한 거예요. 그리스 항아리에는 웬만한 건 다 담을 수 있었나 봅니다. 철학자 디오게네스도 항아리 안에서 잤다고 하거든요.

어쨌든 에라스뮈스의 오역에도 불구하고, 겁먹은 여인이 뚜껑을 황급히 닫았을 때 hope희망만은 상자 안에 남아 있었다고 하니, 판도라의 상자는 일종의 'hope chest희망 상자'인 셈입니다.

그런데 '처녀가 혼수품으로 쓸 물건을 넣어두는 함'을 hope chest혼수함라고 하는 것은 좀 슬프지 않나요? 그 말에서 'hope'는 어쩐지 부질없는 희망을 암시하는 것 같고 말이죠. 옛날 팝송에도 "Wishin' and hopin' and thinkin' and prayin'(염원하고 희망하고 생각하고 빌기)"만 해서는 남자가 생기지 않는다고 충고하는 가사가 나오거든요.

어찌 보면 처녀의 혼수품 모음과 비슷한 것이 레이엣layette, '신생아 용품 모음'이죠. 그 말은 프랑스어지만 프랑스어가 아닌 말에 '-ette'을 붙이는 건 삼가야겠습니다. 이를테면 dinette간이식사 공간, kitchenette간이 주방, luncheonette간이식당, leatherette인조가죽 같은 말들을 교양 있는 사람은 쓰지 않습니다.

나무 이야기로 돌아가서, yew-tree주목나무는 죽음을 상징하는 나무로 영국의 묘지에 많이 심어져 있습니다. 그 어원은 고대 영어의 iw인데요, 사흘쯤 방치된 시체를 보면 그런 소리가 저절로 입에서 나올 것 같네요. 주목나무는 활을 만드는 데도 쓰였습니다.

역시 나무와 관련된 이야기인데, 끝까지 들어주세요. antimacassar는 '(안락의자의 등받이에 얹어놓는) 레이스 달린 덮개'라는 뜻입니다. 미관상 그리 예쁘진 않은데, 그걸 놓는 이유는 의자의 천이 마카르사르유macassar oil에 얼룩지는 것을 막기 위해서였습니다. 마카사르유는 예전에 남자들이 머리에 바르던 기름이었어요. 수백 년 동안 남자들은 머리카락을 축축한 모양으로 고정하는 제품을 애용했습니다. 어떻게든 cowlick까치집은 피하려고 했죠. 머리카락이 마치 소가 혓바닥으로 핥은 것처럼 일어선 모양을 가리키는 말입니다. 마카사르유는 인도네시아에 자라는 일랑일랑ylang-ylang이라는 나무의 꽃으로 만들었습니다. 시인 바이런은 마카사르macassar의 첫 음절에 강세를 두어 이렇게 5보격의 시구를 쓰기도 했죠. "thine incomparable oil, Macassar. (비할 데 없이 빼어난 기름, 마카사르여.)"

의인화 이야기가 나왔으니 말인데, 나무들은 늘 사람 역할을 하느라 여념이 없습니다. 구약의 「이사야서」에는 "들의 나무가 모두 손뼉을 치리라(the trees of the field shall clap their hands)"라는 구절이 나옵니다. 던시네인산의 나무들은 말할 것도 없죠. 맥베스는 마녀의 예언을 듣고 마음을 놓습니다. "맥베스는 결코 패배하지 않으리라 / 울창한

버넘 숲이 던시네인산으로 다가와 / 그에게 닥치기 전에는.(Macbeth shall never vanquish'd be until / Great Birnam Wood to high Dunsinane Hill / Shall come against him.)" 당연히 그런 일은 없으리라 생각한 맥베스였지만, 적군이 나무로 위장해 다가오자 오판이었음을 깨닫죠.

성경 속 나무 이야기로 이 장을 마무리 짓겠습니다.

1. 노아의 방주는 고페르 나무gopherwood라는 소재로 지었습니다.

2. 에덴 동산에 있던 Tree of Knowledge선과 악을 알게 하는 나무를 보통은 사과나무라고 하죠. 맞는 말일 수도 있지만, 라틴어 malum은 '사과'와 '악'이라는 두 가지 뜻이 있어요. 번역 과정에서 빚어진 오해일 수도 있습니다.

3. cedar송백나무는 워낙 귀한 목재였기에, 솔로몬왕은 자신에게 송백나무 재목을 보내준 대가로 티레의 왕 히람Hiram of Tyre에게 갈릴리 지방의 성읍 스무 개를 떼어주었습니다. 솔로몬과 히람은 공동으로 상선대를 조직하여 다르싯Tharshish에서 금, 은, 상아, 원숭이, 공작새 등을 수입해오기도 했죠. 역사가 요세푸스의 주장처럼, 저도 이 다르싯이 오늘날 튀르키예 남부 해안의 타르수스Tarsus라고 봅니다. 타르수스는 사도 바오로가 다마스쿠스로 가는 길에 회심했다고 하는 경로에 위치해 있기도 해요. 타르수스에 여행 가실 일이 있으면 클레오파트라의 문Cleopatra's Gate이라는 곳에도 꼭 가보세요. 클레오파트라는 기원전 41년에 지중해를 건너 타르수스에서 안토니우스를 만났죠. 셰익스피어는 그 장면을 이렇게 묘사했습니다.

The barge she sat in, like a burnish'd throne,

Burned on the water: the poop was beaten gold;

Purple the sails, and so perfumed that

The winds were lovesick with them; the oars were silver,

Which to the tune of flutes kept stroke, and made

The water which they beat to follow faster,

As amorous of their strokes. For her own person,

It beggar'd all description: she did lie

In her pavilion, cloth-of-gold of tissue,

O'erpicturing that Venus where we see

The fancy outwork nature: on each side her

Stood pretty dimpled boys, like smiling Cupids,

With divers-colour'd fans, whose wind did seem

To glow the delicate cheeks which they did cool⋯

그녀가 탄 거룻배는 빛나는 옥좌처럼

물 위에서 번쩍거렸고 선루는 금박이요

돛은 자줏빛에 어찌나 향이 그윽한지

바람마저 반해버렸으며 삿대는 은빛이라

피리 소리에 맞춰 물을 쳐서 저어 가니

얻어맞은 물결은 정분이 난 듯

한층 빨리 따라붙었소. 그녀로 말하자면

이루 표현할 길이 없었으니

금실로 짠 누각에 누웠는데

상상의 힘으로 그려낸 비너스를

가히 뛰어넘는 자태라 양옆에 선

미소년들이 큐피드처럼 보조개를 지으며

화려한 색의 부채를 흔드는데 그 바람에

어여쁜 뺨이 식기는커녕 홍조를 발하니…

4. 취향이 세련된 사람들은 "I think that I shall never see / A poem lovely as a tree (내가 아마 평생을 살아도 / 나무만큼 예쁜 시는 못 보겠지)"로 시작하는 조이스 킬머의 시 「나무Trees」를 감흥도 없고 유치하다며 무시하곤 하죠. "Poems are made by fools like me, / But only God can make a tree (시는 나 같은 바보들이 쓰지만 / 나무를 만드는 건 하느님뿐)"이라는 대목이 창조론적이라고 비판할 수는 있겠지만, '예술적' 표현에는 경계가 없습니다.

23

나오는 대로, 들리는 대로:
말라프롭과 몬더그린

Take My Word for It

이제 엄밀한 의미에서의 어원 이야기는 잠깐 접고 좀 쉬어가볼까요. 이 장에서는 엉뚱한 언어 현상 두 가지를 살펴보려고 합니다. 책 첫 머리에서 말씀드렸듯이, 윗세대에서 물려받는 특성이 아니라 살면서 마주치는 현상이에요. 언어의 유전자에 새겨져 후대에 전해지는 일도 없고요. 하나는 말라프로피즘malapropism이라는 것으로, 어떤 말을 엇비슷한 다른 말로 '바꿔 말하는' 실수입니다. 다른 하나는 몬더그린mondegreen이라고 하는데, 어떤 말을 엉뚱하게 '잘못 듣는' 실수를 가리킵니다. 둘은 서로 구분되는 현상이지만 몇 가지 공통점이 있어요.

우선, 둘 다 어느 '부인lady'을 기리는 명칭입니다.

그리고 둘 다 실제 존재하는 단어로 이루어집니다(무의미한 단어로 이루어지지 않습니다).

마지막으로, 둘 다 우스꽝스러운 결과를 빚어냅니다.

malapropism, 줄여서 말라프롭malaprop이 어떤 것인지는 이미 어느 정도 아시겠지만, 제가 언론 등에서 뽑은 따끈따끈한 사례들을 소개해드리려고 합니다. 충고 한마디 드리자면 언론인, 방송인, 정치인, 논평가 그리고 각종 인터뷰에 응하시는 분들은 말과 타이핑에 좀 더 신경을 써주시는 게 좋겠습니다(물론 저라고 실수를 안 한다는 건 아니고요, 우리 모두에게 해당되는 이야기겠죠).

영어를 날마다 쓰면서도 영어와 친하지 않은 사람이 너무 많습니다. 당연히 그럴 수 있죠. 하지만 대중을 상대로 말하거나 글 쓰는 사람은 달라야 하지 않을까요. 그런데 가만히 보면 엉망진창입니다.

그렇게 말하면 이렇게 지적하실지도 모르겠습니다. 남의 실수를 대놓고 꼬집는 것도 그리 좋아 보이지는 않는다고요. 자기만 잘난 듯이 남의 말실수를 조롱하는 건 치졸한 Schadenfreude손해+기쁨, 즉 '남의 불행에서 느끼는 쾌감' 아니냐고 말이죠. 게다가 하고많은 사례 중에서 유독 몇 가지를 제 마음에 안 든다고 걸고넘어지는 이유는 뭐냐고 물으실 만도 합니다(『베니스의 상인』에 나오는 악덕 대금업자 샤일록의 말을 빌려 변명하자면, "이유라 할 수 있는 건 … 가슴에 맺힌 증오심과 모종의 혐오감이 전부요"). 또 이렇게 말하실지도 모르겠네요. "아니, 누구한테 피해를 주는 것도 아닌데 고작 말실수 몇 마디를 놓고 그렇게 비아냥거리다니 참 할 일도 없네요."

하지만 피해를 주지 않는다고 해서, 대중을 상대로 말하고 글 쓰는 이들에게 면책권을 줄 수는 없겠죠. 그리고 앞에 나온 사례인데, 남에게 피해를 주는 말실수도 있습니다. 국제 정치 전문가가 'sable-rattling검은담비 흔들기(?)' 운운하며 죄 없는 동물을 괴롭혀서야 되겠습니까. 저에게는 꼭 싸우자는 말로 들리니, 제발 saber검 좀 챙겨서 한

판 붙자 하고 싶네요. 그런데 글 쓰는 사람 중에 프리랜서freelance가 많긴 합니다. 원래 '자유로운free 창기병lance'이라는 뜻으로, 중세의 용병을 가리키던 말이에요. 어쨌거나 저도 창끝을 날카롭게 갈고 있고, 이번에 싸울 상대는 바로 말라프롭과 몬더그린입니다.

말라프롭: 나오는 대로

NPR 같은 공영 라디오 방송에서도 민망한 말실수를 흔하게 들을 수 있습니다. 아니, 심지어 '수준이 낮다'고 하는 프로그램보다 공영방송이 심합니다. 그런 방송에 출연하는 논평가들은 지식인을 자칭하죠. 물론 자기 분야에서는 전문가들일 겁니다. 하지만 너무 전문적이라서 그런지 자기 분야를 벗어난 어휘에는 무신경합니다. 그런데 어디서 근사한 표현을 한두 번 주워듣고는 그거 좋다 싶어서 자기도 말해보는 거죠. 꼭 허세를 부리려고 그러는 건 아니겠지만, 본인에게도 생소한 표현을 쓰다 보면 말라프롭이 나오기 십상입니다.

malaprop의 유래는 리처드 브린슬리 셰리던의 1775년작 희극 『연적The Rivals』에 등장하는 인물 말라프롭 여사Mrs. Malaprop입니다. 말라프롭 여사는 싹싹하고 덜렁대는 성격으로, 거창한 표현을 즐겨 쓰지만 늘 '부적절하게(프랑스어로 mal à propos)' 구사하거든요. 엇비슷하면서 엉뚱한 단어를 말하는 게 장기입니다.

말라프롭 여사의 황당한 발언 몇 가지만 소개하면 다음과 같습니다(원래 의도로 추정되는 표현은 괄호 안에 제시하겠습니다). "He can tell you the perpendiculars. '직교하는 것'은 그분에게 물어보세요(the particulars: 상세한 것)." "Promise to forget this fellow—to illiterate him … from your memory. 이 사람을 잊어주세요, 기억에서 '문맹화해주세요'(obliterate: 삭제하다)." "She's as headstrong as an <u>allegory</u> on the banks of the Nile. 나일 강가의 '알레고리' 만큼이나 고집이 센 여자예요(alligator: 악어)."

그로부터 두 세기 반이 지난 지금도 말라프롭은 건재합니다. 유명인들도 말라프롭의 저주를 피하지 못했죠. 요기 베라는 텍사스주에 "<u>electrical votes</u>전기식 유권자(electoral votes: 선거인단 유권자)"가 많다는 말을 했다고 합니다. 보스턴의 어느 시장은 "<u>a man of great statue</u>조각상이 큰 인물(a man of great stature: 위상이 높은 인물)"라는 말을 했고요.

제가 최근 몇 년 사이에 라디오에서 들은 말라프롭 중 몇 개만 소개해보겠습니다.

* That cake was hardly <u>palpable</u>.

  케이크가 영 '만져지지' 않았다. (palatable: 먹을 만한)

* They attacked, and the Friday night <u>reverie</u> was replaced by chaos.

  적군이 습격하자 금요일 밤의 '백일몽'은 아수라장으로 변했다. (revelry: 잔치판)

* He was <u>indefaggotable</u> in his efforts.

  그는 '비역쟁이로 만들 수 없는(?)' 노력을 기울였다 (indefatigable: 지칠 줄 모르는). faggot은 미국에서 남자 동성애자를 모욕할 때 쓰이는 멸칭이다.—옮긴이

* As he droned on, I looked <u>serendipitously</u> at my watch.

  그가 일장연설을 늘어놓자 나는 손목시계를 '요행히' 보

았다(surreptitiously: 슬며시).

＊ Police are searching for the crime's <u>perpetuator</u>.

경찰이 범죄의 '영속자'를 찾고 있다(perpetrator: 가해자).

＊ She <u>lathered</u> mayonnaise on her bread.

그녀가 빵에 마요네즈를 '거품 나게 발랐다'(layered: 겹겹
이 발랐다).

＊ Treat an overdose with an effective <u>anecdote</u>.

약물을 과다 복용한 경우 적절한 '일화'로 치료한다
(antidote: 해독제).

＊ I'm <u>honing</u> in on a solution.

해결책을 '갈아나가고' 있다(home in on: 찾아나가다).

＊ We were getting really <u>exacerbated</u> by the delay.

일이 늦어지면서 우리는 정말 '악화되어' 갔다
(exasperated: 초조해져).

＊ He keeps a steady hand on the <u>till</u>.

그는 '금전 출납기'를 안정적으로 잡고 있다(tiller: 조
종간).

＊ Smoking is <u>decremental</u> to your health.

흡연은 건강에 '감소하는' 작용을 한다(detrimental: 해
로운).

＊ Be careful what you say, or you'll <u>ostracize</u> your
audience.

말을 조심해서 하지 않으면 청중을 '추방'하게 된다. (의도

한 단어가 무엇인지는 잘 모르겠지만 청중을 '추방'하면 큰일입
니다.)

* A politician represents his <u>contingency</u>.
  정치인은 '비상사태'를 대표한다(constituency: 지역구
  주민).

당연하겠지만, 그리고 안타깝게도, 말라프롭이 가장 많이 들려오
는 것은 역시 공인의 입이나 공공 매체를 통해서입니다. 2020년 초,
CNN은 스페인 발레아레스제도의 음주 단속 방침을 이렇게 보도했
습니다. "Those found flaunting the rules will face fines. 규칙을 '뽐내는' 사람
은 벌금형에 처해집니다." 규칙을 어떻게 하면 '뽐낼' 수 있을까요? 술을 안
마셨다고 너무 자랑해도 벌을 받는다는 건지…. 요즘 flaunt를 flout
대놓고 어기다의 뜻으로 쓰는 경향이 워낙 만연하다 보니 메리엄웹스터
사전은 아예 그 용법을 인정하고 있습니다. 하지만 저는 flout/flaunt
구분 규칙을 flout하는 사람을 벌금형에 처해야 한다고 생각합니다.

그런가 하면 일종의 '역逆 말라프로피즘(inverse malapropism)'이라고
해야 할까요. 1999년에 세간에서 회자되었던 사건이 있었는데, 화자
가 아닌 청자의 착각이 문제였습니다. 어느 시장의 보좌관이 부족한
정부 예산을 가리켜 'niggardly박한, 보잘것없는'라는 단어를 (올바르게) 썼
는데, 이 단어가 흑인을 모욕적으로 지칭하는 말인 nigger와 관련 있
다고 오해한 동료 직원이 문제를 제기했습니다. 보좌관은 결국 스스
로 사임했습니다. 그럴 필요가 없는 일이었죠. 나중에 오해가 풀린
후에 보좌관은 복직했습니다. NAACP전미유색인종지위향상협회 회장은 이

사건을 두고, 누구든 "남들의 무지"를 고려해 자신의 발언을 "검열"할 의무는 없다고 논평했습니다.

영국의 법관을 가리켜 "가발을 '장식한다'adorns a wig"고 말하는 사람이 있습니다. 가발을 리본과 꽃으로 치장하기라도 한다는 걸까요? "가발을 착용한다dons a wig"는 뜻이겠죠.

뉴저지주의 경찰 고위 관계자는 "괴한들을 '파문'interdict with the bad guys"하려고 한 경찰관의 용기를 칭찬했습니다. 교황이 아닌 한에야 파문보다는 '개입intervene'하려 한 것이 아닐까요.

범죄 관련이라면 이런 예도 있습니다. 실수는 늘 더 고급스러운 단어를 쓰는 쪽으로 일어나죠. "cordon off the parameters of the crime scene범죄 현장의 '매개변수'를 차단하다(perimeters: 주변)."

역시 뉴저지주에서는 "'과도하게' 대비하는 차원에서out of an excess of caution" 도로를 폐쇄한다고 발표했습니다. 스스로 생각하기에도 솔직히 좀 과하다는 말일까요? "철저히 대비하는 차원에서out of an abundance of caution"가 아니었을까 합니다.

글로 접해보지 않은 상투적 표현을 쓸 때는 주의하세요. WHO세계보건기구의 한 관계자는 이런 트윗을 올렸습니다. "We are in unchartered territory with COVID-19. 우리는 코로나19라는 '전세 내지 않은' 영역에 들어섰다(uncharted: 미지의)."

그리고 문제의 단어 reticent과묵한가 있습니다. 곳곳에서 오용되고 있는 단어죠. 《월스트리트 저널》의 한 필자는 과실을 저지른 기업을 비판하며 "reticent to act행동에 과묵한"라는 표현을 썼습니다. 물론 "hesitant to act행동을 주저하는"가 자연스럽겠지만 왠지 reticent가 더 있어 보이니까요. 하지만 뜻이 맞지 않습니다. 최근 NPR에 출연한 토론자는 사람들이 어떤 주제를 거론하기 꺼리는 경향을 가리켜 "reticence to talk about…"이라고 했는데 동어반복의 완벽한 예라 할 만합니다. CNN에서는 사람들이 직장 복귀를 주저하고 있다는 뜻으로 "people are reticent to go back to work"라고도 했습니다. 이 같은 오용이 흔히 일어나는 이유라면 'hesitant'와 'reticent'가 발음이 비슷하고, '과묵함reticence'이란 '말하기 주저함'이니 넓게 보면 일종의 '주저함hesitancy'이라는 것 정도를 들 수 있겠습니다. 하나의 말라프롭이지만 워낙 만연하여 이제는 아예 정착해버린 사례입니다.

오용이 만연하면 '기술적descriptive' 사전은 결국 새 용법을 인정합니다. 메리엄웹스터 사전은 reticent의 세 번째 의미로 "주저하는reluctant"을 올려놓았습니다(참고로 이 사전은 2019년에 they를 단수 대명사로 쓰는 것도 허용했습니다). 한편 상대적으로 '규범적prescriptive' 성향을 띠는 옥스퍼드 사전은 reticent의 '주저하는'이라는 의미를 인정하지 않습니다(그리고 'reluctance'를 '자기磁氣 저항'이라는 의미로 쓰는 경우는 여전히 'reticence'로 대체가 불가능합니다).

그럼 왜 옥스퍼드 방식을 편드냐고 따지실 만도 합니다. 이렇게 지적하실지도 모르겠네요. "아니, 언어에 '옳고 그름'이 어디 있어요? 단어란 시대의 필요에 맞게 바뀌는 것 아닌가요? 그래서 '어원학'이란 게 있고 이렇게 어원을 다루는 책도 있는 거잖아요. 아니었더라면 etymology어원학가 아니라 entomology곤충학 같은 것을 연구해야 하지 않을까요? 지금 우리는 셰익스피어 시대의 영어를 쓰지 않고, 셰익스피어도 고대 영어를 쓰지 않았잖아요. 호모 에렉투스가 사고력과 언어 능력을 갖게 되었을 때부터 말의 목적이란 오로지 하나였어요. 필요한 만큼 사람이 알아듣게 하는 것, 그 이상도 이하도 아니었죠. 지구가 태양을 돌듯이 언어는 끊임없이 진화하는 것 아닌가요?"

옳은 말씀입니다. 그런데요, 제가 여기서 예로 드는 오용 사례는 '알아들을 수 없는' 게 문제입니다.

몬더그린: 들리는 대로

말라프롭이 잘못 말하는 실수라면 몬더그린은 잘못 듣는 실수입니다. 요즘은 문자보다 TV, 라디오, 동영상 등으로 접하는 정보가 많으니, 평소 글로 접하지 않았던 단어나 구절을 잘못 알아듣기 쉽거든요.

우리는 말을 잘못 알아듣더라도 그 잘못 알아들은 말을 보통 입 밖에 내지는 않습니다. 물론 엉뚱하게 알아들은 말을 간혹 남에게 언급하기도 하지만, 대개는 기억 한구석에 조용히 넣어둘 뿐이지요. 제가 우연히 접한 사례 몇 가지를 살펴보려고 하는데, 그전에 먼저 소개해 드릴 사람이 있습니다. 바로 몬더그린 부인입니다.

각종 매체가 발달한 요즘, 남이 말한 표현을 잘못 알아듣는 일은 밥먹듯 일어나지요. 그러나 mondegreen이라는 용어의 기원은 〈잘생긴 머리 백작The Bonnie Earl o' Moray〉이라는 17세기 스코틀랜드 민요로 거슬러 올라갑니다.

Ye heilands and ye lowlands,

O whaur hae ye been?

They hae slain the Earl o' Murray,

And laid him on the green.

북쪽 땅아 남쪽 땅아

어디에 있었느냐?

그자들이 머리 백작을 살해하여

풀밭에 눕혔네.

1954년에 미국 작가 실비아 라이트Sylvia Wright는 어렸을 때 위 가사의 마지막 구절을 다음처럼 잘못 알아들었다고 고백했습니다.

They hae slain the Earl o' Murray

And Lady Mondegreen.

그자들이 머리 백작을 살해했네,

'몬더그린 부인'도.

그리하여 상상의 귀부인은 머리 백작과 나란히 죽음을 맞음으로써 mondegreen이라는 용어로 이름을 남겼습니다. 몬더그린 부인은 착각으로 인해 탄생한 인물입니다.

'말 옮기기'라는 놀이가 있죠. 여러 명이 일렬로 서서 차례로 말을 전달하는 놀이인데, 몬더그린은 한 사람의 머릿속에서 그 놀이가 벌어지는 것과 비슷합니다. 휴대전화기가 음성 인식으로 사용자의 말을 엉뚱하게 받아 적는 것과도 비슷하고요. 본인의 착각이든 남의 착각이든, 살면서 몬더그린을 한두 번 접해보지 않은 사람은 없을 겁니다.

노래나 놀이나 스마트폰 없이도 몬더그린은 얼마든지 일어납니다. 예컨대 dramatic극적인이라는 단어는 Germanic독일의으로 들리기 쉽습니다. 바그너의 음악을 가리켜 하는 말이면 모를까, 보통은 전혀 상관이 없는 두 단어죠. 제가 아는 어느 유치원생은 tree나무를 소리 나는 대로 chree라고 썼습니다.

라디오 수신기 성능이 좋지 않던 시절, 10대 청소년들은 록 음악 가사를 잘못 듣는 일이 허다했습니다(가수들도 발음이 아나운서처럼 정확한 것은 아니었고요). 정확히 뭐라고 했는지 수십 년 후 리마스터링한 음원을 들어봐야 알 수 있는 경우도 있습니다.

한 예로, 비틀스의 〈Lucy in the Sky with Diamonds다이아몬드를 달고 하늘에 떠 있는 루시〉는 존 레넌의 아들이 어린이집에서 그린 그림 제목에서 모티브를 따온 곡이에요. 이 노래 제목을 〈Lucy in Disguise with Diamonds다이아몬드를 달고 '변장한' 루시〉로 알아들은 사람도 있었습니다. 그때가 1967년이었으니, 환각제 LSD 이야기가 많이 나오던 시절이었죠. 가사도 "the girl with kaleidoscope eyes(만화경 같은 눈을 가진 소녀)"라니 얼마나 몽환적입니까. 그 구절도 몬더그린을 탄생시켰는데, 그리 아름답진 않지만 아주 기발합니다. "the girl with colitis goes by('대장염을 앓는' 소녀가 지나가네)"입니다.

그러고 보면 비틀스 노래에서 유래한 몬더그린은 비위를 거스르는 것들이 좀 있습니다. 예컨대 "Eleanor Rigby picks up the rice(엘리너 릭비가 쌀알을 줍네)"가 "Eleanor Rigby picks up her eyes(엘리너 릭비가 자기 '눈알'을 줍네)"로 둔갑하죠. 마침 가사의 배경도 교회라서 성녀 루치아St. Lucy를 떠올리게 되는 대목입니다. 두 눈을 잃고 순교한 성녀 루치아는 금빛 쟁반에 자신의 두 눈을 들고 있는 모습으로 흔히 묘사되거든요. 또 한 예로, '성병'을 요즘처럼 STD라 하지 않고 VD라고 하던 시절, 제 친구 중에 비틀스 노래 〈Lady Madonna레이디 마돈나〉를 〈VD Madonna〉로 들은 사람이 있었습니다. 하긴 성모 마리아 관련이라면 〈고요한 밤 거룩한 밤〉의 가사 "Round yon virgin mother and child (저쪽 동정녀 어머니와 아이 주위에)"를 "Round John Virgin, mother and child ('통통한 존 버진', 어머니와 아이)"로 듣고 수상쩍은 사내의 정체를 궁금해하는 사람들도 있답니다.

비틀스뿐만이 아닙니다. 노토리어스 B.I.G.의 노래 가사 "I just love your flashy ways (네 화려한 스타일이 정말 좋아)"를 "I just love your fleshy waist ('네 살찐 허리'가 정말 좋아)"로 들은 사람이 있습니다. 몬더그린은 함께 일하는 동료 간에 일어나기도 합니다. 마마스 앤드 파파스의 캐스 엘리엇은 〈California Dreamin'〉의 가사에서 미셸 필립스가 "I pretend to pray (나는 기도하는 척해)"라고 작사한 부분을 "I began to pray (나는 기도를 '시작해')"로 불렀습니다.

몬더그린 부인의 탄생과 죽음은 민요의 가사 속에서 일어났지만, 몬더그린 현상은 노래 가사나 방송 매체에서 들려오는 말에 국한되지 않죠.

몬더그린의 한 형태로 에그콘eggcorn이라는 것이 있습니다. '어찌 보면 말이 되는 몬더그린'으로, 막상 글로 적기 전에는 보통 잘 드러나지 않지요. 실제로 acorn도토리을 'eggcorn'으로 알고 있던 사람이 있었는데, 그런 현상을 지칭하기 위해 만든 용어입니다. 도토리란 게 어찌 보면 'egg알처럼 생긴 corn곡식알'이 맞잖아요? corn으로 말하자면 꽤 최근에 등장한 몬더그린으로 'corn teen(또는 corn-and-teen)'이라는 것도 있습니다. 물론 올바른 단어는 quarantine격리이지요. 어느 정도 말이 되는 몬더그린의 예를 몇 개 더 들어볼까요.

* acid reflex (acid reflux위산 역류가 맞지만, reflux역류도 다 일종의 reflex반사작용 아니겠습니까.)
* If that's what you think, you've got another thing coming. (올바른 관용구는 "…you've got another think coming 그렇게 생각한다면 오산이야"지만, think생각하다, 생각를 명사로 쓰는 게 사실 좀 어색하긴 하지요. 그래도 "another thing coming 뭔가 다른 일이 닥칠 거야"은 왠지 불길한 느낌을 떨칠 수 없네요.)
* world wind (whirlwind회오리바람가 맞죠. 뭐, 회오리바람이 세계를 휩쓸 수도 있으니 틀리지 않은 것 같기도 합니다.)

그러나 몬더그린이란 대개 엉뚱하기 짝이 없습니다.

가구나 세간을 낡아 해진 듯한 느낌으로 꾸미는 인테리어 스타일을 shabby-chic이라고 하는데요, 이것을 'chubby cheeks포동포동한 볼'로 들은 사람이 있었습니다. 하긴 팔걸이의자에 커버를 헐겁게 씌우면 그 모습이 꼭 chubby cheeks 같긴 하지요.

때로는 몬더그린이 완전히 굳어져버리기도 합니다. 특히 외국어에서 들어와 바로잡기 어려운 경우가 그렇게 되기 쉽습니다. 워낙 못생겨서 마트에서 '못난이 상품'으로 묶어서 따로 팔아야 할 것 같지만 맛은 좋다는 돼지감자는, 이탈리아어로 '해바라기'를 뜻하는 girasole로 불리다가 'Jerusalem artichoke'가 되어버렸다는 이야기를 앞에서 한 적 있죠. 식물 관련 몬더그린이라면 rhododendron철쭉에서 유래한 것도 있습니다. 그리스어에서 온 이름인데(rhodon장미, dendron 나무), 이것을 라틴어 느낌으로 'rhododendrum'이라고 하는 것을 들은 적 있습니다.

라틴어 몬더그린에는 이런 것도 있습니다. mumpsimus라는 말을 아시나요? '불합리한 관습을 고집하는 사람'을 뜻하는데요, 15세기 중반에 태어난 네덜란드의 인문학자 에라스뮈스에 따르면 그 기원은 이렇습니다. 한 수도사가 "quod ore sumpsimus우리 입 안에 받아들인 것"를 "… mumpsimus"라고 읽고는, 잘못을 지적받은 후에도 똑같이 읽기를 고집했다고 합니다.

어린아이들은 유쾌한 몬더그린을 잘 만들어냅니다. hamper빨래 바구니는 vampire흡혈귀가 되지요. déjà vu데자뷔는 'day job view'가 됩니다. statue조각상는 pistachio피스타치오가 되고요(앞에 보스턴 시장의 말실수도 나왔지만 statue는 늘 골칫거리입니다). 관용구 'go to hell in a handbasket순식간에 엉망진창이 되다'은 'go to hell in a ham-basket'이 되는데, handbasket손바구니이나 ham-basket햄 바구니이나 종교상의 이유로 돼지고기를 피하지 않는 한 쓰는 데 큰 차이는 없을 듯합니다.

학생들은 몬더그린 제조의 천재들입니다. 한 여학생은 최초의 이스라엘 여성 총리 골다 메이어Golda Meir의 이름을 '골든 마이 헤어

Golden My Hair'라고 적었습니다. 'take it for granted당연하게 여기다'라는 표현을 'take it for granite화강암으로 여기다'이라고 적은 학생도 있습니다. 상당히 그럴듯한 표현입니다. 돌에 새겨진 것은 곧 불변의 진리니 '당연하게' 여길 만하죠. 또 관용구 'there but for the grace of God하느님의 은총이 없었다면 나도 그렇게 되었으리라'을 'there before the grace of God'으로 잘못 아는 경우가 많은데, 하느님의 은총에 감사하다는 의미는 전해지지만 그 덕분에 '화를 피했다'는 뜻이 사라져버립니다.

NPR의 사례를 또 들려니 미안하긴 한데, 몬더그린이 워낙 난무하는 매체이니 어쩔 수 없네요.

"He favored bringing the power of the NRA to kneel." kneel무릎 꿇다이라는 단어를 써서 NRA전미총기협회를 '굴복시킨다'는 뜻을 전하는 데는 성공했지만, 올바른 표현은 'bringing … to heel'이죠. 주인이 개에게 발뒤꿈치heel에 바짝 붙어 따라오라고 명령하는 말, "Heel!"에서 유래한 표현입니다.

그런가 하면 이렇게 주장하는 평론가도 있습니다. "It's a private business that can ban customers at their own leisure. (그 회사는 민간기업이니 고객을 '여유롭게 천천히' 제명할 권리가 있습니다.)" 맞습니다, 서두를 게 뭐 있나요? 왠지 까탈스럽고 가학적인 봉건 시대 왕을 연상시키는 "at their own pleasure마음 내키는 대로"보다 나은 것 같기도 하네요.

한편 봉건 시대의 서열 최하위로 내려가서, 농노들에게는 'a hard row to hoe'가 맡겨졌죠. '힘들게 일구어야 하는 밭이랑'이니 몹시 고된 일입니다. 그런데 밭이랑도 힘든 마당에 '길' 정도는 일구어야 한다는 것인지 'a hard road to hoe'로 아는 사람이 많습니다.

마지막으로, 가끔은 존재하지 않는 단어로 몬더그린이 발생하는 경우도 있습니다. 한번은 제 지인이 메시지를 보내왔는데 자기가 "yancy"한 상태라고 하더군요. 나름 귀여운 말이긴 한데, 개미가 옷 속을 기어다니는 느낌의 'antsy안절부절못하는'만큼 피부에 와닿지는 않더라고요.

그럼 어떤 꼬마 아이에게서 최근에 들은 말마따나 'quickedy-split(lickety-split: 후딱)' 이 장을 마치도록 하겠습니다.

말도 가지가지

In So Many Words

24

하나 둘 셋

Take a Number

이제 수 이야기를 해볼까요.

가장 먼저 알아볼 zero는 예전에 역시 '0'을 뜻했던 cipher암호와 마찬가지로 아랍어 sifr에서 왔습니다. 어디까지 올라갈 생각이냐고요? 걱정 마세요, infinity무한대까지 가지는 않을 테니까요(무한대를 나타내는 기호 ∞의 기원은 우로보로스ouroboros라고 하는 뱀이 자신의 꼬리를 물어 삼키면서 원형을 이루고 있는 모습의 그림입니다).

제가 아무리 '쉴새없이 지껄여댄다talk nineteen to the dozen' 해도 무한대에는 절대 이를 수 없죠. 그 표현은 18세기 영국 콘월에서 유래했다는 설이 있습니다. 주석 광산에 홍수로 물이 들어차면 증기기관으로 물을 빼냈는데, 석탄 12부셸(약 300킬로그램)을 태우면 물 19000갤런(약 9만 리터)을 퍼낼 수 있었다네요(광업 기술 쪽은 제가 잘 모릅니다만 여하튼 그게 굉장히 놀라운 숫자였던 모양입니다).

일단 six에서 멈춰보지요. 관용구 중에는 여섯이라는 수가 들어간 게 많습니다. 그리스신화의 바다 괴물 스킬라Scylla는 하반신에 여섯 개의 개 머리가 달린 흉측한 모습입니다. 그런 괴물은 말 그대로 '여섯 길six fathoms 물속에 묻어두는' 게 좋겠죠. 'deep six폐기하다'라는 표현의 기원입니다. 아니면 아예 바다 밑바닥으로 가라앉히든가요. 뱃사람들이 잠들어 있는 해저의 무덤을 Davy Jones' Locker 즉, '데이비 존스의 저장고'라고 하는데, 17세기 해적 데이비 존스David Jones의 이름에서 따온 것입니다.

해적 하면 해골 머리 아래에 두 개의 뼈를 엇갈려 놓은 모양의 해적 깃발, 졸리 로저Jolly Roger가 바로 떠오릅니다. 원래 명랑한 남자를 가리키던 'Jolly Roger'가 으스스한 해적기를 뜻하게 된 것은 18세기 초부터였습니다. 그 어원에 대한 한 가지 설은, 존 퀠치라는 해적이 자기 배에 단 해적기를 'Old Roger'라고 처음에 불렀다는 것입니다. Old Roger는 '악마'를 이르는 별명이었거든요. 또 다른 설에 따르면 해적 바살러뮤 로버츠Bartholomew Roberts가 그 기원이라고 합니다. 일명 'Black Barti검은 바티'로 불리던 그였지만 평소 다홍색 코트를 입었던 터라 프랑스인들이 Le Joli Rouge(영어로 하면 'The Pretty Red')라는 별명으로 불렀고, 영국인들이 그걸 'Jolly Roger'로 알아들었다는 것이죠. 또 비슷한 설로, 타밀 해적 알리 라자Ali Raja의 이름이 'Jolly Roger'로 변형된 것이라고도 합니다.

여담이지만, 동사 roger는 예전에 영국 비속어로 '(여성과) 성교하다'라는 뜻이었습니다. 'have sex with'라는 표현은 등장한 지 몇십 년밖에 되지 않았는데, 'sleep with'에 비해 딱히 더 나은 것 같지도 않습니다. '~와 잔다'는 것은 완곡어라 해도 이상합니다. 아무리 봐도 '자는' 건 아니니까 말이죠. 차라리 'go to bed with~와 잠자리를 같이 하다'가 낫습니다. 한편 'Roger that알았음'이라는 무전 통신 용어는 received수신했음의 머리글자 R을 군용 음성 기호로 Roger라고 하는 데서 유래했습니다.

수심의 단위인 fathom길, 패덤이 나온 김에 이야기 하나만 더 할게요. 요즘은 (특히 언론에서 논평가들이) 분야에 관계없이 '대전환'을 가리켜 sea-change라고 흔히 말하는데요, 그게 원래는 말 그대로 '바다에서 일어나는 변화'를 뜻했습니다. 셰익스피어의 『템페스트』에 이런 구절이 나옵니다.

Full fathom five thy father lies;

Of his bones are coral made;

Those are pearls that were his eyes:

Nothing of him that doth fade

But doth suffer a sea-change

Into something rich and strange.

다섯 길 물속에 그대의 아버지가 누워

그 뼈는 산호가 되었고

그 눈은 진주가 되었으니,

몸 어느 곳도 스러지지 않고

바닷속에서 탈바꿈하여

귀하고 진기한 것이 되었네.

말 그대로 바다에서 일어나는 sea-change의 예를 하나 더 들면, 켈트족 전설 중에는 바다표범이 뭍에 올라와 셀키selkie라는 아름다운 여인의 모습으로 변신한다는 이야기가 있답니다.

여섯이라는 수에 얽힌 이야기를 하고 있었지요. 666은 성경에서 말하는 'Number of the Beast짐승의 숫자'이지만, 수학적으로도 여러 가지 특성을 띠고 있답니다. 우선 1) '스미스 수Smith number'의 하나입니다. 2) 149라는 소수의 역수를 이용한 마방진은 각 행의 합계가 666이 됩니다. 3) 렙디지트repdigit('repeated＋digit'의 혼성어), 즉 모든 자리 수가 같은 수로 된 수입니다. B진법의 렙디지트는 다음과 같이 정의됩니다. $x(B^y-1)/(B-1)$ (단, $0 < x < B$). 다 아시는 내용일 테니 제가 굳이 설명하지 않아도 되겠죠?

어쨌든 바다와 악마가 협공해오면 정말 곤란해집니다. 그야말로 '진퇴양난에 빠진(between the devil and the deep blue sea 또는 between a rock and a hard place)' 상황이 되는 거죠.

비슷한 표현으로 'between Scylla and Charybdis'도 있습니다. 스킬라Scylla는 앞에서 말했듯이 여섯 개의 개 입이 달린 괴물이에요. 카리브디스Charybdis는 지느러미발을 달고 엄청난 소용돌이를 일으키는 괴물이었습니다. 두 괴물은 시칠리아섬과 이탈리아반도 사이의 메시나 해협 양쪽에 도사리고 있었다고 합니다. 그 사이에 끼면 정말 이러지도 저러지도 못하겠죠.

더 심한 경우는 Hobson's choice입니다. 선택은 선택인데 '다른 대안이 없는 선택'을 뜻해요. 이를테면 이런 겁니다. "헛간을 네가 원하는 색 페인트로 칠하렴. 단, 빨간색으로 칠해야 해." 영국의 어느 말 대여소livery stable 주인이었던 홉슨Hobson이라는 사람이 말 빌리러 오는 손님에게 '선택권'을 주었는데, 마구간 문에서 제일 가까운 말을 빌리거나 아무 말도 빌리지 않거나 하는 것이었다고 합니다.

미국에서 livery라고 하면 보통 livery cab콜택시를 뜻하지요. 그러나 런던에는 지금도 110개의 livery company동업조합가 있습니다. 앞에서 언급했던 Worshipful Company of Bakers고명한 제빵사 협회도 그중 하나 입니다. 동업조합은 모두 'Worshipful Company of'라는 수식어로 이름이 시작하는데, 중세의 길드가 오늘날까지 이어져온 것으로서 현재도 각 업종을 규율하는 역할을 하고 있습니다.

가장 세력이 컸던 '12대 동업조합Great Twelve City Livery Companies' 중에서 Worshipful Company of Skinners고명한 모피상 협회는 매년 열리는 바지선 행렬에서 여섯 번째 순서를 차지했더랍니다. 그런데 1484년에 Worshipful Company of Merchant Taylors고명한 재단사 협회와 치열한 경쟁이 불붙으면서, 결국 런던 시장이 홀수 연도마다 재단사 협회에 여섯 번째 자리를 주는 것으로 결정했습니다. 'at sixes and sevens뒤죽박죽인'라는 표현이 이 분란으로부터 유래했다고 알려져 있지만, 사실 그보다 영국의 시인 제프리 초서Geoffrey Chaucer가 한 세기 전에 이미 그 표현을 썼다고 하네요.

서열이 낮은 동업조합 중에는 Fishmongers생선 상인, Makers of Playing Cards카드 제조상, 그리고 서열 108위의 Worshipful Company of Security Professionals고명한 보안 업무 종사자 협회 등이 있습니다.

25

감옥살이, 말글살이

Prison Terms

보안 업무 종사자 이야기가 나왔으니 '감옥prison'으로 주제를 이어 가보겠습니다. 교도소와 관련된 어원 이야깃거리가 얼마나 있겠냐 고요?

여섯 쪽 정도 분량은 됩니다.

수감 전후의 일들에 관한 어휘도 포함해서 말이죠.

굳은 맹세 His Word Is His Bond

말 하나에서 출발해보겠습니다. parole가석방은 프랑스어로 '말'입니 다. 수감자는 밖에 나가서 허튼짓을 하지 않겠다는 parole d'honneur 언약, 'word of honor'를 내놓아야 가석방을 받을 수 있죠.

parole의 어원은 '빗대기, 비교'라는 뜻의 그리스어 parabole입니 다. 문자 그대로 해석하면 '나란히para 던지기bole'인데요, 거기에서 파 생된 또 다른 단어로 parable비유담이 있습니다. 어떤 주제를 무언가에 '빗대어' 일러주는 이야기죠. 앞에 나왔던 성경의 달란트talent 이야기 같은 것입니다. hyperbole과장는 '저 너머로 던지기'라고 했죠. 기원전

5세기에 고대 그리스의 조각가 미론이 제작한 유명한 조각상 디스코볼루스Discobolus는 '원반 던지는 사람'입니다. 역시 parabole에서 파생된 parabola포물선는 '한 정점과 한 정직선에 이르는 거리가 같은 점의 궤적'으로 정의됩니다.

감옥이라는 주제로 돌아가서, 종교와 형벌에 관련된 이야기를 하나 하고 가죠. shrift는 '고해와 참회'를 뜻하는 말이었습니다. 죄수가 그것을 하고 나면 바로 형을 집행했어요. 별 볼 일 없는 사람을 '바로 묵살한다'고 할 때 'give him short shrift'라고 하는 것은 그래서입니다.

범죄자를 가리키는 말 중 'con'이 들어간 것이 두 개 있습니다. ex-con은 '전과자'(ex-convict의 준말), con man은 '사기꾼'이죠('confidence man'의 준말). 사기꾼은 남들의 '신뢰'를 이용해먹는 사람입니다.

sheriff는 미국에서 카운티의 치안을 맡은 '보안관'이지만, 영국에서는 원래 shire샤이어, 주의 행정을 맡은 reeve관리였습니다(원말은 'shire-reeve'). 로빈 후드의 숙적이 바로 Sheriff of Nottingham노팅엄 행정관이었어요. reeve라면 돼지를 담당하는 hog-reeve라는 직책도 있었습니다. 18세기 미국 북동부에서 집 없이 돌아다니는 돼지로 인한 재산 피해를 방지하는 일을 했다네요. 한편 영국에서 경찰관을 부르는 명칭 bobby는 런던 광역경찰청을 창설한 내무장관 로버트 필Robert Peel의 이름에서 유래했습니다.

경찰차를 부르는 별칭도 귀여운 것이 많습니다. 검은색과 흰색으로 칠해진 모습이 판다 같다고 해서 panda car라고도 하고, 아예 더 폭신한 느낌이 나는 fuzzmobile이라고도 합니다(왜 fuzz솜털냐고요? 영국 경찰관의 헬멧이 펠트 재질이어서라는 설이 있습니다. 그런가 하면 미국에서 발생한 몬더그린이라고도 합니다. feds연방정부 공무원 또는 fuss소란를 잘못 들은 데서 유래한 말이라는 것이죠). 한편 죄수 호송차를 예전에 paddy wagon, 직역하자면 '패디가 타는 차'라고 했습니다. 패디Paddy는 흔한 아일랜드인 이름 패트릭Patrick의 별칭이에요. 미국에서 한때는 경찰관들이 대부분 아일랜드인이었다고 합니다. 정반대의 설도 있는데, 뉴욕 경찰에 연행되는 피의자들이 대부분 아일랜드인이었다는 것입니다. 죄수 호송차를 또 Black Maria, 즉, '검은 마리아'라고도 했는데, 마리아 리Maria Lee라는 실존 인물의 이름에서 유래한 표현입니다. 마리아 리는 1820년대에 하숙집을 운영했던 흑인 여성으로, 행패꾼들을 척척 잡아 넘겨서 경찰에 톡톡히 도움을 주었다고 해요.

서부극에 많이 나오지만 1900년대 초에는 '감방'을 hoosegow라고 했습니다. 스페인어 juzgado'후스가도'(재판소)가 변형된 것으로, 더 올라가면 라틴어 judicatum판결이 있습니다. 비슷한 예로, 스페인어 vamos가자!는 19세기에 vamoose내빼다로 영어에 들어왔습니다. 교도소를 pen이라고도 하죠. penitentiary참회하는 곳의 준말인데, pen에 '우리'라는 뜻도 있는 건 기막힌 우연입니다. stir도 예전에 '형무소'를 뜻했습니다. 'stir-crazy좀이 쑤셔 미칠 지경인'라는 단어 속에 지금도 남아 있는데요, 롬어의 stardo감금된에서 온 말일까요? 저도 알 길이 없습니다.

요즘 교정 시설들은 화려한 첨단 보안 기술을 자랑합니다. 프랑스어로 '잊힌 곳'이라는 뜻을 가진 중세의 우블리에트oubliette 같은 것은 정말 기억에서조차 사라진 지 오래입니다. 우블리에트란 천장에 달린 뚜껑문을 통해서만 드나들 수 있는 지하 감옥을 이르는 이름이에요. 자고로 감옥은 예스러운 매력이 있어야 한다고 생각하는데요, 안타까운 일입니다.

jail감옥이라는 단어의 기원은 '동굴'을 뜻했던 라틴어 cavea로 거슬러 올라갑니다(cave동굴와 cavity구멍도 물론 같은 어원입니다). 동굴은 사람을 감금하는 데 쓰기 좋았죠. cavea에 지소사 '-ol/-ul'이 붙어 caveola가 되었고, v/b 전환에 의해 중세에 gabeola가 된 다음 gaole를 거쳐 옛 프랑스어의 jaole가 되었습니다.

아니, 'g' 소리가 어떻게 'j' 소리가 되었냐고요? 프랑스어의 느긋함을 보여주는 또 하나의 사례라고 해야겠네요. 굳이 목구멍 쪽을 막아서 힘든 소리를 낼 필요 있나요, 입천장 앞쪽에서 혀로 간단히 발음할 수 있는데 말이죠(참고로 저는 프랑스를 정말 좋아하는 사람이랍니다. 제가 프랑스어를 놀리는 것은 장난으로 봐주세요).

그와 같은 음운 변화의 예를 하나 더 들어볼까요. 프랑스인들은 흐로드가르Hrothgar(고대 영어 서사시 「베오울프Beowulf」에 나오는 왕의 이름)에 들어 있는 'g' 소리가 어렵다 하여 그 이름을 로제Roger로 바꿔버렸습니다. Roger는 앞에서도 많이 나왔지요. 원래 의미는 '창을 잘 쓰는'입니다.

반면, 프랑스 서북부 지역 노르망디에서는 gaole라는 형태를 계속 썼습니다. 혀가 튼튼한 노르만인들은 라틴어 gamba다리도 문제 없이 발음했죠. 그래서 다른 프랑스인들처럼 jambon을 먹지 않고 gambon을 먹었습니다. 영어로 하면 ham햄, 즉 돼지의 넓적다리 살입니다. 사람의 넓적다리 뒤 근육을 햄스트링hamstring이라고 해요. 예전에는 '다리'를 gams라고도 했습니다. 특히 'shapely gams늘씬한 다리'라는 표현을 잘 썼죠. 프랑스의 다른 지역에서는 gamba가 결국 jambe다리와 jambon햄으로 바뀌었습니다. 참고로 베이컨bacon은 어원상 '등살back-meat'입니다.

노르만인들이 가지고 들어온 gambon을 영국인들은 나름대로 게으르게 발음했습니다. 그런데 'g' 소리를 입천장 앞쪽으로 끌어내 혀로 발음하는 대신 성대 쪽으로 밀어넣어 'h' 소리로 바꾸는 방법을 택했어요. 그 결과가 ham입니다.

'g'는 guttural sound목 뒤쪽에서 나는 소리입니다(어원은 라틴어 guttur목구멍). 일전에 라디오 인터뷰에서 'guttural instinct'라고 한 사람이 있었는데요, 목구멍보다는 '장의 본능', gut instinct직감 이야기겠지요.

다시 감옥으로 돌아가서, 배 위의 감옥을 brig라고 합니다. 19세기 중반에 생긴 말로, 어원은 범선의 한 종류인 브리건틴brigantine입니다. 당시 노후한 brigantine이 감옥선으로 쓰이곤 했어요. 감옥선은 사방이 바다로 막힌 감옥의 역할을 했습니다. 한편 영국에서는 감옥선을 헐크hulk라고 불렀습니다. 이 hulk는 괴력을 뿜어내는 거인도 아니었고, 만화의 소재거리는 더욱 아니었죠. 디킨스의 『위대한 유산Great Expectations』에 hulk에서 탈출한 죄수가 등장하죠. 예전에 학생들은 그 책을 '위대한 가래침Great Expectorations'이라면서 간단히 'Big Spit'으로 부르곤 했습니다.

디킨스와 바다 이야기가 나왔으니 caul양막 이야기를 하지 않을 수 없네요. 양막은 태아를 둘러싼 반투명의 얇은 막으로, 속에는 양수가 들어 있어요. 간혹 태아가 뒤집어쓰고 태어나는 경우가 있다고 합니다. caul의 어원은 라틴어 galea투구이고, 더 거슬러 올라가면 그리스어 kalux껍질인 것으로 추측됩니다(꽃잎을 받치고 있는 calyx꽃받침도 여기서 왔습니다). 어쨌거나 디킨스 소설의 주인공 데이비드 코퍼필드David Copperfield가 caul을 뒤집어쓰고 태어났는데요, 그런 사람은 절대 익사하지 않는다는 속설이 있었죠. 그 주인공이 자신의 초능력을 시험해봤는지는 잘 모르겠네요.

참고로 infant갓난아기의 어원적 의미는 '말을 못하는'(라틴어 infans)입니다. 그리고 fetus태아에서 파생된 형용사 effete는 원래 '출산으로 기운이 소진된'이라는 뜻이었습니다. 후에 일반적으로 '나약한'을 뜻하게 되었어요.

감옥 이야기 하나로 끝맺겠습니다. 영국에는 Wormwood Scrubs라는 특이한 이름의 교도소도 있다는 것 아셨나요? 같은 이름의 공터에 자리한 교도소로, wormwood는 일대에 많이 자라는 '쓴쑥', scrubs는 '관목숲'을 뜻합니다. 수감자들이 평가한 별점은 3.4점입니다.

26

피리 부는 사나이

Pay the Piper, Call the Tune

범죄와 관련된 어원 이야기는 할 만큼 했지만, 제가 가장 좋아하는 범죄자 한 사람의 이야기를 좀 해볼까 합니다. 17세기 초에는 'sing'이 'rat out불다, 일러바치다'의 뜻으로 쓰인 기록이 처음 등장합니다. 제가 소개하려는 악당은 가수가 아니라 연주자였지만, rat쥐 하면 빼놓을 수 없는 인물이죠.

영어로 'the Pied Piper of Hamelin하멜른의 얼룩 옷 피리꾼'이라고 하는 이 사나이는 원래 독일어로 'der Rattenfänger von Hameln하멜른의 쥐잡이꾼'이었습니다. 영어 이름이 더 멋있어 보이지만 어쨌든 쥐잡이꾼이고, 얼룩덜룩한 옷은 방제 업무를 하면서 입은 작업복이었죠. 그런데 하멜른 시는 쥐를 퇴치해준 사나이에게 무슨 근거에서인지 몰라도 대가를 지불하지 않겠다고 했습니다. 돈을 떼이고 발끈한 사나이는 상대방의 계약 위반에 대해 소송을 거는 대신 집단 납치로 응수했죠.

하멜른 시는 돈을 지불해야 옳았습니다. 쥐 때문에 골머리를 앓던 곳이니까요. 당시에도 제분소가 많은 도시였고, 제가 알기로는 지금도 그렇습니다. 아닌 게 아니라, 2012년에도 하멜른의 제분소 한 곳이 밀가루 시장의 공급 과잉으로 문을 닫았습니다. '공급 과잉'을 뜻하는 glut과 '먹보'를 뜻하는 glutton은 '삼키다'라는 뜻의 라틴어에서 유래했습니다. 한편 '혀, 성대'를 뜻하는 그리스어 어근 glot에서도 많은 단어가 유래했는데요, epiglottis후두덮개(epi는 '위上'), polyglot다언어 구사자, glossary용어 사전 등입니다. 종교적 황홀경에 빠져 알아들을 수 없는 말을 중얼거리는 현상, glossolalia방언(lalia는 '말')도 빼놓을 수 없죠.

미국 시트콤 〈실리콘 밸리〉에 등장하는 벤처기업 'Pied Piper'는 물론 이 중세 하멜른의 설치류 방제 기사 이름을 따온 것입니다. 이 회사는 "gif 파일에 적용되는 렘펠-지브-웰치LZW 비손실 압축 모형의 이론적 한계에 근접하는 와이스먼 점수를 단번에 획득한 알고리즘"을 개발했다고 하네요. 굉장합니다.

참고로 알고리즘algorithm은 페르시아 수학자 알콰리즈미al-Khwarizmi의 이름에서 유래했습니다. 고대 로마의 붕괴 이후 유럽이 진흙탕에서 뒹굴던 8세기에서 10세기 사이에 페르시아는 수학의 눈부신 발전을 이루었어요.

하긴 로마 숫자Roman numerals로 수를 계산한다는 것은 생각만 해도 끔찍합니다. 아라비아 숫자Arabic numerals는 2200년 전 바빌론에서 기원했는데, 당시는 로마 숫자가 여전히 '잘나가던be the hot thing' 시절이었죠(열기에 취약한 로마인들의 밀랍 서판과는 잘 어울리지 않는 비유가 되겠네요). 로마인들은 tabula라고 하는 서판에 글을 적었는데 그것이 table탁자, tablet판, tabulation표 작성의 어원이 되었습니다.

피리 부는 사나이 이야기로 돌아가죠. 사건이 있고 이삼백 년 후 독일에서 작성된 문헌에 따르면 1) 1284년 6월 26일에 130명의 아이들이 여러 색깔로 된 옷을 입은 사악한 피리꾼에 이끌려 따라갔고, 2) 아이들이 사라진 곳은 '갈보리'라고 합니다. 갈보리Calvary는 예수가 십자가에 못 박힌 언덕이에요. 어원은 '해골'을 뜻하는 라틴어 calvaria이고, 성경에는 '해골산Place of the Skull' 또는 아람어를 음차한 '골고타Golgotha'로 나와 있습니다. cavalry기병대와 혼동하기 딱 좋은 단어죠. 전해지는 이야기에 따르면 아이 두 명이 대열에서 빠져나와 피리꾼의 만행을 하멜른 주민들에게 '일러바쳤다rat out'고 합니다.

제가 계속 하는 말이지만, 피리 부는 사나이 이야기도 전설로 치부할 것만은 아니라 '진실의 중요한 일면a kernel of truth'을 분명히 담고 있습니다. 잠깐 딴 얘기를 하자면 colonel대령을 'kernel'처럼 발음하게 된 이유는 뭘까요? 그건 이렇습니다. colonel의 어원은 라틴어 columnella, 즉 '작은 column열, 종대'입니다. 장교 한 명이 이끄는 부대원들이죠. 이것이 프랑스어에서 coronel로 바뀌었고, 영어에서 철자는 라틴어식, 발음은 프랑스어식으로 정착되었습니다.

말이 나온 김에, 제가 영 이해할 수 없는 요즘 군 관련 용어가 있습니다. troops라는 것입니다. troop는 '부대' 또는 '한 무리의 군인'이죠. 그런데 어떻게 "thirty-eight troops"가 전사했다는 표현이 가능한가요? 그럼 요즘은 troop가 군인 한 명인가요(그리고 troop를 troupe공연단와 혼동하지 않도록 주의합시다)?

참고로 미군 병사를 가리키는 G.I.라는 말은 원래 'Government Issue정부 지급품' 또는 'General Issue일반 지급품'의 약자로, 군용 보급품을 뜻했습니다. 같은 뜻의 G.I. Joe는 1964년 장난감 회사 해즈브로Hasbro에서 동명의 액션 피규어를 발매하기 훨씬 전부터 사람들이 쓰던 말이었습니다.

또 옆길로 빠졌네요. Pied Piper 이야기로 다시 돌아갑시다. 그 전설의 역사적 근거는 무엇일까요? 하멜른의 아이들은 역병으로 한꺼번에 목숨을 잃었을까요? 아니면 물에 빠져 죽었을까요? 산사태나 땅이 꺼지는 사고에 희생되었다는 설도 있습니다. 납치되어 종교 단체나 '어린이 십자군'에 동원되었으리라는 추측도 있죠. 소년성애의 대상이나 노예로 집단 매매되었을 가능성도 물론 배제할 수 없겠지만요. 또 한 가지 설에 따르면 13세기에 독일이 오늘날 폴란드 등의 지역을 합병하면서 하멜른에서 아이들을 차출해 새 땅에 정착시켰다고 합니다(독일이 동쪽으로 영토를 넓혀나간 역사는 길잖아요). 흥미로운 가설인데요, 학자들은 그 근거로 당시 합병됐던 지역에 오늘날 하멜른 출신 성씨들이 많다는 사실을 들기도 합니다.

하멜른의 붕겔로젠스트라세Bungelosenstrasse는 '북 없는 거리'라는 뜻으로 지금도 음악 연주나 노래가 법으로 금지되어 있습니다. 그 길을 지나간 후 영원히 사라진 아이들을 기리기 위한 것이라고 합니다.

당연한 일이겠지만 아이들의 실종 원인으로 악마의 장난을 지목한 17세기의 문헌도 두어 개 있습니다. 독일 귀신과 관련해서는 영어의 spirit처럼 '정신, 영혼, 유령' 등의 뜻을 갖는 '가이스트Geist'라는 단어를 알아둘 만합니다. 어원적으로는 ghost와 사촌인 단어입니다. Zeitgeist시대정신, Poltergeist폴터가이스트 같은 단어들은 영어에서도 쓰이죠. 폴터가이스트는 문자 그대로 '소란 피우는 유령'입니다. 독일어는 명사의 첫 글자를 항상 대문자로 쓰는데, 영어도 17세기 말에서

18세기까지는 그렇게 했습니다. 미국 독립선언서도 그런 방식으로 적혀 있죠.

어린이 십자군crusade 이야기가 나왔는데, 십자가cross는 라틴어로 crux입니다. 두 막대가 서로 관통하는 형태이니 영어로 crux는 '핵심', crucial은 '중대한'이 되었습니다. 운동선수들은 늘 'ACL'을 다쳐서 치료하고 재활한다고 하죠. 십자 모양으로 교차하는 두 인대 중 하나인 '앞십자인대anterior cruciate ligament'를 가리키는 말입니다. 그러나 crucifixion십자가형만큼 '극심히 고통스러운excruciating' 형벌은 없을 거예요.

십자화과cruciferous 식물은 네 개의 꽃잎이 십자 모양을 이룬다고 해서 그렇게 불리며 브로콜리, 양배추, 콜리플라워 등이 있습니다. 지명에도 cross가 수두룩하죠. 산타크루스Santa Cruz의 뜻은 'holy cross신성한 십자가'이고, cruise유람선 여행의 뜻은 'crossing건너가기'입니다. 화가 들라크루아Delacroix, 가수 짐 크로치Jim Croce, 배우 페넬로페 크루스Penelope Cruz와 톰 크루즈Tom Cruise는 모두 이름에 cross가 들어 있습니다(각각 프랑스어, 이탈리아어, 스페인어, 영어로).

다시 쥐rat 이야기로 돌아가겠습니다. 쥐는 항상 악역을 맡죠. 동화 『샬롯의 거미줄』에 나오는 템플턴Templeton을 아시나요? 항상 꼼수를 부리는 쥐랍니다. 사기꾼 중에서 으뜸은 다른 조직원들을 '밀고하는rat out' 마피아 조직원이죠.

하지만 쥐도 좋은 일을 할 때가 있습니다.

'역사의 아버지'로 불리는 그리스 역사가 헤로도토스는 아시리아의 왕 산헤립이 예루살렘을 포위했다가 물러난 이유가 쥐들이 아시리아군의 활시위를 비롯한 군비를 죄다 갉아먹은 덕분이라고 설명합니다. 기이한 일이지만 못 일어날 것도 없겠죠. 한편 구약의 「열왕기」는 산헤립의 패배를 좀 다르게 설명합니다. "그날 밤 야훼의 천사가 나타나 아시리아 진영에서 군인 18만 5000명을 쳤다. 아침이 되어 날이 밝았을 때 그들은 모두 시체로 발견되었다."

　헤로도토스는 '거짓말의 아버지'로도 불리니 판단은 각자의 몫입니다. 산헤립도 승승장구하던 때가 있었습니다. 바이런은 "아시리아왕은 양의 우리를 덮친 늑대처럼 들이닥쳤고 / 그의 군대는 자줏빛과 금빛으로 번쩍거렸네(The Assyrian came down like the wolf on the fold / And his cohorts were gleaming in purple and gold)"라고 적었어요. 어쨌든 산헤립은 쥐 난리에서 살아남아 아시리아의 수도 니느웨를 화려하게 발전시켰습니다(유적의 대부분은 2015년 IS에 의해 훼손되었습니다).

27

대신하는 말
Speaking of Which

이제 대명사pronoun 이야기를 해볼까 하는데요, 대명사라는 말만 들어도 지긋지긋하던 학교 문법 시간이 생각나서 싫다 하시는 분은 다음 몇 문단을 띄엄띄엄 읽거나 건너뛰셔도 좋습니다.

참고로 paragraph문단 = 그리스어 para옆에 + graph쓰다(write)입니다. 연필심의 재료인 graphite흑연도 '쓰는' 데 사용된다 하여 지어진 이름이죠. photography사진술 = '빛으로 쓰기'입니다. 카메라camera는 라틴어 camera obscura어둠상자(dark chamber)의 준말이고요.

글씨체를 분석하는 graphology필적학도 있습니다. 범죄 수사에 쓰이고 있고 과거에는 심리학 분야에서도 쓰였죠. 웹사이트 Aunty Flo에 따르면 n자의 윗부분이 뾰족뾰족한 필체는 지능이 높고 부정직한 사람에게서 나타납니다. n자를 쌍봉낙타처럼 두 개의 혹으로 그리는 경우 앞의 혹이 뒤의 혹보다 크면 자기애가 강한 사람이라고 합니다. n이 왼쪽으로 기울어져 있으면 "인생에서 중요하게 생각하는 어떤 가치에 무척 충실하지만, 남들이 그 가치에 쉽게 수긍하기는 어렵다"고 하네요. 점과 다를 바 없는 유사 과학이죠. 사람들을 현혹해 쉽게 돈을 만질 수 있는 수단이기도 합니다. 세상에 잘 속는 사람은 많으니까요. 한편 graphic은 '생생하게 묘사된'이라는 뜻인데, '폭력적인'이라는 뜻으로 오해하는 경우가 있습니다.

너의 이름은 Speak for Yourself

현대 영어의 2인칭 대명사는 you가 유일하지요. 다른 언어는 그리 간단하지 않습니다. 라틴어에는 두 가지 you가 있는데, 단수형 tu와 복수형 vos입니다. 러시아어에도 마찬가지로 ты티와 Вы비가 있습니다. 네 단어는 모두 원시인도유럽어PIE의 yū라는 공통의 조상에서 기원했습니다.

이런 언어들에서는 2인칭 복수형이 한 사람을 격식 있게 부르는 데 쓰이기도 합니다. 예컨대 프랑스어는 친한 사람이나 가족에게는 tu를 쓰고 격식을 차릴 때는 vous를 쓰지요. 마찬가지로 스페인어도 편하게 말할 때는 tú, 격식을 차릴 때는 usted를 씁니다.

독일어와 이탈리아어는 심지어 세 가지 you를 씁니다. 독일어에는 du(단수 친칭), ihr(복수 친칭), Sie(3인칭이지만 2인칭 단복수 존칭으로 쓰임)가 있습니다. 마지막 형태는 옛날에 자신보다 높은 사람을 3인칭으로 부르던 관습이 이어져온 것입니다. 영어에서도 "Does your lordship prefer the yellow socks?(나리께서는 노란색 양말을 신으시겠습니까?)"라는 식으로 말했죠. 옛날 왕은 워낙 위대해서 자신을 지칭할 때 I라는 1인칭 단수형은 격이 떨어지기에 we를 썼습니다. 이른바 'royal we'라고 하는 용법이에요. 그 예를 트럼프 대통령이 잘 보여주었는데, 건강을 묻는 질문에 이렇게 대답했습니다. "No. We have no symptoms whatsoever. (아니요. 본인은 아무 증상도 없습니다.)"

영어에서는 17세기까지 친분이 있는 사람을 thou라고 불렀습니다. 엘리자베스 시대에는 'you are'를 'thou beest'라고 했고(독일어의 'du bist'와 비슷하죠), 'you do'를 'thou dost'라고 했습니다. 그리고 you의 복수형은 한때 ye였습니다.

tu 형태에는 자신이 상대방보다 지위가 높다는 인식이 깔려 있을 수 있습니다. 예컨대 귀부인은 하인을 tu라고 부르고 하인은 귀부인을 vous라고 부르는 경우입니다. 같은 계급의 사람에게 무례하게 말할 때 tu를 쓰기도 합니다. 2인칭 대명사의 사용 예절은 예민한 구석이 많습니다. 격식 없는 형태를 쓰려면 얼마나 친해져야 하는 걸까요?

영어는 옛 말투를 흉내 낼 때 실수 좀 해도 뭐라 하는 사람 없습니다. 설령 목적격인 thee를 주어 자리에 쓰거나 주격인 thou를 목적어 자리에 쓰더라도 누가 깔깔대며 놀릴까 봐 걱정하지 않아도 됩니다. 가령 '가다'라는 뜻의 동사 go의 활용형은 고전 영어에서 3인칭일 때 'he goeth', 2인칭일 때 'thou goest'처럼 되어야 하지만(모두 라틴어의 활용형에서 유래한 형태입니다), 'I goeth'라거나 'we goest'라고 한다고 해서 눈을 휘둥그렇게 뜨고 볼 사람은 없을 겁니다.

옛 영어의 불규칙 동사 활용법은 워낙 복잡하니 제대로 익히려면 표로 만들어서 벽에 붙이거나 지갑에 넣어다니는 게 좋겠죠.

같은 말 돌려쓰기 It Says a Lot for Them

그런데 영어에는 큰 단점이 하나 있습니다. 누가 이렇게 말하는 것

들어본 적 있으세요? "One should be careful when playing dodgeball. (피구 할 때는 조심해야 해.)" 영어에서는 특정한 상대에게 하는 말이 아니어도 "You should be careful…"이라고 하죠. 영어도 일반적인 사람을 가리키는 프랑스어의 on 같은 비인칭 대명사가 필요합니다.

28

입 운동: 스포츠

Play on Words

스포츠sport는 disport유희의 준말이고, 그 어원은 옛 프랑스어 deporter 주의를 빼앗다, 즐겁게 하다입니다. 영어에도 비슷한 말로 divert주의를 돌리다가 있지요.

스포츠 팬fan이 다 fanatic광적인 사람은 아니겠지만, 적어도 어원상으로는 그렇습니다. 세월이 지나면서 의미가 옅어졌죠.

대표적인 스포츠 용품이라면 ball공입니다. ball과 phallus음경의 어원적 관계는 앞에서 언급했죠. 한편 '공'을 뜻하는 라틴어 pila는 pill알약의 어원이 되었습니다(요즘 알약은 공보다는 원판 모양이지만요). 참고로 캡슐capsule은 '작은 갑'을 뜻하는 라틴어에서 왔고요. 좀 고약하지만 hemorrhoid치질의 다른 이름 piles도 pila에서 왔습니다(치질의 수호성인 성 피아크르St. Fiacre 이야기는 앞에서 했군요).

라틴어 '공'에서 유래한 단어는 그 밖에도 platoon소대(작은 덩어리), pellet알갱이 등이 있습니다. 또 펠로톤peloton은 자전거 경주에서 무리지어 달리는 메인 그룹을 일컫는 말이지요. 희소식이 있는데요, 2495 달러만 지불하면 최신식 실내용 자전거 '펠로톤 바이크'를 구입해

"누구나 꿈꾸는 최고의 전신운동"을 할 수 있다고 합니다. 아니면 그 돈을 아끼고 저승에서 바위를 계속 밀어 올리는 시시포스 옆에서 한 시간만 같이 힘을 쓰는 건 어떨까요.

앞에서 길이의 단위 펄롱furlong 이야기를 했죠. 그것과 동일한 단위가 그리스의 스타디온stadion이었습니다(대략 180미터). 로마의 stadium은 그 길이의 '경주로'였는데, 그것이 stadium주경기장이 됐습니다. '원형 경기장'을 뜻하는 arena의 기원은 라틴어의 harena, '모래판'입니다. 미국에서는 축구 등의 경기가 벌어지는 그라운드를 field라고 하지만 영국에서는 pitch라고 하는데, 원래 크리켓 경기장 중앙의 좁고 긴 구역을 가리키는 말입니다. 축구를 영국에서는 football이라고 하지만 미국에서는 soccer라고 하지요. 축구를 초창기에 Association Football이라고 불렀는데, 이것을 Assoc. Football로 줄여 부르다가 아예 간단히 'soc'이라고 하던 데서 유래했습니다(차마 'ass'라고 할 수는 없었겠죠). 당시 축구는 럭비rugby football의 대안으로 떠오르던 스포츠였습니다.

테니스tennis는 옛 프랑스어 Tenez받으시오에서 유래한 이름이라고 해요. 테니스의 원형이 된 스포츠는 실내에서 라켓 없이 맨손으로 하는 죄드폼jeu de paume, 풀어 말하자면 '손바닥 게임game of the palm'이었습니다. 한편 라켓racket은 아랍어 rāḥat손바닥에서 유래했습니다. 또 프랑스어에서 라켓을 뜻하는 raquette는 눈 위를 걸을 때 신는 '눈덧신'을 뜻하기도 합니다.

테니스는 프랑스의 문화와 정치 분야에서 남다른 역할을 했습니다. 파리의 옛 테니스 코트는 '죄드폼 국립미술관Musée du Jeu de Paume'

이 되어 인상주의Impressionist 화가들의 작품을 전시했고, 현재는 현대 미술품을 소장하고 있습니다(인상주의와 관련된 토막 이야기로, 1863년 파리 살롱에 출품했다가 낙선한 화가들은 직접 '살롱 데 르퓌제Salon des Refusés, 낙선전'를 열어 자신들의 작품을 전시하기도 했지요). 또, 1789년에는 회의장 입장이 좌절된 평민 대표들이 베르사유궁전 인근의 왕실 테니스 코트로 장소를 옮겨 프랑스 혁명의 도화선이 된 '테니스 코트의 서약The Tennis Court Oath'을 하기도 했습니다.

스쿼시squash는 사용하는 공이 '물렁물렁하다squishy'고 하여 붙은 이름입니다. 그런데 사실 돌덩이보다 살짝 물렁물렁한 수준이죠.

하키hockey는 '갈고리hook'처럼 생긴 막대를 써서 그렇게 불렸습니다.

volleyball배구의 volley는 프랑스어 volée날기, 비상에서 왔습니다. 예전에 'Volare날아보자'라는 노래가 있었죠. 이탈리아계 미국 가수 딘 마틴Dean Martin과 보비 라이델Bobby Rydell이 이탈리아어 원곡을 각자 영어로 커버하여 대히트시켰습니다. 두 사람의 본명은 각각 디노 크로체티Dino Crocetti와 로버트 리다렐리Robert Ridarelli였답니다.

여담이지만 예명 이야기를 세 문단만 하겠습니다. 이탈리아의 나폴리Napoli가 네이플스Naples가 되고 리보르노Livorno가 레그혼Leghorn이 된 사연 기억나시나요? 20세기 중반, 미국 연예인들은 중산층의 관심을 사기 위해 미국스러운 이름을 택하곤 했습니다. 1950년대 미국의 백인 주류 계층 사람들은 이탈리아 이름을 영 불편하게 여기는 경우가 많았죠. 프랜시스Francis라는 이름만 봐도 그렇습니다. 가수 디온

Dion의 본명은 디온 프랜시스 디무치Dion Francis DiMucci였습니다. 한편 배우 겸 가수 코니 프랜시스Connie Francis의 세례명은 (예명보다 더 예쁜) 콘세타 로사 마리아 프랑코네로Concetta Rosa Maria Franconero였죠. 재즈 가수 토니 베넷Tony Bennett의 본명은 앤서니 베네데토Anthony Benedetto 였고요. 영화 〈졸업〉에 로빈슨 부인으로 나온 앤 밴크로프트Anne Bancroft는 원래 이름이 애나 이탈리아노Anna Italiano였습니다.

다행히 미국의 문화 수준이 높아지면서 외국인 혐오증이 아닌 다른 이유로 예명을 짓는 스타들이 많아졌습니다. 스테파니 제르마노타Stefani Germanotta는 레이디 가가Lady Gaga로 활동하죠. 대중적 호감을 높이기 위해 이름을 바꾼 스타라면 노마 진 모텐슨Norma Jeane Mortenson, 바로 매릴린 먼로Marilyn Monroe도 있습니다. 그 밖에 알렉산드라 저크Alexandra Zuck(샌드라 디Sandra Dee), 도리스 매리 앤 카펠호프Doris Mary Ann Kappelhoff(도리스 데이Doris Day), 아치볼드 알렉 리치Archibald Alec Leach(케리 그랜트Cary Grant)도 같은 경우입니다.

카다시안Kardashian 가족이 등장하기 전에는 아르메니아계 이름도 설 자리가 없었습니다. 배우 알린 프랜시스Arlene Francis의 본명이 알린 프랜시스 카잔지안Arline Francis Kazanjian이었던 것을 보면 알 수 있죠. 물론 유대계 이름을 단 스타도 나올 가망이 희박했습니다. 특히 미국 땅 곳곳에 반유대주의가 만연하던 시절에는 말할 것도 없었고요. 위노나 라이더Winona Ryder의 본명은 위노나 로라 호로비츠Winona Laura Horowitz였고, 밥 딜런Bob Dylan은 로버트 치머만Robert Zimmerman이었습니다. 버나드 슈워츠Bernard Schwartz(배우 토니 커티스Tony Curtis)라는 이름을 아세요? 벨 미리암 실버먼Belle Miriam Silverman(오페라 가수 베벌리 실즈

Beverly Sills)이나 벤저민 쿠벌스키Benjamin Kubelsky(희극인 잭 베니Jack Benny)는요?

volleyball 이야기를 하다가 딴 주제로 샜네요. 스포츠로 돌아갈게요.

현대 스포츠의 큰 축을 차지하는 것은 technology기술입니다. 그 어원은 그리스어 techne기술, 기예이고, 그리스신화의 테크네Techne라는 정령은 기술의 수호자였습니다. 요즘 프로 스포츠 중계는 CG, 광고, 스폰서 로고 등으로 현란하기 짝이 없죠. 심지어 펜싱처럼 대중적이지 않고 단순한 옛 스포츠도 첨단기술에 크게 의존합니다. 사브르saber, 플뢰레foil, 라메lamé(금속 조끼) 등의 장비가 전기적으로 반응하게 되어 있어 득점 여부를 판별해주거든요.

스포츠 기술이 발전하면서 이제 인간 umpire심판(어원적 의미는 선수들과 '동등하지 않은 사람non-peer')도 필요 없어질지 모릅니다. 코치는 경기 내내 노트북 컴퓨터 앞에만 앉아서도 지시할 수 있습니다. 필요한 통신 장비는 시중에서 판매하고 있어요. 이를테면 고교나 대학의 미식축구 팀에서 사용하기에 적합하다는 'Porta-Phone TD900HD 7-Coach System, Dual Channel'(4200달러) 등입니다. 그런데 이것은 아마추어amateur 팀용으로 나온 제품이니(엄밀히 말하면 amateur는 '사랑하는 자, 애호가'로서 돈이 아니라 애정 때문에 무언가를 하는 사람입니다), 프로 팀용 장비는 더 비쌀 것 같네요. 코치는 선수들의 맥박, 호흡, 체온 등을 무선으로 모니터링하여 상태가 좋지 않은 선수를 교체할 수도 있습니다.

마라톤을 할 때는 물을 충분히 마셔 dehydration탈수증을 예방해야 하지만 물을 너무 많이 마시면 반대로 hyponatremia저나트륨혈증의 위험이 있지요. hyponatremia는 혈액의 염분 농도가 지나치게 낮아진 상태를 말합니다. 영어로 sodium이라 불리는 나트륨(라틴어 natrium)의 원소기호는 Na입니다. 염화나트륨NaCl은 소금의 주성분이죠. 또 옆길로 새는 주제이지만, 소금이라면 이야깃거리가 좀 있습니다.

「마태복음」에서 예수는 제자들에게 이렇게 말합니다. "너희는 세상의 소금이다. 만일 소금이 짠맛을 잃으면 무엇으로 다시 짜게 만들겠느냐?" '견실하고 믿을 만한 사람'을 가리키는 salt of the earth라는 표현의 유래입니다.

반면 salting the earth염토화는 일종의 초토화 전술입니다. 정복한 땅에 소금을 뿌려 땅을 오랫동안 못 쓰게 만들어버리는 것이죠. 로마는 'Carthago delenda est카르타고는 멸망해야 한다'라는 방침에 따라 카르타고를 영원히 불모지로 만들어버렸다고 합니다.

salary급여의 기원도 로마 시대로 거슬러 올라갑니다. 군인들에게 sal소금 사라고 주는 돈을 salarium이라고 했지요. 자기 밥값을 못 하는 사람은 '소금값을 못 하는not worth his salt' 셈이었습니다. 소금은 필수품이었죠. 음식을 상하지 않게 보존하는 데도, 음식을 먹을 만하게 만드는 데도 꼭 필요했습니다. 한편 샐러드salad의 어원은 로마인들이 먹던 '소금에 절인 채소herba salata'입니다.

로마의 저술가 대 플리니우스Pliny the Elder가 서기 77년에 쓴 책에 따르면 미트리다테스 대왕이 괴상한 식사 요법을 하면서 그냥 먹기는 힘들었는지 '소금 한 꼬집을 뿌려서 먹었다take with a pinch of salt'고

하는데요, 그것이 오늘날 '걸러서 듣다'라는 뜻의 관용구가 되었습니다. 만찬 자리에서 '소금이 놓인 곳 아래쪽에below the salt' 앉았다는 것은 테이블의 상석이 아닌 아랫자리에 앉았다는 뜻이니 '신분이 낮은'의 뜻이 됩니다. 못된 악당은 상대를 다치게 하는 것으로 모자라 '상처에 소금을 비벼 넣기rub salt into the wound'도 하죠.

put salt on someone's tail은 '꼼짝 못 하게 하다'라는 뜻이죠. 옛날에 새 꼬리에 소금을 뿌리면 날지 못한다는 속설이 있었습니다. 동물권 단체 PETA에서 보면 가만히 있지 않겠지만요. PETA는 'People for the Ethical Treatment of Animals동물을 윤리적으로 대우하는 사람들'의 약어인데, 바람직한 acronym두문자어의 예를 보여주고 있습니다. 두문자어가 그 지시 대상과 관련된 어떤 단어를 이루는 경우죠. 이 경우는 'pet반려동물'입니다. MADD, Mothers Against Drunk Driving음주운전 반대 어머니회도 그런 예가 되겠고요. 그런가 하면 backronym역 두문자어이란 것도 있습니다. 원래부터 존재하던 단어를 두문자어로 둔갑시킨 것이에요. 한 예로 '앰버 경고Amber Alert' 시스템은 64퍼센트의 성공률을 자랑하는 아동 실종 경보 체계로, 납치되어 살해된 앰버Amber라는 아이의 이름을 딴 것입니다. 그런데 이 시스템이 도입된 후에 AMBER가 'America's Missing: Broadcast Emergency Response미국 실종 긴급 대응 방송'이라는 의미의 backronym이 되었습니다.

그런데 요즘은 수분을 제대로 보충하려면 염분만 챙겨서는 안 되는 것 같습니다. '게토레이 스포츠 과학 연구소'와 이름 자체가 모순인 '코카콜라 음료 건강 연구소'는 미국스포츠의학회ACSM의 회의를 아낌없이 후원해주었고, ACSM은 이에 힘입어 획기적인 연구를 발표하며 전해질과 탄수화물이 함유된 음료를 마실 것을 권했습니다.

달리기는 그리 볼거리가 많은 관람 스포츠는 아니죠. 육상의 꽃이라는 마라톤marathon도 관람할 기회가 거의 없습니다. 전설에 따르면 기원전 490년, 미나리과의 풀인 회향fennel이 많이 피어 있었던 것 같은 '회향 풀밭'이라는 뜻의 마라톤Marathon 평원에서 그리스군이 페르시아군에 승리를 거두었고, 전령이 승리 소식을 알리기 위해 아테네까지 약 40킬로미터를 쉬지 않고 달렸습니다. 그러고는 도착하자마자 쓰러져 죽었다고 하는데, 역시 마라톤 선수들은 대단하고, 저는 죽어도 못 할 거 같아요.

개인 스포츠라면 shooting사격도 있습니다. 살아 있는 것을 쏘기도 하지만, 점토로 된 접시 모양의 클레이피전clay pigeon을 날려서 쏘기도 해요. 그런 표적을 스키트skeet라고도 하는데, shoot와 skeet는 모두 네덜란드어 schieten쏘다과 사촌지간입니다. 그 밖의 파생형으로 shuttle도 있습니다. shuttle은 원래 베틀에서 왔다 갔다 하는shoot back and forth '북'이라는 기구를 이르는 말이었고, 한 구간을 오가는 교통수단 '셔틀'로 뜻이 확장되었습니다. 방송에서 많이 들리는 말로는 "shit!젠장!"의 완곡어로 다양한 상황에 두루 쓰이는 "shoot!"가 있죠.

배드민턴badminton에서 일종의 공처럼 쓰는 용구를 셔틀콕shuttlecock 또는 버디birdie라고 하죠. 배드민턴 경기를 처음 한 곳이 보퍼트 공작 Duke of Beaufort의 거주지인 배드민턴 하우스Badminton House라는 저택이었습니다. 참고로 보퍼트 풍력 계급Beaufort Wind Scale을 고안한 아일랜드 사람 프랜시스 보퍼트Francis Beaufort와는 다른 사람이니 주의하세요. 이 등급 체계는 바람의 세기를 'Light Air실바람' 'Fresh Breeze흔들바람' 'Near Gale센바람' 'Violent Storm왕바람' 'Hurricane싹쓸바람' 등으로 분류하는데요, 풍속을 숫자로 나타내는 것보다 피부에 잘 와닿습니다.

크로케croquet는 맬릿mallet이라는 나무망치로 공을 때려 기둥문 사이로 통과시키는 야외 스포츠입니다. 그 나무망치가 양치기의 '끝이 구부러진 지팡이crook'를 닮았다 하여 croquet가 되었습니다. 한편 mallet은 '망치'를 뜻하는 라틴어 malleus에서 왔습니다. malleable가 단성 있는이라고 하면 말랑말랑한 느낌이라 망치와 관계가 없을 것 같지만 원래 '(대장장이가) 망치로 두들겨 펼 수 있는'이라는 뜻입니다. croquet를 아일랜드에서는 '크루키'로 발음합니다. 영국에서는 '크로키'로, 미국에서는 '크로케이'로 뒤에 강세를 두어 발음하죠.

29

게임의 언어

The Name of the Game

그런데 크로케는 스포츠일까요, 그냥 시시한 게임일까요?

드디어 짧은 챕터 하나 갑니다.

말놀이 Wordplay

앉아서 하는 게임이라면 제가 전문가입니다. 게임game을 중세 영어
에서는 gamen이라고 했고, 거기에서 gamble도박도 나왔습니다(참고로
casino도박장의 어원적 뜻은 '작은 집'입니다). 하지만 동음이의어 gambol깡충
깡충 뛰놀다은 어원이 달라서, 앞에서 실컷 논했던 라틴어 gamba다리에
서 온 말입니다.

트럼프 카드playing cards의 무늬suit 중 클로버clover 모양은 왜 club,
즉 '곤봉'이라고 할까요? 원래 스페인 카드에서는 곤봉이 맞았습니
다. 프랑스 카드에서는 클로버였고요. 영국에서는 스페인 카드를 따
라 했다가, 나중에 심볼만 프랑스 카드의 클로버 모양을 빌려왔지요.
앞에서 스페이드spade와 다이아몬드diamond의 어원은 이미 살펴보았
지요. '심장' 혹은 하트 무늬의 heart의 어원은 원시인도유럽어PIE의

kerd로 거슬러 올라갑니다. '심장'을 뜻했던 그 말에서 독일어의 herz
는 물론 라틴어의 cor, cordis와 프랑스어의 coeur, 러시아어의 세르체
сердце까지 파생됐습니다. 게일어의 cridhe도 기원이 같은 것으로 추
측됩니다(한편 주파수의 단위 헤르츠hertz는 독일 물리학자 하인리히 헤르츠
Heinrich Hertz의 이름에서 따온 것입니다).

보드게임 이야기를 하자면, 오랜 역사를 자랑하는 2인용 주사위
놀이 백개먼backgammon은 어원적으로 'back+game'입니다. 말이 뒤로
가야 하는 경우가 있기 때문이라고 하는데 이 게임을 해보신 분은 무
슨 뜻인지 아실 테죠. 로마인들은 backgammon과 비슷한 것을 alea,
즉 '운에 좌우되는 게임'이라고 불렀는데요, alea는 원래 '주사위'를
뜻했습니다. 기원전 49년, 율리우스 카이사르는 하나의 사건으로 두
개의 비유적 표현을 만들어냈습니다. 즉, 1) "the die is cast (alea iacta
est)주사위는 던져졌다"라고 말하면서 2) 'cross the Rubicon루비콘강을 건너다'
했죠.

갈리아 원정에서 승리한 카이사르는 Rubicon불그레한 강을 건너 이
탈리아반도에 입성했습니다. 그러나 로마 원로원은 외국에서 전쟁
을 치른 장군이 군대를 그대로 이끌고 귀국하는 것을 허락하지 않았
죠. 군대를 거느린 장군이란 위험한 존재였기 때문입니다. 야심가 카
이사르는 당시 최고 권력자 폼페이우스와 한판 붙고 싶었기에, 고
심한 끝에 진군했습니다. '돌이킬 수 없는 일을 벌인burn his bridges' 것
이죠.

제 아들은 "the die is cast"라는 표현이 주조 방법의 하나인 다이캐
스팅die casting을 이야기하는 것으로 알고 있었답니다. 몬더그린이죠.

"금형die이 주조되었다cast"라는 뜻인 줄 알았던 거예요. 다이캐스팅은 19세기 중반에야 발명된 기술입니다. 그렇지만 금형이 나왔다면 찍어낼 물건의 모양이 정해진 것 아니겠어요? 앞서 나왔던 'take it for granite화강암으로 여기다'처럼 그럴듯한 해석이 아닐 수 없습니다.

오프로드 차량 브랜드 지프 랭글러Jeep Wrangler에서는 '루비콘 하드 록 에디션Rubicon Hard Rock Edition'이라는 모델을 출시했는데요, 오디오 시스템으로 강에 이어 유명 산맥 이름을 연상시키는 'Premium Alpine Nine-Speaker System'까지 탑재했다고 하니 카이사르의 관심을 끌기에 충분할 것 같습니다. 알프스산맥Alps은 (루비콘강처럼) 갈리아와 이탈리아의 경계에 위치해 있으니까요. 루비콘Rubicon 모델은 지프 랭글러 시리즈의 "flagship(함대의) 기함, 대표 상품"이라고 하는데 조그만 이탈리아 강치고 많이 출세한 것 같습니다.

그런데 카이사르는 지프 글래디에이터Jeep Gladiator 시리즈의 픽업트럭은 원하지 않을 것 같네요. 이름만 '검투사'지 포로도 노예도 아니잖아요? 그리고 'Weekend Warrior Mode' 기능이란 게 있다고 하지만 율리우스력에는 주말Weekend도 없는데 그게 카이사르에게 무슨 소용이겠어요?

함대 이야기가 나왔으니 말인데, 닛산의 아르마다Armada는 이름으로 볼 때 수륙양용이 아닐까 싶고, 게다가 복수입니다! 한 대의 전함이 아니라 '대함대'니까요. 그렇다면 아마 '번들bundled'(어원은 '묶음'을 뜻하는 고대 영어의 byndelle) 상품 아닐까요. 한 대만 살 수는 없나 봅니다.

그런데 게임에 관해 몇 문단만 이야기하려던 참이었죠.

그리스에서 '주사위'를 뜻했던 단어 kybos는 cube정육면체의 기원이 되었습니다. 골패 놀이 도미노dominoes의 이름은 중세 이탈리아로 거슬러 올라갑니다. 사육제의 기본 의상 중에 슈퍼히어로처럼 눈 부위만 가리는 도미노 마스크domino mask가 있었는데, 정사각형 두 개를 붙인 도미노 패의 생김새가 그 가면과 닮았다고 생각한 것 같습니다. domino mask라는 이름은 dominus라고 불리던 프랑스 사제들이 머리에 쓰던 두건과 닮은 데서 유래했습니다.

도미노 관련 여담 하나로 마치겠습니다. 1890년대 후반, American Sugar Refining Company미국 설탕 정제 회사가 사명을 Domino Sugar Corporation도미노 설탕 회사로 바꿨는데요, 그럴 만한 이유가 있었습니다. 주력 상품 중 하나가 크기와 모양이 도미노 패를 닮은 각설탕이었던 거죠. 둘로 쪼개기 쉽게 가운데에 금이 그어져 있었습니다. 이 회사는 후에 도미노 피자Domino's Pizza에 상표권 침해 소송을 걸었다가 졌습니다(도미노 피자의 출발은 도미닉 디바티Dominick DiVarti 사장이 운영하던 도미닉스DomiNick's라는 피자 가게였습니다).

30

각양각색: 색깔

In Glowing Terms

시인들은 'pied알록달록한'라는 말을 참 좋아합니다. 영국 시인 제라드 맨리 홉킨스는 「Pied Beauty」라는 시를 썼습니다. 셰익스피어는 여름철의 "daisies pied and violets blue알록달록 데이지꽃, 파란 제비꽃"를 노래했지요. 그 시를 저희 아버지가 읽어주시는 동안 저는 옆에서 설거지를 했는데, 같은 시에 "greasy Joan doth keel the pot 기름때에 절은 조앤, 솥을 식히네"이라는 구절도 나옵니다. Pied Piper얼룩 옷 피리 사나이는 앞에서 이미 만나보았죠.

색 이름 중에는 화학 물질이 개발되기 전에 사용하던 천연 염료에서 온 것이 많습니다. crimson다홍색은 그리 예쁘지 않은 암컷 연지벌레kermes를 빻은 가루에서 얻었어요. 붉은색 염료의 주요 공급원이라면 높은 성탑들로 유명한 이탈리아 토스카나의 성읍 산지미냐노San Gimignano도 있었습니다(토스카나의 영어식 이름 투스카니Tuscany는 라틴어에서 유래했습니다. 이탈리아에서 부르는 이름은 토스카나Toscana이고, 푸치니 오페라의 주인공 이름 토스카Tosca도 거기서 유래했습니다. 토스카나의 키안티

Chianti 지역은 영국인들에게 휴양지로 워낙 인기여서 영국 지명처럼 '-shire'를 붙인 키안티셔Chiantishire라는 별명까지 얻었죠).

산지미냐노에서는 기다란 옷감을 사프란saffron 꽃으로 붉게 물들였습니다. 주변 성읍들에게 질세라 높이높이 쌓아 올렸던 성탑들은 옷감을 널어 말리기에 안성맞춤이었습니다. saffron이라고 하면 사프란 향신료가 내는 불그스름한 노란색을 가리키지요.

붉은색 이야기는 이 정도면 충분하겠지만, 가상의 의사 닥터 레드Dr. Red도 언급하고 가야겠네요. 병원에서 가령 "Paging Dr. Red. Dr. Red, please report to Elevator B. (레드 선생님 호출입니다. 레드 선생님, B호 엘리베이터로 와주세요.)"라고 방송하면 'B호 엘리베이터에 불이 났다'는 내부용 메시지가 됩니다. 불 이야기가 나온 김에, 피라미드pyramid는 '불꽃 모양'이라는 뜻입니다. 어원인 그리스어 pyr불에서 pyre장작더미도 유래했습니다.

노란색으로 가볼까요. yellow노란색와 독일어의 gelb, 이탈리아어의 giallo, 스페인어의 amarillo는 모두 앞에서 알아보았던 gall담즙과 어원상 사촌입니다. 황담즙 이야기가 앞에서 나왔었죠(담낭염에 걸리면 피부가 누렇게 됩니다). 공통 어원은 원시인도유럽어PIE의 ghel인데요, PIE치고 그리 난해해 보이진 않네요.

제가 정말 나쁜 마음을 먹었다면 〈멜로 옐로Mellow Yellow〉라는 두 마디만 남기고 사라졌을 겁니다. 한번 들으면 곡조가 머릿속에 틀어박혀서 거의 몇 주 동안 맴도는 노래입니다. 도노반Donovan이 부른 노래인데, 제발 금지곡으로 지정해주세요.

녹색에 대해서는 딱 세 가지만 말하겠습니다. 1) green녹색과 grow 자라다는 둘 다 PIE의 ghre녹색이 되다에서 유래했습니다. 2) salad days는 '풋풋한green 시절', 즉 젊은 시절을 뜻하지요. 셰익스피어의 비극 속 클레오파트라가 젊은 시절 카이사르와의 만남을 후회하며 "my salad days, when I was green in judgement (판단이 미숙했던 나의 풋내기 시절)" 라는 말을 한 데서 유래합니다. 3) 극 이야기가 나온 김에, '배우 대기 실'을 뜻하는 green room이라는 표현은 좀 억지스러운 설이지만 발성 에 도움이 되는 식물을 대기실에 놓아두었던 데서 비롯되었다고도 합니다. 여담으로, ovation박수갈채의 뿌리는 그리스어 '기쁨에 부르짖 다'는 뜻인 euaizin으로 추측되는데, 'eu-'는 '좋은'을 뜻하는 접두사입 니다. 요즘은 'standing O기립박수standing ovation'가 너무 흔한 것 같아요.

파란색도 알아봅시다. turquoise터키옥색의 어원적 뜻은 '터키산의' 입니다. 관용구 'once in a blue moon가뭄에 콩 나듯'은 같은 달에 보름달 이 두 번 뜨는 일이 드문 데서 비롯되었습니다. cyanide청산염, 청산가리 는 '검푸른색(그리스어 kyanos)'의 화학 반응을 나타내서 붙은 이름입 니다. 혈중 산소가 부족해져 피부가 검푸르게 변하는 증세를 cyanosis 청색증이라고 하죠. 저에게 만약 하나만 택하라면, 그보다는 담즙이 과 해서 누렇게 뜨거나 창피해서 벌게지는 쪽을 택하겠습니다.

다음은 보라색입니다. born to the purple은 뿔고둥의 분비물로 염 색한 자주색 로브를 입을 정도로 돈이 많다는 말이니 '왕가에서 태어 난'이라는 뜻입니다. 불그스름한 자주색을 가리키는 Tyrian purple은 고대 페니키아의 도시 티레Tyre에서 유래했습니다. amethyst자수정의 'a-'는 부정의 의미를 갖는 그리스어 접두사입니다. 그리스어 meth는

'취한'이라는 뜻이고요(메스암페타민methamphetamine, 즉 필로폰을 생각하면 됩니다). 자수정은 취하는 것을 막아주는 효과가 있다고 여겨졌죠. maroon적갈색은 먹는 '밤'을 뜻하는 프랑스어에서 왔습니다. 설탕에 절인 밤을 마롱글라세marrons glacés라고 하죠. 라벤더lavender는 이미 앞에서 살펴봤군요.

white의 기원은 PIE의 kweit 또는 kweid-o로 거슬러 올라가고, 사촌으로 독일어의 weiss가 있습니다. 그리고 그 뜻은 고대 영어에 이르기까지 '빛나는'이었습니다. 한편 프랑스어에서 흰색을 뜻하는 블랑blanc은 프랑크어 blank에서 왔는데, 영어에 들어와서 다시 blank공백의로 돌아갔습니다. '백지수표, 전권'을 영어에서는 blank check라고 하죠. 프랑스어에서는 카르트 블랑슈carte blanche라고 합니다.

cdidate후보의 어원은 candidatus, '새하얀candidus 토가를 입은 사람'입니다. 로마의 원로원 의원에 입후보한 사람을 가리키는 말이었죠(senator원로원 의원이 되려면 일단 senex, 즉, '고령인' 사람이어야 했습니다). candle양초의 어원적 의미는 '새하얗게incandescently 불타는 물건'입니다. 옛날 일 중독자들은 촛불 하나로는 부족해서 '막대기 양쪽에 초를 올려놓고 태운다burn the candle at both ends'고 했어요. 오늘날 '불철주야 애쓰다'라는 뜻의 관용구가 되었지만, 원래는 양초라는 귀한 재료를 마구 써버린다는 뜻이었습니다. 밤에 불을 너무 많이 밝힌다는 것은 사치스러운 짓이었죠. 눈이 나빠지면 어떻게 하냐고요? 뭐 그건 알아서 할 일입니다.

참고로 발음 이야기를 좀 하고 넘어가겠습니다. g 소리가 j 소리로 바뀌는 현상을 앞에서 살펴봤지만, 라틴어에서 온 단어는 같은 자음도 어떤 경로를 거쳐 영어에 들어왔느냐에 따라 발음이 달라집니다. 라틴어의 c가 원래 소리 그대로 들어온 단어는 candle, cat, canine, cap, escape 등입니다. 한편 노르만어로 건너간 라틴어 단어는 c 소리가 입 앞으로 나와 부드러운 ch 소리가 되면서(g→j 변화와 같은 원리) chandelier, chat, chien, chapeau, échapper '샹들리에', '샤', '시앵', '샤포', '에샤페' 등이 되었습니다.

한 예로, '포착하다, 사로잡다'를 뜻하는 라틴어 captiare칼티아레가 어떻게 바뀌어갔는지 살펴봅시다. 이탈리아어에서는 cacciare카치아레가 되었고, c가 북쪽으로 올라가 누그러지면서 프랑스어에서는 chasser샤세가 되었으며, 프랑스를 통해 수입한 영어에서는 chase체이스, 뒤쫓다가 되었습니다. 반면 catch캐치, 잡다와 capture캡처, 포획하다는 같은 라틴어가 프랑스까지 가기도 전에 영어로 직접 들어온 예입니다. 그런데 앞에서 아이가 tree를 chree라고 적었다는 이야기를 했었죠. 혀가 이에 가서 닿는 것도 수고로운 일이기에 captiare칼티아레의 t 소리가 어중간한 ch 소리로 바뀌었습니다. 이탈리아어 cacciare카치아레에서도 같은 현상이 일어났고요.

밤에 켜는 양초 이야기가 나온 김에, curfew야간 통행금지령의 어원은 중세 시대의 couvre-feu입니다. 밤에 사람들이 자는 동안 화재가 나는 것을 막기 위해 '불을 덮으라cover fire'는 신호였어요. 그럼 night밤는 어디서 왔을까요? '-ght'라는 철자로 볼 때 게르만어에서 온 말입니다. 독일어의 Nacht, Macht, Recht, Licht는 각각 영어의 night, might힘, right권리, light빛에 해당합니다.

게르만어에서 비롯된 한 음을 나타내는 두 글자인 이중음자digraph는 철자를 배우는 어린 학생들에게 골칫거리입니다. know알다에 들어 있는 'kn'도 그런 예입니다. 그리스어에서 유래한 'gno-'(agnostic불가지론자, ignorant무지한, diagnosis진단)와는 친척이 됩니다.

마지막으로 살펴볼 색은 black입니다. b→f 자음 변화의 한 예를 보여주는 단어로, conflagration큰불의 어원인 라틴어 flagrare불타다와 뿌리가 같습니다. 불타고 나면 까매지니까요. 두 단어의 공통 조상은 그리스어 phleg입니다. 저승의 불타는 강 플레게톤Phlegethon 이야기는 앞에서 했죠. flagrare에서 파생된 영어 단어로는 flagrant도 있습니다. 원래 '훨훨 타는'이란 뜻이었는데, 현행범을 체포한 경우를 법률 용어로 in flagrante delicto(직역하면 '범죄가 아직 훨훨 타고 있는')라고 하다 보니 오늘날 '극악무도하기 짝이 없는'이라는 뜻이 되었습니다.

그런데 black 말고도 영어에서 검은색을 나타내는 말들이 있답니다. 게르만 쪽 혈통이죠. 독일어로 '검은'이 schwarz이고, 이와 친척인 영어 단어가 swarthy거무튀튀한입니다. sordid추잡한도 같은 뿌리에서 나온 말이고요.

31°

때를 이르는 말: 시간과 시기

Say When

일단 date날짜의 동음이의어로 시작해볼까요. date palm대추야자나무의 열매 date대추야자는 '손가락(그리스어 dactyl)'처럼 생겨서 그런 이름이 되었다고 하는데, 손가락치고는 엄청 짧고 통통한 것 같습니다. 혹은 dactyl과 뿌리가 같은 아랍어 daqal(대추야자의 일종)에서 온 것일 수도 있습니다(아랍어는 q 다음에 지겹게 꼭 u를 붙이지 않아도 되는 점이 항상 부럽습니다). 한편 '야자나무'를 일컫는 palm은 그 뾰족뾰족하게 갈라진 잎이 손바닥palm 같다 하여 붙은 이름입니다.

어쨌든 이 장의 주제는 '때time'입니다. date날짜는 어원상 '주어진 given'이라는 뜻입니다. '주다'를 뜻하는 라틴어에서 유래했죠. data데 이터도 같은 어원에서 나온 말입니다. A.D.는 '주님의 해에'라는 뜻을 가진 라틴어 anno domini의 약자인데, 기독교 중심적인 표기라 하여 C.E.로 대체하는 경우가 늘고 있어요. C.E.는 '공통 시대'라는 뜻인 Common Era의 약자입니다. 마찬가지로 B.C., Before Christ도 이제 B.C.E., 풀어 쓰면 Before the Common Era라고 하는 경우가 많습니다. 연年을 뜻하는 라틴어 annus는 유럽 각지에 anno, año, année 등 다양한 형태로 퍼져 나갔습니다. 동물의 앞다리가 팔, 지느러미, 날개 등으로 진화한 것과 비슷한 양상입니다.

날개 이야기가 나온 김에 여담 하나만 하면, 비행기의 양 날개에는 '보조익'이라는 뜻의 에일러론aileron이라고 하는 '작은 날개'가 달려 있습니다. 프랑스어 aile날개에 지소사가 붙은 형태죠. 그러니 'airelon'이라고 착각하지 말아야 하겠습니다. 물론 철자를 'air'로 시작하고 싶은 유혹이 드는 것은 인정합니다. 차라리 그걸 조금 바꿔서 'airy-lon'이라고 하면 통기성이 우수한 섬유 소재의 이름으로 딱일 것 같네요.

아시겠지만 a.m.은 ante meridiem정오 전, p.m.은 post meridiem정오 후입니다. 달 이름의 어원도 다 아신다고요? 그럼 다음 부분은 그냥 넘어가셔도 좋습니다.

달 이름 In the Long Term

month는 원래 형태가 'moonth'였습니다. 달의 변화 주기가 곧 한 달이니까요. (참고로 독일어의 '달'을 뜻하는 Mond는 moon과 뿌리가 같습니다.)

영어의 달 이름은 모두 로마에서 왔습니다.

January1월: 두 얼굴의 신 야누스Janus. 처음과 끝(이를테면 새해와 묵은해)을 주관하는 신이죠. janitor건물 관리인의 어원이기도 합니다.

February2월: 불로 태워 정화하는 신 페브루우스Februus. 라틴어 febris(=fever고열)와 관계 있습니다.

March3월: 전쟁과 군대의 신 마르스Mars.

April4월: '열다'를 뜻하는 라틴어 aperire(앞에서 apéritif아페리티프 = '열어
주는 술'이라고 했죠). 꽃이 피는 시기를 의미합니다.

May5월: 다산의 여신 마이아Maia.

June6월: 로마 최고의 여신 유노Juno.

July7월: 율리우스 카이사르Julius Caesar.

August8월: 아우구스투스Augustus 황제.

September/November/December: 라틴어로 7 ~ 10을 이르는 말. 로
마력은 1년이 열 달이었습니다.

요일 이름 Call It a Day

영어의 요일 이름 중 넷은 북유럽신화에서 왔습니다.

Tuesday화요일: 전쟁의 신 튀르Tyr. 흥미롭게도 화요일을 뜻하는 이
탈리아어 martedi와 프랑스어 mardi 역시 로마 전쟁의 신 마르스Mars
에서 따온 것입니다.

Wednesday수요일: 북유럽신화의 주신 오딘Odin. 별명인 워덴Woden
에서 특이한 철자가 나왔습니다.

Thursday목요일: 천둥의 신 토르Thor. 목요일을 뜻하는 이탈리아어
giovedi와 프랑스어 jeudi는 로마신화의 천둥 신 유피테르(Jupiter 또는
Jove)에서 유래했습니다.

Friday금요일: 사랑의 여신 프레이야Freyja. 로망스어군에서는 역시
로마 여신 베누스Venus에서 금요일의 이름을 따왔습니다.

북유럽신화와 관계없는 요일은 다음과 같습니다.

Monday월요일: 달moon의 날. 프랑스어의 월요일 lundi도 같은 뜻입니다.

Saturday토요일: 토성Saturn의 날.

Sunday일요일: 해sun의 날.

holiday휴일, 명절는 문자 그대로 'holy day성스러운 날'입니다. 상업화된 명절을 비꼬아서 Hallmark holidays라고 부르지요. 축하 카드 제조사인 Hallmark Cards만 좋은 날이라는 뜻입니다. hallmark품질 보증 표시가 유래한 곳은 18세기 런던의 Goldsmiths' Hall금세공인 회관입니다. 그곳에서 금의 순도를 검사해 찍어주는 각인을 hallmark라고 했죠.

Valentine's Day밸런타인 데이: 일단 이날이 기리는 성 발렌티누스St. Valentine라는 사람은 최소 두 명이었을 가능성이 있습니다. 우선 참수형 당한 사제가 한 명 있었습니다. 또 다른 이야기에 따르면 로마 황제가 군인들의 결혼을 금지했는데 발렌티누스 사제가 이를 어기고 병사들의 혼인을 집전했다고 합니다. 세 번째 이야기에 따르면 2월 중순에 열리던 로마의 루페르칼리아라는 축제 때 총각들이 단지에서 처녀들 이름이 적힌 제비를 뽑는 풍습이 있었다고 합니다. 그런가 하면 훨씬 이후에 유래했다는 설도 있는데, 초서의 시에 새들이 2월 14일에 교미한다는 구절이 있습니다. 어느 설을 택할지는 여러분 자유입니다.

Lent사순절: 날이 점점 '길어지는lengthen' 시기입니다.

Easter부활절: 어원은 '(동틀녘에) 빛이 비치다'를 뜻하는 PIE의 aus입니다(독일어에서는 Ostern이 되었습니다). Easter는 원래 춘분 무렵에 기념하던 축일이었습니다.

Halloween핼러윈: 11월 1일이 '모든 성인聖人의 날All Hallows' Day'이고, 그 전날 밤을 가리키는 All Hallows' Eve가 줄어서 Halloween이 되었습니다. hallow는 옛날에 '성인'을 뜻하던 말로, holy성스러운와 어원이 같습니다.

Chanukah/Hanukkah하누카: 예루살렘 성전의 재봉헌을 기념하는 유대교 명절로, 히브리어로 '봉헌'이라는 뜻입니다. 유대교 제식에 사용하는 촛대 Menorah메노라와 이슬람 사원의 첨탑 미나레트minaret는 모두 '빛, 등대'를 뜻하는 셈어 manarah에서 유래했습니다.

Christmas크리스마스: 'Christ's mass그리스도의 미사'입니다. 참고로 크리스마스 무렵 기상 변화를 일으키는 열대 난류 엘니뇨El Niño는 스페인어로 '어린아이'입니다. 아기 예수를 가리키는 말이지요.

봄이 오는 소리 Don't Tell a Soul

그라운드호그 데이Groundhog Day는 2월 2일입니다. 이날 다람쥐과의 동물인 우드척woodchuck이 겨울잠에서 깨어났다가 자기 그림자를 보게 되면 겨울 날씨가 계속된다는 속설이 있어요. 고스트버스터즈로 잘 알려진 빌 머리 주연의 영화 〈사랑은 블랙홀Groundhog Day〉로 더 유명해진 날입니다.

몸으로 말해요: 신체 부위

Body Language

가장 밑에서부터 시작해볼까요. 성인 남자의 대략적인 발 크기를 기준으로 했던 길이의 단위 foot피트는 중세 시절 오늘날보다 조금 긴 13.2인치, 약 33센티미터로 정착했습니다.

ankle발목＝angle각입니다. 발목은 다리와 발을 잇는 '각진' 부위지요. 복사뼈ankle bone를 라틴어로 talus라고 했는데, 맹금류의 '발톱'을 이르는 talon은 거기서 유래합니다. 탈라리아talaria는 로마신화의 메르쿠리우스(그리스신화의 헤르메스에 해당)가 신었던 날개 달린 신발이죠. 운동화 브랜드명으로 삼으면 딱 좋을 단어입니다. 신화는 우리 주변 곳곳에 있습니다. 아킬레스건Achilles' tendon은 발뒤꿈치와 종아리 근육을 이어주는 힘줄입니다. 그리고 Achilles' heel아킬레우스의 뒤꿈치은 '치명적 약점'을 비유적으로 이르는 말이죠. 아킬레우스의 어머니인 테티스는 어린 아들을 무적의 몸으로 만들려고 스틱스강에 담갔는데, 발뒤꿈치를 붙잡고 담그는 바람에 그 부위가 유일한 약점이 되었습니다.

트로이 전쟁이 일어나자 테티스는 아들을 전장에 내보내지 않으려고 여장을 시켰습니다. 아킬레우스를 찾으러 온 지략가 오디세우스는 여자들이 좋아할 만한 장신구 속에 무기를 섞어 내놓았습니다. 아킬레우스는 장신구 대신 무기에 관심을 보여서 정체가 들통났죠. 결국 아킬레우스가 전장에 나가자 헬리콥터맘helicopter mom 테티스가 나타나 올림포스의 대장장이 헤파이스토스가 만든 갑옷을 전해주었는데, 안타깝게도 발뒤꿈치를 가려주지 못하는 갑옷이었죠. 한편 헬립코터helicopte＝helico나선형의＋ptero날개, pterodactyl은 '익룡'입니다. 다른 말로 whirlybird라고도 하지요.

sacrum은 척추 아래 끝에 있는 '엉치뼈'입니다. 옛날에는 사람의 영혼이 그곳에 들어 있다고 믿었기에 '신성한 뼈'라는 뜻에서 그렇게 불렀습니다. 그리스어로는 hieron osteon이라고 했어요('신성한'을 뜻하는 그리스어 hiera에서 나온 말로 hierarchy위계가 있습니다. 원래 성직자들의 서열뿐 아니라 천사의 서열 체계를 뜻하는 말로, 천사의 계급을 seraphim치천사(스랍), cherubim지천사(거룹), archangel대천사 등으로 나누었지요).

참고로 영어권 이름 제롬Jerome의 기원은 그리스 이름 히에로니무스Hieronymus로, '신성한 이름'이라는 뜻입니다. 스페인으로 가면 헤로니모Gerónimo가 됩니다. 아메리카 원주민 아파치족의 지도자 고야슬레Goyathlay를 멕시코군이 부르던 별명이 제로니모Gerónimo였어요. 고야슬레는 절벽에서 용감히 뛰어내리면서 자기 별명을 외쳤다고 합니다. 이를 본따 제2차세계대전 당시 미군 낙하산병들이 비행기에서 뛰어내릴 때 "제로니모Geronimo!"를 외치면서 그 이름은 '강하 구호'로 유명해졌습니다.

다시 몸으로 돌아가서, vertebra척추의 어원은 라틴어 vertere돌리다입니다. 앞에서 '(소가 방향을) 돌린'을 뜻한다고 했던 versus와 같은 동사예요. 척추는 몸통을 돌릴 수 있게 해줍니다.

손을 자유자재로 쓸 수 있는 것은 인간의 특권이죠. 우연한 유전자의 변화로 엄지손가락이 생기면서 영장류는 호모 에렉투스homo erectus로 진화할 수 있게 되었습니다. 인간은 손을 실용적인 목적으로만 쓰지는 않죠. 플라멩코 기타리스트 마니타스 데 플라타(Manitas de Plata, '작은 은손little silver hands'이라는 뜻의 별명)의 손놀림을 한번 보세요.

머리로 올라가서, 참으로 많은 영어 단어를 만들어낸 라틴어의 '머리', caput와 capitis를 다시 한번 살펴봅시다. PIE로 거슬러 올라간 형태도 왠지 친숙해 보이는 kaput입니다. kaput망한, 결딴난라고 하면 참수된decapitated 것과 다를 바 없죠. 살려낼 가망이 없는 상태입니다. 독일어에서 '머리'를 뜻하는 Haupt도 기원이 같은 말입니다. Hauptmann은 '우두머리head officer' 또는 '대위captain'를 뜻하는데, captain도 역시 caput에서 왔습니다.

33°

참 이상한 말들

Strange to Say

뒤범벅 Mixed Messages

맞춤법 검사 기능은 '헛똑똑한(sophomoric = 똑똑한 + 어리석은)' 보조 수단에 지나지 않아서, 믿었다가 큰코다치기 쉽습니다. 라틴어와 앵글로색슨어가 융합된 영어는 워낙 다채로운 언어라 '정서법(orthography = 올바른+쓰기)'에 관련된 실수를 할 여지가 많거든요.

동음이의어homonym는 소리가 같지만 뜻이 다른 단어입니다. 특히 많이 틀리는 동음이의어로는 lead납/led이끌었다, pour붓다/pore들여다보다, discrete별개의/discreet신중한, complimentary칭찬하는/complementary보완하는, peak정점에 이르다/peek엿보다/pique자극하다 등이 있습니다. 제가 이번 주에 읽은 글에서만 실수 사례를 두 개 들어보지요. 1) "White House officials poured over data on testing. (백악관 관계자들이 검사 데이터에 '들이부었다'.)" 검사 데이터를 '면밀히 살폈다pored over'는 뜻일 겁니다. 2) 무언가가 자신의 '호기심을 자극했다'는 뜻으로 "peaked the curiosity"라고 적은 작가가 있었습니다. '찌르다, 자극하다'라는 뜻의 pique를 써서 "piqued the curiosity"라고 적는 게 맞습니다. 또 its라고 해야 할

곳에 it's라고 적는 사람이 정말 많지요(생략을 뜻하는 it's의 아포스트로피를 소유격으로 오해한 탓입니다). 단순히 부주의로 인한 실수도 많습니다. your와 you're를 혼동하거나 too와 two를 바꿔 쓰는 경우가 특히 그렇지요.

철자가 같지만 뜻이 다른 동형이의어homograph도 종종 말썽을 빚습니다. 조지 W. 부시 대통령이 고등학교 때 썼다는 문장을 봅시다. "The lacerates were running down his face." 이 말이 안 되는 문장은 '눈물이 얼굴을 타고 흘러내렸다'라는 뜻으로 쓴 것입니다. 완벽한 약강 5보격인 것은 좋은데, 유의어사전에서 눈물tear의 유의어를 찾다가 동사 tear찢다의 유의어를 아무거나 넣은 결과죠. lacerate는 동사로 '베다'입니다.

그런가 하면 정반대의 두 뜻을 가진 단어도 있습니다. hew는 '도끼로 베어내다'라는 뜻과 '따르다, 준수하다'라는 뜻이 둘 다 있습니다. 역시 도끼와 관계된 cleave도 '쪼개다'라는 뜻과 '고수하다'라는 뜻이 있고요.

sanction도 정반대처럼 보이는 두 가지 뜻이 있죠. '승인' 그리고 '제재'입니다. 그래서 "declare sanctions against something you don't sanction (승인하지 않는 행동에 대해 제재를 선언하다)" 같은 표현도 가능하죠. 두 의미 모두 '신성한'을 뜻하는 라틴어 sanctus에서 왔습니다.

모순어법oxymoron이라 해야 할까요, 한 단어 안에 모순된 두 의미가 들어 있는 경우도 있습니다. spendthrift는 '쓰다'와 '절약'이 붙어 있는 꼴이니 언뜻 보면 마치 내적 갈등에 휩싸인 단어 같죠. 그런데 사실 thrift는 thrive번영하다에서 파생된 말로, 원래는 '번영, 소득, 재산'을 뜻했습니다. spendthrift가 '돈을 펑펑 쓰는 사람'인 것은 그래서입니다. 반대말로는 skinflint구두쇠가 있지요. 그건 어떻게 해서 생긴 말일까요? 여기서 skin은 '거죽을 벗기다'입니다. 즉, '부싯돌도 벗겨 먹는다skin a flint'는 뜻이지요.

오직 하나뿐 To Say the Least

수량 개념과 관련해 먼저 unique를 살펴봅시다. 어원은 라틴어 unus, '하나'입니다. unique한 것은 세상에 하나뿐이니, "very unique"라는 말은 있을 수 없습니다. unique하거나 그렇지 않거나 둘 중 하나죠.

말 나온 김에 binary양자택일의, 이분법의도 마찬가지입니다. 신문에 "very binary"라는 표현이 등장했더군요. 안 됩니다. binary하다는 것은 0과 1, 유와 무처럼 딱 두 개의 상태만 가능하다는 뜻이니까요. binoculars는 '쌍안경'입니다. 100개의 눈을 가진 그리스신화의 거인 아르고스가 주문 제작한 물건이면 모르겠지만, 기본적으로 눈을 대는 렌즈는 두 개잖아요. bisexual은 '양성애자'입니다. biceps는 두 개의 '머리'가 있는 '이두근'으로, 여기서 '-ceps'는 라틴어 caput머리의 다른 형태입니다(한편 '머리의, 두부의'를 뜻하는 전문용어 cephalic의 기원은 그리스어입니다).

bigamy중혼의 뜻은 '이미 배우자가 있는 사람이 다른 사람과 또 혼인하는 것'으로 일부다처, 일처다부 등의 혼인 형태를 뜻하는 polygamy복혼와는 다릅니다.

복수형이 상당히 까다로운 단어들도 있습니다. '하나의 판단 기준'이라는 뜻으로 "one criteria for judging"이라고 하고 싶지만, 그런 말은 없습니다. criteria는 복수형이거든요. "one criterion"이라고 해야 합니다. phenomenon/phenomena현상도 마찬가지입니다. '아직도 정신 질환에는 오명이 따라붙는다'라는 뜻으로 "mental illness still has a stigmata"라고 하는 것을 보았는데요, "a stigma"가 맞습니다. stigmata 는 stigma의 복수형이면서 보통 '성흔(예수가 십자가형을 당할 때 입은 상처)'을 가리키거든요. data도 엄밀히 따지면 복수형입니다. 단수형은 datum으로, 라틴어로 '주어진 것, 사실'을 뜻했습니다. 요즘은 학술 분야에서처럼 data를 복수로 취급하는 예가 문외한 귀에도 들려옵니다. 굉장히 과학적이고 멋있는 느낌이 나죠. 여러분도 한번 해보세요. 이런 식으로 말하면 됩니다. "These data support the jellyfish-mite as a vector of the common cold. (이 데이터는 해파리 진드기가 감기의 매개체라는 것을 뒷받침한다.)"

너는 누구냐 Who Says?

히브리인들은 곡식의 이삭을 뜻하는 말 shibboleth를 가지고 적을 구별해냈어요. 구약 「판관기」에 따르면 길르앗 군인들은 에브라임 사람을 판별할 때 이렇게 했다고 합니다.

> "쉽볼렛Shibboleth"이라고 말해 보라고 하고 그대로 발음하지 못하고 "십볼렛Sibboleth"이라고 하면 잡아서 요르단강 나루턱에서 죽였다. 이렇게 하여 그때 죽은 에브라임 사람의 수는 4만 2000명이나 되었다.

참 약은 방법이었지요. shibboleth는 '특정 집단 특유의 관습이나 언어 습관'을 뜻하는 말이 되었습니다. 제2차세계대전 때 미군은 일본인 스파이를 색출하기 위해 'lollapalooza굉장한 것'라는 단어를 발음시켰습니다.

뒤죽박죽 Crosswords

spoonerism두음전환은 Spooner라는 옥스퍼드대학교 교수가 자주 했던, 단어의 첫소리를 뒤바꿔서 발음하는 실수입니다. 이를테면 이런 것들이지요.

* May I sew you to another sheet? 다른 시트에 꿰매드릴까요?

  (May I show you to another seat? 다른 자리로 안내해드릴까요?)

* a well-boiled icicle chain 잘 삶은 고드름 사슬

  (a well-oiled bicycle chain 잘 기름칠된 자전거 체인)

* casting swirls before pine 소나무에게 소용돌이 던져주기

  (casting pearls before swine 돼지에게 진주 던져주기)

저는 제가 쓴 책 제목 『행복의 크기The Size of Happiness』를 "호들갑의 절정The Highs of Sappiness"으로 부르기 좋아한답니다.

헤쳐 모여 Getting a Word in Edgewise

portmanteau는 프랑스어 그대로 해석하면 '외투 운반꾼'으로, '여행 가방'을 뜻합니다. 그러다가 두 쪽으로 여닫히는 여행 가방처럼

두 낱말의 일부가 결합하여 만들어진 '혼성어'를 뜻하게 되었죠(루이스 캐럴이 만든 용어입니다). 예를 들면 여행가방에 넣고 다니기 좋은 애슬레저athleisure가 있습니다. 'athletic운동의+leisure레저'의 혼성어로, 운동복용 소재로 만들었지만 일상복으로 입기에도 적합한 옷이에요. 앞에서 이미 제깅스jeggings('jean-leggings')는 살펴봤습니다. 펄롱furlong('furrow-long')도 있었고요. 비트bit('binary digit')도 나왔죠. 그 밖에도 도로 포장에 쓰이는 타맥tarmac이 있습니다. 타르tar와 토목공학자 존 매캐덤John McAdam을 결합한 'tarmacadam'을 줄인 말이죠. 미국의 엘브리지 게리Elbridge Gerry 주지사는 선거구를 샐러맨더salamander라는 괴물 모양으로 희한하게 개편함으로써 게리맨더링gerrymandering의 창시자가 되었습니다. '선거구를 자기 정당에 유리하게 구획하는 일'이에요.

이제는 우리 생활의 일부가 된 모텔motel(motor-hotel), 브런치brunch(breakfast-lunch), 스모그smog(smoke-fog)처럼 명망 높은 혼성어의 반열에 발돋움하는 단어가 프레너미frenemy(friend-enemy)입니다. '친구이면서 적인 사람'을 가리키는, 왜 이제야 나왔는지 모를 유용한 표현이죠.

상표명도 물론 혼성어가 수두룩합니다. 음식물 포장용 랩의 상표인 사란Saran은 발명자의 아내와 딸 이름(사라Sarah와 앤Ann)을 합친 것입니다. 방향제 페브리즈Febreze는 어설프게도 'fabric천+breeze미풍'의 혼성어라고 하는데 그 향은 더 최악이죠. 영국과 프랑스를 연결하는 해저 터널인 채널 터널Channel Tunnel은 줄여서 처널Chunnel로도 불리는데, '칙칙폭폭 나아가는chugging' 열차를 연상시키는 절묘한 명칭입니다.

하지만 어두운 느낌의 혼성어라면 뭐니 뭐니 해도 cremains입니다. '화장한 유골cremated remains'이란 뜻입니다. 이쯤에서 마무리하면 딱일 것 같네요.

34°

언어의 끝없는 여정

Even as We Speak

단어는 오늘날의 세상을 만들었고, 지금도 끊임없이 새싹을 '틔우고 sprout' 있습니다(sprout는 sperm정자, spread퍼지다와 어원이 같습니다).

영어 단어 중에는 세계 구석구석까지 퍼진 것도 있는데, 대표적인 게 OK입니다. OK/Okay의 기원에 대해선 여러 설이 있지만, 뉴욕주 킨더훅에서 태어나 "Old Kinderhook"이라는 별명으로 불린 마틴 밴 뷰런의 대선 구호에서 비롯되었다는 설이 가장 유력합니다(Kinderhook은 '아이들 길모퉁이'라는 뜻의 네덜란드어에서 왔습니다). 그런가 하면 우스꽝스러운 철자를 줄여 부르던 19세기의 말장난에서 기원했다는 설도 있습니다. OK는 "orl korrect (all correct, 모두 정답)"의 약자였다는 것이죠. 재미있지 않나요?

단어란 자음과 모음으로 이루어진 무의미한 소리에 지나지 않습니다. 숨소리 한번 내는 것과 다를 게 없죠. 그러나 단어는 곧 역사입니다. 만약 우리가 오로지 언어가 변천해온 모습을 통해서만 과거를 살펴볼 수 있다면 어떻게 될까요? OK, 큰 문제는 없지 않을까 싶네요. 전쟁과 국경선, 유물도 중요하지만, 단어야말로 우리 조상들이 겪었던 평범한 일상과 비범한 모험을 생생히 전해주는 수단이니까요.

단어는 스냅사진이 아니라 천년짜리 영상입니다.

그리고 지금 이 순간도 나아가고 있습니다.

언어는 멈추지 않습니다. 아무리 많이 해도 다 할 수 없는 게 '말'이니까요.

지은이 **데버라 워런**Deborah Warren

하버드대학교에서 영어를 공부하고 라틴어 교사, 영어 교사, 소프트웨어 엔지니어로 일했다. 출간한 시집으로는 『벌레 미식가 Connoisseurs of Worms』『행복의 크기The Size of Happiness』 등이 있으며, 『본초자오선Zero Meridian』은 뉴 크라이티리언상을 수상했고, 『꽃과 과일 그릇의 꿈Dream With Flowers and Bowl of Fruit』은 리처드 윌버상을 수상했다. 로마 시인 아우소니우스 시선 『모셀라강 외』를 번역하기도 했다. 《뉴요커》《파리 리뷰》 등에도 기고했다. 9명의 자녀가 있으며, 현재 잠수함

탐지용 탑이 있는 매사추세츠의 옛 군사 부지에서 살고 있다. 취미는 라틴어와 프랑스어 독서다.

옮긴이 **홍한결**

서울대학교 화학공학과와 한국외국어대학교 통번역대학원을 나와 책 번역가로 일하고 있다. 쉽게 읽히고 오래 두고 보고 싶은 책을 만들고 싶어 한다. 옮긴 책으로 『스토리 설계자』『어른의 문답법』『걸어 다니는 어원 사전』『인간의 흑역사』 등이 있다.

수상한 단어들의 지도

꼬리에 꼬리를 무는 어원의 지적 여정

펴낸날 초판 1쇄 2023년 10월 23일
　　　　초판 3쇄 2024년 6월 28일
지은이 데버라 워런
옮긴이 홍한결
펴낸이 이주애, 홍영완
편집장 최혜리
편집2팀 박효주, 문주영, 홍은비, 이정미
편집 양혜영, 장종철, 강민우, 김하영, 김혜원, 이소연
디자인 김주연, 박아형, 기조숙, 윤소정
마케팅 김태윤, 김철, 정혜인, 김준영
해외기획 정미현
경영지원 박소현
도움교정 김유라
펴낸곳 (주)윌북 **출판등록** 제 2006-000017호
주소 10881 경기도 파주시 광인사길 217
전화 031-955-3777 **팩스** 031-955-3778
홈페이지 willbookspub.com
블로그 blog.naver.com/willbooks **포스트** post.naver.com/willbooks
트위터 @onwillbooks **인스타그램** @willbooks_pub
ISBN 979-11-5581-649-3 03740